建设新农村培养新农民系列丛书

一产农民“技能＋基础”专用教材

计算机应用基础

JiSuanJi
YingYongJiChu

王向军 主编

中国农业大学出版社
ZHONGGUONONGYEDAXUE CHUBANSHE

系列教材主　编　郑伯坤
系列教材副主编　昝景会　刘建波
系列教材编　者　赵晨霞　李玉冰　杨永杰　张文革
林宗源　凌　芳　王向军

《计算机应用基础》作者

主　编　王向军

副主编　王欣惠

参　编　曾龙英　王金会　刘爱军

建设新农村培养新农民系列丛书
一产农民"技能+基础"专用教材

编审委员会

总　　序

建设新农村是涉及千百万农民切身利益的事业，关键是要调动农民的积极性、主动性和创造性。农民是建设社会主义新农村的主体，农民的思想、道德、文化、职业技能等素质和水平，直接决定新农村建设的兴衰成败。

采取多种形式，培养与新农村建设要求相适应的一大批有文化、懂技术、会经营的新型农民，是新农村建设系统工程中的重要组成部分，是新农村建设内在的基本要求，是新农村建设最本质、最核心的内容。

加快社会主义新农村建设，要求改善农民的文化结构和技能结构，提升其文明素养和就业、创业能力。为此，北京市教委根据《北京市人民政府关于大力发展职业教育的决定》精神，在北京市开展了"技能＋基础"为核心课程的成人学历教育模式试点工作。为全面提升郊区农民的综合素质和职业能力，培养社会主义新型农民开拓了一种有效途径。

按照北京市教委的要求，北京市农业广播电视学校 2007 年开始实践"技能＋基础"新型农民培养模式，面向专业农民即从事种植业、养殖业的一产农民开展职业技能与综合素质培训，取得了显著效果。

"技能＋基础"新型农民培养模式，其要点在于普遍开展农民职业技能培训，进行职业技能鉴定，提高农民的职业能力。农民在取得相关农业工种的职业技能证书或绿色证书的前提下，加强文化基础教育和职业综合能力教育，从而完成对学员的中等专业教育。

具体做法是：

(1)围绕新农村建设规划的主导产业办班。

对农民实施学历教育，需要有乡镇、村委会以及农民个人三方的积极性。三方积极性的结合部，即当地新农村建设规划的主导产业。围绕主导产业办班，乡镇政府支持、村委会热心、农民有积极性。

(2)围绕农民的创业需求办班。

北京郊区有一部分四五十岁的农村劳动者尤其是女性劳动者，在劳动力转移就业中，走上了离土不离乡的自主创业道路，其中发展乡村旅游是一个重要创业方向。针对农民对旅游服务与管理知识技能的需求，北京市农广校经北京市教委批准于 2002 年设置了乡村旅游专业。在门头沟、延庆等区县旅游资源密集的乡镇村办起了旅游中专班。采取“技能＋基础”模式办学，受到农民欢迎。

(3)围绕城乡一体化化需要办班。

近年，京郊城市化进程加快，城乡一体化格局已初步形成，许多地方农民已经市民化。但是，一些市民化的农民存在就业困难。举办农民“技能＋基础”中专班，提高农村劳动力的综合素质即职业能力，实现了农村劳动力由基本就业向稳定就业、高质量就业发展。

为了推动“技能＋基础”的新型农民培养模式科学、规范、健康发展，北京市农委、市教委委托北京市农业广播电视学校组织力量编写了这套《建设新农村培养新农民系列丛书——一产农民“技能＋基础”专用教材》。本套教材结合北京郊区都市农业发展实际，依据都市农民的职业需求，吸取了相关专业最新研究成果，形成了一套新颖、通俗、实用的农民培训教材，为北京郊区都市农民职业教育的教学资源建设，做了基础性工作。

郊区新型农民培养工作任重道远，教育教学资源建设需进一步加大力度、加快速度，农民教育工作者应振奋精神、努力创新、开拓进取，为农民朋友生产出更多的精神食粮，为新型农民培养事业做出更大贡献。

丛书编委会

2009 年 8 月

前　　言

随着计算机技术的发展，计算机已经成为了工农业各个领域必不可少的使用工具。结合目前中专教育及广大农村地区对计算机使用的要求，针对计算机使用的发展编写了此书。本书侧重于操作技能的使用，编写中以浅显的理论和实用的计算机操作为原则，重点放在了学习操作系统的操作技巧、常用软件的使用和Internet 网络的使用上。计算机的使用是一门实践性很强的课程，要掌握计算机的使用，不但要掌握方法，更要上机反复实践和训练，才能掌握操作方法。

本书共分 8 章，第 1 章为计算机基础知识，主要介绍了计算机的发展、计算机的组成和数制的计算。第 2 章为开始使用计算机，主要介绍了计算机的开关机、开机后的界面、键盘鼠标和中英文的录入等。第 3 章为 Windows XP 操作系统的使用，主要介绍了操作系统的桌面，文件系统的管理、操作，系统安全和常用软件WinRAR 的使用。第 4 章为文字处理软件 Word，主要介绍了字处理软件的输入、编辑、排版和表格的制作。第 5 章为电子表格处理软件 Excel，主要介绍了数据的录入、编辑、统计、筛选和图表的制作等操作。第 6 章为计算机网络，主要介绍了计算机网络的基础知识。第 7 章为 Internet 网络的使用，主要介绍了 Internet 的历史、网络协议、域名、连接方式和 IE 浏览器的使用等。第 8 章为 Internet 实用操作，主要介绍了信息检索、信息发布、电子邮件、常用的信息交流软件和网络软件等。

概括起来，本书具有如下特点：

(1)在内容选择上兼顾当前计算机应用的现状和计算机必备的基础理论，并遵循了循序渐进的原则。本书首先介绍了计算机基础知识和基本常识，然后从计算机的开关机开始，依次介绍了计算机的外围设备，键盘、鼠标的使用，目前使用较普遍的操作系统 Windows XP，常用汉字的输入法，文字处理软件 Word 2003，数据统计、表格制作软件 Excel 2003，计算机网络基础知识，Internet 的使用，网络实用操作及常用工具软件的使用等。

(2)在学习本书时，可以根据自己的情况有选择地学习，有些章节用“*”标注，表示内容可以选学，跳过去并不影响后面内容的学习。针对不同的层次、不同的要求，编写时以基础的理论知识为铺垫，将软件使用中常用的操作、技巧、易错的知识重点讲解，以“实用”为先，从软件的“用”字出发，进行内容的取舍。

(3)尽量避免采用学术较浓的文字，语言浅显易懂，尽可能使其意义明确。编写时多以操作步骤来阐述计算机的操作，逻辑严谨，读者易于掌握操作过程。在常用软件 Word 和 Excel 的讲解结束后，有实例升华所学知识，加深记忆，能起到事半功倍的效果。

（4）网络的使用是当今计算机发展中使用的重点，本书突出讲解了网络使用的重点、难点。针对常见 Internet 网络使用，分块讲解了上网干什么，怎么用网络资源，怎样让网络成为生活、工作和学习中的工具等问题。

本书由王向军主编和统稿，其中第 3、6 章由王向军编写，第 1、2 章由王欣惠编写，第 5、7 章由王金会编写，第 4 章由曾龙英编写，第 8 章由刘爱军编写，附录由王向军和王金会编写。由于计算机技术发展迅速，加上作者水平所限，书中疏漏和错误之处请广大读者批评指正。

编　者

2009 年 2 月

目　　录

第1章　计算机系统概论

1.1　计算机的发展与应用

计算机又称电脑或电子计算机，它的诞生最初是为了进行大量复杂的数学问题。现在，计算机已经不只是简单用作计算工具，而是广泛地应用和渗透到社会生活的各个领域。所以，掌握使用计算机的方法，已经成为现代人必须具备的基本技能之一。

1.1.1　计算机的发展

1946 年 2 月，第一台电子计算机“ENIAC”(埃尼阿克)在美国的宾夕法尼亚大学诞生。ENIAC 用了 18 000 个电子管和数万个其他电子元件，占地约 150 米^2，重达 30 吨，相对现在的计算机来说，它是一个庞然大物，耗资 100 万美元以上，运算速度却只有每秒 300 次各种运算或 5 000 次加法。尽管 ENIAC 有许多不足之处，但它毕竟揭开了计算机时代的序幕。

从计算机的诞生到现在，60 年过去了。以构成计算机的电器元件为特征，计算机的发展到目前为止共经历了 4 个时代，现在正在向第五代过渡。

1. 第一代电子计算机(1946—1957 年)

这段时期我们称之为“电子管计算机时代”。构成第一代计算机的基本逻辑元件是电子管。电子管的体积大、耗电量大、散发的热量大、寿命短(3 000 小时左右)、计算速度慢、使用二进制表示的机器语言或汇编语言。第一代计算机主要用于科学研究和工程计算。

2. 第二代电子计算机(1958—1964 年)

这段时期我们称之为“晶体管计算机时代”。构成第二代电子计算机的基本逻辑元件是晶体管，它比电子管更先进，晶体管比电子管小得多，耗电量较少，运算速度更快、更可靠。第二代计算机的程序语言从机器语言发展到汇编语言。第二代计算机主要用于商业、大学教学和政府机关。

3. 第三代电子计算机(1965—1970 年)

这段时期我们称之为“中小规模集成电路计算机时代”。构成第三代电子计算机的基本逻辑元件是集成电路,集成电路是一个很小的晶片,却包含了几千个晶体管元件。第三代计算机的特点是体积更小、价格更低、可靠性更高、运算速度更快。

4. 第四代电子计算机(1971 年至今)

这段时期我们称之为“大规模集成电路计算机时代”。第四代电子计算机的基本逻辑元件也是集成电路,不过这种集成电路相对于第三代已经大大改善,它包含着几十万到上百万个晶体管,称之为大规模集成电路和超大规模集成电路。1975 年,美国 IBM 公司推出了个人计算机 PC(Personal Computer),从此,计算机开始深入到人类生活的各个方面。

现在,正在研制的第五代计算机是“智能计算机”,它把信息采集、存储、处理、通信同人工智能结合在一起,能进行数值计算或处理一般的信息,主要能面向知识处理,具有形式化推理、联想、学习和解释的能力,它可以利用已有的和不断学习到的知识进行思维、联想、推理,并得出结论,能解决复杂问题,具有汇集、记忆、检索有关知识的能力。人机之间可以直接通过自然语言(声音、文字)或图形图像交换信息。所以,第五代计算机又称新一代计算机。它与前四代计算机有着本质的区别,是计算机发展史上的一次重要变革。

1.1.2 计算机的应用

计算机虽然是 20 世纪的产物,但计算机技术飞速发展,从诞生时的科学计算到现在的社会生活的各个领域无处不在,计算机已经应用到方方面面。

计算机主要应用在以下几个方面:

1. 科学计算(数值计算)

这是计算机诞生的最初要求。随着现在社会的发展,计算问题越来越复杂、计算精度要求越来越高、计算量越来越大,不是人力所能达到的。如导弹道轨迹的计算、24 小时的天气数据的分析、建筑力学和水利建设方面的计算,都需要借助于计算机强大的科学计算能力。

2. 信息处理(数据处理)

信息处理是指对各种数据进行收集、存储、整理、分类、统计、加工、利用、传播等一系列活动的统称。现在,80%以上的计算机主要用于数据处理,所以,信息处理时现在计算机应用最广泛的一个方面。如图书管理、售票系统、人力资源的管理、办公自动化等都是计算机信息管理的代表。

3. 自动控制(过程控制)

过程控制是利用计算机及时采集检测数据,按最优值迅速地对控制对象进行自动调节或自动控制。采用计算机进行过程控制,不仅可以大大提高控制的自动化水平,而且可以提高控制的及时性和准确性。如生产过程的流水线、雷达跟踪系统、无人驾驶汽车的控制、雷达和导弹发射器组成的防空系统等,都需要在计算机控制下运行。

4. 计算机辅助

计算机辅助包括计算机辅助设计CAD(Computer Aided Design)、计算机辅助制造CAM(Computer Aided Manufacture)、计算机辅助教学CAI(Computer Assisted Instruction)等多个方面。CAD是利用计算机系统辅助设计人员进行工程或产品设计,以实现最佳设计效果的一种技术。它已广泛地应用于船舶设计、飞机设计、汽车设计、建筑设计、电子设计等领域。例如,在电子计算机的设计过程中,利用CAD技术进行力学计算、结构计算、绘制建筑图纸等,这样不但提高了设计速度,而且可以大大提高了设计质量。CAM则是使用计算机进行生产设备的管理和生产过程的控制,可以提高产品质量,降低成本,缩短生产周期,提高生产率和改善劳动条件。CAI使教学手段达到一个新的水平,即利用计算机模拟一般教学设备难以表现的物理或工作过程,使用课件来进行教学,提高学生的学习兴趣,并通过交互操作极大地提高了教学效率。

5. 办公自动化

办公自动化OA(Office Automation)指用办公室人员利用计算机处理日常工作。如用计算机进行文字处理,文档管理,资料、图像、声音处理和网络通信等。它既属于信息处理的范围,又是目前计算机应用的一个较独立的领域。

6. 数据通信

计算机技术与数字通讯技术的结合,产生了计算机网络。“信息高速公路”主要是利用通信卫星群和光导纤维构成的计算机应用网络,把世界各地利用网络连接起来,使人们在家里就可以与世界上任何一台计算机进行通讯。总之,以计算机为核心的信息高速公路的实现,将进一步改变人们的生活方式。

7. 人工智能(或智能模拟)

人工智能(Artificial Intelligence)是计算机模拟人类的智能活动,诸如感知、判断、理解、学习、问题求解和图像识别等。它更进一步地模仿人类,不但要求具备很高的运算速度,还要求具备对已有的数据进行逻辑推理和总结的功能并能利用已有的经验和逻辑规则对当前事件进行逻辑推理和判断。现在人工智能的研究已开始走向实用阶段，如有一定思维能力的智能机器人等。

1.1.3　计算机的分类

虽然计算机诞生时间仅几十年，可发展很快。计算机种类很多，可以从不同的角度对计算机进行分类。

1. 按照计算机原理分类

数字式电子计算机：处理数字信息的计算机。参与运算的数值用断续的数字量表示，其运算过程按数字位进行计算，数字计算机由于具有逻辑判断等功能，所以又被称为"电脑"。

模拟式电子计算机：处理模拟信息的计算机。参与运算的数值由不间断的连续量表示，其运算过程是连续的。目前已很少生产。

混合式电子计算机：处理数字和模拟两种信息的计算机。

2. 按照计算机用途分类

通用计算机：适应性很强，应用面很广，但其运行效率、速度会受到应用对象的不同而受到不同程度的影响。

专用计算机：针对某类问题能显示出最有效、最快速和最经济的特性，但它的适应性较差，不适于其他方面的应用。

3. 按照计算机性能分类

可分为巨型机、小巨型机、大型机、小型机、工作站和个人计算机六大类。这些类型之间的基本区别通常在于其体积大小、结构复杂程度、功率消耗、性能指标、数据存储容量、指令系统和设备、软件配置等的不同。一般来说，巨型计算机的运算速度很高，数据存储容量很大，规模大，结构复杂，价格昂贵，主要用于大型科学计算。单片计算机则只由一片集成电路制成，其体积小，重量轻，结构简单。性能介于巨型机和单片机之间的就是大型机、中型机、小型机和微型机，它们的性能指标和结构规模则相应地依次递减。

我们现在常见的就是数字微型通用计算机，本书后面提到的计算机都指这类计算机。

1.2　计算机的构成与参数

一个完整的计算机系统包含硬件系统和软件系统两大部分。硬件是计算机系统的物质基础，单纯的硬件系统又称为裸机，它是软件的载体，而没有软件系统的计算机几乎是没有用的。所以，计算机的硬件和软件是相辅相成的，二者缺一不可。计算机系统组成结构如图 1.1 所示。

- 计算机系统
  - 硬件系统
    - 主机
      - 中央处理器
        - 运算器
        - 控制器
      - 内存储器
    - 外部设备
      - 外存储器
      - 输入设备
      - 输出设备
  - 软件系统
    - 系统软件
    - 应用软件

图 1.1　计算机系统组成结构

1.2.1　计算机硬件系统

硬件通常是指一切看得见、摸得着的设备实体，是组成计算机系统的各种物理设备的总称。它主要由运算器、控制器、存储器、输入设备和输出设备组成。

运算器：运算器又称为算术逻辑单元（ALU），是对数据进行加工处理的部件，它在控制器的作用下与内存交换数据，负责进行各类基本的算术运算（加、减、乘、除等）、逻辑运算（与、或、非、异或、比较等）和其他操作。

控制器：控制器是整个计算机系统的指挥中心，负责从存储器中取出指令，对指令进行译码，并根据指令的要求，按时间的先后顺序向各部件发出控制信号，保证各部件协调一致地工作，一步一步地完成各种操作。

存储器：存储器是计算机系统内最主要的记忆部件，既能接收计算机内的信息（数据和程序），又能保存信息，还可以根据命令读取已保存的信息。

输入设备：输入设备用于向计算机输入程序和数据。它将数据从人类熟悉的形式转换成计算机能够识别形式，以便存储。

输出设备：输出设备是将计算机处理的结果从内存中输出。和输入设备正好相反，它是将计算机内的存储形式转换成人们熟悉的形式（文字、图像、声音等）显示出来。

总之，所有的计算机硬件系统都由上述五个基本部分组成，五部分各司其职，协调统一的工作，完成各项任务。大致工作过程如图 1.2 所示。程序和计算中需要的原始数据，在控制命令的作用下通过输入设备送入计算机的存储器。当计算开始的时候，在取指令的作用下把程序指令逐条送入控制器。控制器向存储器和运算器发出读取数据命令和运算命令，运算器进行计算，然后控制器发出存储数据的命令，计算结果存放到存储器，最后在输出命令的作用下通过输出设备输出结果。

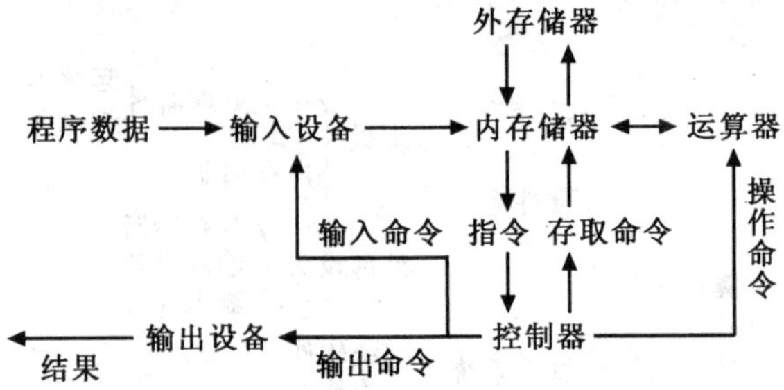

图 1.2 计算机硬件系统工作过程

软件系统通常是泛指各类程序和文件，它们实际上是由一些算法以及其在计算机中的表示所构成的，主要是解决如何管理和使用计算机，提高计算机的工作效率。

1.2.2 计算机主要硬件参数

计算机的种类很多，人们最常接触的就是微型计算机，简称微机。下面，介绍一下微机的主要部件及其技术参数。

1. 中央处理器(CPU)

在微型计算机中，将控制器和运算器组合在一起，采用大规模集成电路工艺制成的芯片，称为中央处理器(CPU)，又称为微处理器。中央处理器(CPU)是微型计算机的核心部件。

CPU 品质的高低，直接决定了一个计算机系统的档次。反映 CPU 品质的最重要的技术参数是主频和字长。

主频：计算机的时钟频率，单位是 MHz。主频即 CPU 的工作速度，主频越高，CPU 的运算速度越快。现在常用的 CPU 主频有 1.5 GHz、2.0 GHz、2.4 GHz 等。

字长：计算机作为一个整体进行处理的数据的位数，即 CPU 在同一时间能同时并行传送的二进制信息位数。人们常说的 32 位机和 64 位机，就是指该计算机中的高端 CPU 可以同时处理 32 位和 64 位的二进制数据。486 机是 32 位机，Pentium 机是 64 位机。

现在生产 CPU 芯片的厂家主要有 Intel 和 AMD。目前，计算机中的 CPU 大多使用 Intel 公司的酷睿系列，而 AMD 公司生产的 CPU(雷鸟、毒龙)和 Intel 公司生产的赛扬 CPU 则以价格低、性能好而占领了低端市场。如图 1.3 和图 1.4 所示。

图 1.10　移动硬盘

4.2 GB。

可擦写型光盘(简称 CD-RW),即是指使用专用的光盘刻录机可以进行多次写入数据的光盘,即写入的数据可以修改了。通常,这样的光盘价格要比前两种贵很多,但是,光盘上的数据可以反复的擦写。

图 1.11　光盘

④闪存。闪存(Flash Memory)是一种长寿命的非易失性(在断电情况下仍能保持所存储的数据信息)的存储器,目前流行的迷你移动存储产品几乎都是以闪存作为存储介质。闪存内部主要由半导体存储芯片构成,它体积小、功耗低、不易受物理破坏,是移动数码产品的理想存储介质。随着技术水平的不断提高,闪存的价格不断下降、容量不断提高,使闪存开始在社会生活中流行开来。

闪存在使用时必须通过各种接口与设备连接。如与电脑连接常用的接口有 USB、PCMCIA 等,与数码设备连接则有专用的接口和外形规范,如 CF、Memory Stick 等。

3. 输入设备

计算机中最常用的输入设备就是键盘和鼠标。扫描仪也是比较常见的输入设备。

(1)键盘。通过键盘我们可以进行人机对话,实现向计算机发出命令和数据输入。键盘有一系列的按键组成,其内部有专门的微处理器和控制电路,当操作者按下某个键时,键盘内部的控制电路产生一个唯一代表这个键的二进制代码,然后将此代码送入主机内部,操作系统就知道用户按下了哪个键。目前较常用的是 104 键键盘(图 1.12)。

图 1.12 键盘

(2)鼠标。通过鼠标向计算机发出指令。鼠标(图 1.13)可以方便准确地移动光标进行定位,因其外形酷似老鼠而得名。

按键数分类可分为双键鼠标、三键鼠标和新型的多键鼠标;按接口分类可分为 COM、PS/2、USB 三类;按内部构造分类,这是鼠标分类最常用的一种方式,可分为机械式、光机式和光电式三大类。

①机械式鼠标。其底部有一个橡胶小球,当鼠标在水平面上滚动时,小球与平面发生相对转动而控制光标移动。

②光机式鼠标。相对于机械鼠标,它采用的是非接触部件,使磨损率下降,大大地提高了鼠标的寿命和精度。光机鼠标的外形与机械鼠标没有区别,不打开鼠标的外壳很难分辨。出于这个原因,虽然市面上绝大部分的鼠标都采用了光机结构,但习惯上人们还称其为机械式鼠标。

③光电式鼠标。其对光标进行控制的是鼠标底部的两个平行光源,当鼠标在特殊的光电板上移动时,光源发出的光经反射后转化为移动信号,控制光标移动。

衡量鼠标的主要技术指标有灵敏度、按键点按次数、取样频率等,其中灵敏度是最重要的指标。

(3)扫描仪。扫描仪(图 1.14)可以将印刷件、书面文稿、照片等媒介信息输入到电脑里,然后可通过软件加以处理,以适合不同的应用。从技术角度上说,扫描仪是把传统的模拟影像转化为数字影像的设备之一。它把原始稿件的模拟光信号转换为一组像素信息，最终以数字化的方式存储于数字文件中，实现影像的数字化。

衡量扫描仪的技术指标主要有扫描精度、色彩位数、灰度级、扫描幅面等。

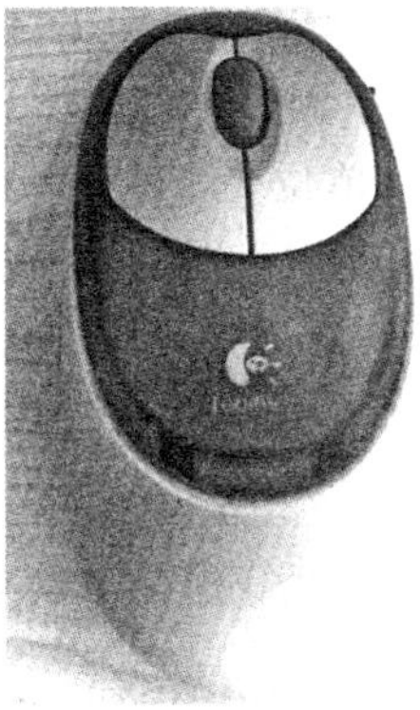

图 1.13　鼠标

图 1.14　扫描仪

4. 输出设备

目前最常见的输出设备有显示器、打印机、音箱、投影仪、绘图仪等。

(1)显示器。它是实现人机对话的主要窗口，将人们从键盘、鼠标等输入设备输入的数据、信息、程序运行结构转换成人们熟悉的直观地形式输出。显示器又称为监视器、屏幕。

按显示设备所用的显示器件分类，有阴极射线管显示器(简称 CRT)、液晶显示器(简称 LCD)、等离子显示器等。

①阴极射线管显示器(CRT)。按颜色分为黑白和彩色；按大小分类，从早期的 12 英寸黑白显示器到现在 17 英寸、19 英寸、21 英寸大彩色显示器；按显像管种类的不同，可分为球面管、平面直角管、柱面管、纯平管。

CRT 性能的主要指标有以下几种。

分辨率：像素是指屏幕能独立控制其颜色与亮度的最小区域。分辨率是指显示器屏幕的单位面积上有多少个基本像素点。分辨率常用单位面积上的扫描线数和两光点之间的距离来表示，即用水平方向的像素点数与垂直方向的像素点数的乘积来表示，如 640×480、800×600、1024×768 等。每个显示器都有它最大的分辨率。在理论上，分辨率越高，每行显示的图形就越清晰。

点距：是指显示器上两个最接近的同色荧光点之间的直线距离。点距是显像管最重要的技术参数之一，单位为毫米。点距越小越好，显示的图形越清晰高。现在，大多数的显示器的点距是 0.25 mm 或 0.26 mm，当然，还有更小的点距的高档显示器。

屏幕尺寸：屏幕尺寸指显像管实际屏幕尺寸，通常以对角线的长度衡量，以英寸为单位。如常见的 17 寸和 19 寸显示器。

刷新率：刷新率是指显示屏幕刷新的速度，刷新率又分水平刷新率和垂直刷新率。水平刷新率是显示器每秒内水平扫描的次数，又叫行频，单位是 kHz；垂直刷新率表示屏幕的图像每秒钟重复描绘多少次，又叫场频，单位是 Hz。一般来说，垂直刷新率最好不要低于 60 Hz，如果低于 60 Hz 的垂直刷新率，人们就会感觉屏幕抖动的厉害。刷新频率越低，图像闪烁和抖动的越厉害，眼睛观看时疲劳得越快。刷新频率越高，图像显示就越自然、越清晰。

除了上面的几个重要指标，还有可视面积、对比度、灰度、亮度等指标来衡量显示器的性能。

②液晶显示器(简称 LCD)。液晶，即液态的晶体，也就是说一种物质既有液体的流动性，又有类似晶体的某种排列特性。在电场的作用下，液晶分子的排列会产生变化，从而影响到它的光学性质，这种现象叫做电光效应。利用液晶的电光效应，制造出了液晶显示器。与 CRT 相比，LCD 不但体积小、厚度薄、重量轻、耗能少、工作电压低且无辐射、无闪烁等优点。由于这么多的优点，LCD 已经在各领域的计算机广泛使用。

液晶显示器除了有类似 CRT 的屏幕尺寸、对比度、亮度等技术参数，还有以下几个重要的技术参数。

可视角度：由于液晶显示器的光线是透过液晶以接近垂直角度向前射出的，我们从其他角度来观察屏幕的时候，并不会像看 CRT 显示器那样可以看得很清楚，而会看到明显的色彩失真。这就是可视角度大小所造成的。在选择液晶显示器时，应尽量选择可视角度大的产品。目前，液晶显示器的可视角度在 140 度以上就可满足大众的需求。

响应时间：响应时间决定了显示器每秒所能显示的画面帧数，通常当画面显示速度超过每秒 25 帧时，人眼会将快速变换的画面视为连续画面。响应时间越小，快速变化的画面所显示的效果越完美。目前市场上主流液晶显示器的响应时间是 8 ms，性价比也相当高，即高达每秒 125 帧的显示速度，可与 CRT 显示器相媲美。对于一般的消费者来数说，12 ms、16 ms 响应时间就足够了，日常学习、上网、影音娱乐、游戏等方面的要求也完全可以满足。

(2)打印机。打印机按原理和工作方式可以分为针式打印机、热敏打印机、热升华打印机、喷墨打印机和激光打印机，其中针式打印机、喷墨打印机和激光打印机最常见。

①针式打印机。又称为点阵打印机，常见的有 9 针和 24 针两种。针数越多，打印出来的字就越美观。针式打印机的主要优点是价格便宜、耗材费用低，缺点是打印速度慢、噪声大、打印质量稍差。

②喷墨打印机。它是通过喷墨管将墨水喷射到打印纸上而输出字符或图形。喷墨打印机的主要优点是打印精度较高、噪声低、价格便宜等，缺点是打印速度慢、耗材费用高等。

③激光打印机。激光打印机是近年来发展很快的一种输出设备，早期的激光打印机比较贵，现在价格大幅下降，已经为大众所接受，所以，它已经成为主流的产品。激光打印机的优点是打印精度高、打印速度快、噪声低等，缺点是打印幅面小、耗材费用高。激光打印机的一个重要指标就是分辨率 DPI(每英寸点数)。分辨率越高，打印机的输出质量就越好。

衡量打印机的技术指标主要有打印最大宽度、打印质量、打印速度和噪声等参数。

5. 其他部件

(1)主机。计算机的主机是由主板、CPU、内存、机箱和电源构成的。主机安装在主机箱内。在主机箱内有主机、硬盘驱动器、CD-ROM 驱动器、软盘驱动器、电源和显示适配器(显卡)等。如图 1.15 所示为一台立式主机。主机从外观上分为卧式和立式两种。在主机箱的正面都有软盘驱动器的插口、光盘驱动器等。而主机的背面则是连接诸如电源、显示器、鼠标、键盘、打印机等设备的各种接口，如图 1.16 所示。

(2)主板。如图 1.17 所示。主板上面一般集成了软盘接口、硬盘接口、并行接口、串行接口、USB、AGP 总线、PCI 总线、键盘、鼠标接口等。它是计算机内最大的一块集成电路板，是最主要的部件之一。主板的质量决定着计算机的质量。衡量主板性能的指标，主要是主板芯片组，目前主板上配置的芯片组主要为 Intel 公司的 Intel 系列和台湾省威盛公司的 VIA 系列。

(3)显卡。显卡又称显示器适配器。它可以将主机和显示器连接起来，将输出数据转换成色彩和亮度喜好传送给显示器。显卡的性能与显示图像的分辨率和色彩密切相关。

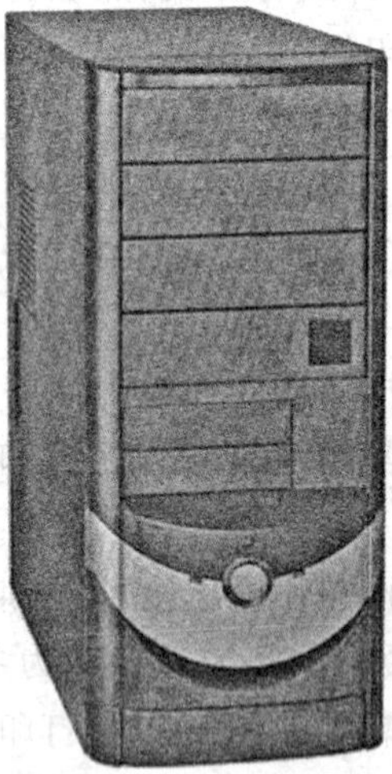

图 1.15 立式主机

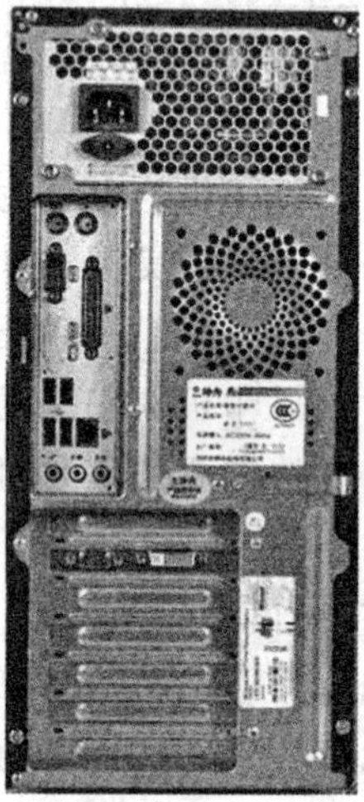

图 1.16 立式主机背面

1.2.3 计算机软件系统

图 1.17 主板

随着计算机的发展，计算机的软件系统已经是一个庞大的家族，而且越来越完善、越来越趋近于人性化。

软件是指计算机运行时所需的程序和其有关的文档资料。软件系统指各种软件的集合。计算机的软件系统分为系统软件和应用软件两大类。

1. 系统软件

系统软件是计算机软件生产商提供的，为高效使用和管理计算机而编制的软件。系统软件运行在计算机基本硬件基础上，通过对计算机各种资源的控制和管理，为用户提供各种可能的计算机应用手段和应用方式。系统软件又可分为操作系统、语言处理程序、服务性程序和数据库管理系统四类软件。

操作系统：是计算机软件中最重要的程序，用来管理和控制计算机系统中的硬件和软件资源的大型程序。如 Windows、DOS、UNIX 等都是操作系统软件，现在比较普及的是 Windows XP 操作系统。

语言处理程序：必须和计算机语言及计算机程序设计结合起来。

计算机语言现在发展到第四代，分别是机器语言、汇编语言、高级语言和面向对象的语言。

机器语言是最早的计算机语言，用二进制代码(0、1)向计算机发出指令，用机器语言编写的程序，计算机可直接识别，所以执行速度最快，但可读性、可移植性差。

汇编语言比机器语言前进了一步，用"助记符"(如用 ADD 表示加法)代替二进制代码，其程序必须通过翻译程序(汇编程序)翻译成二进制代码后才能执行，但汇编语言也是低级语言。

高级语言是用英文单词和代数表达式编写程序，最接近人类的自然语言(英语)，更适合人的语言习惯，使用起来比较方便。但是，高级语言要经过翻译才能变成机器能够识别并执行的代码。用高级语言编写的程序文件称为源文件。将源文件翻译成的计算机可执行程序文件称为目标文件。翻译有两种方式：编译和解释。编译是将整个源文件翻译成目标程序，计算机再执行；而解释是翻译一句，计算机执行一句。如 BASIC、C、PASCAL、FOXPRO、COBOL 等。

面向对象的语言：对象是一些相关的变量和方法的软件集。面向对象语言是一类以对象作为基本程序结构单位的程序设计语言，指用于描述的设计是以对象为核心，而对象是程序运行时刻的基本成分。语言中提供了类、继承等成分。如 C++语言。

服务性程序：是指为了帮助用户使用与维护计算机，提供服务性手段，支持其他软件开发而编制的一类程序。主要类型有工具软件、编辑程序、调试程序、诊断程序。

数据库管理系统：是对计算机中所存放的大量数据进行组织、管理、查询并提供一定处理功能的大型系统软件。当前流行的数据库管理系统有微软的 SQL Server、Oracle、DB2、Access 等。

2. 应用软件

应用软件是为解决计算机用户的特定问题而编制的软件。它必须运行在系统软件基础上，完成我们实际要做的工作。

现在，应用软件种类非常多，如办公软件 Office 2003、游戏软件、客户应用软件(资产管理、银行管理等)、绘图软件 Auto CAD、图像处理软件 Photoshop 等。

*1.3 计算机中的数据表示方式

由于计算机是由电器元件构成的，数在计算机中是以元器件的物理状态来表示的。电器元件具有两种不同稳定状态且能相互转换，这样，一个元器件就可以表示一位二进制数。所以在计算机中所有的数据都是以二进制数据的形式存储的，既简单又可靠。

在计算机领域中，我们常接触的有十进制数、二进制数和十六进制数。所谓进位计数制是指按进位的原则进行计数。进位计数制有两个特点：

(1)逢N进一。N是指进位计数制表示一位所需要的符号数目，称为基数。例如十进制数是由0～9十个数字符号组成，基数为10，运算时“逢十进一”、“借一当十”。

(2)采用权值表示法。处在不同位置上的数字所代表的值不同，一个数字在某个固定位置上所代表的值是确定的，这个值称为权值。权值与基数的关系是，各进位制中权值是基数的若干次幂。

例如：十进制数50.21，可以表示成$50.21=5\times10^1+0\times10^0+2\times10^{-1}+1\times10^{-2}$，各位的“权值”分别是$10^1$、$10^0$、$10^{-1}$、$10^{-2}$。

各进制数在表达时，可用括号将其括上，并加上相应的角标。如：十进制数100可表示成$(100)_{10}$，十六进制数56.789可表示成$(56.789)_{16}$。

1.3.1 十进制数

十进制数是大家所熟悉的，生活中我们大多数计数是都采用十进制数。十进制数有以下几个特点：

(1)任意一个十进制数由0、1、2、3、4、5、6、7、8、9十个符号组成，基数为10；

(2)运算时“逢十进一”、“借一当十”；

(3)任何一个十进制数都可以分解成一个加法算式，即各个位上的数与其相应位上的权值的和。如：$(103.74)_{10}=1\times10^2+0\times10^1+3\times10^0+7\times10^{-1}+4\times10^{-2}$。

1.3.2 二进制数

二进制数也有类似于十进制数的几个特点：

(1)任意一个二进制数由0、1两个符号组成，基数为2；

(2)运算时“逢二进一”、“借一当二”；

(3)任何一个二进制数都可以分解成一个加法算式，即各个位上的数与其相应位上的权值的和。如：$(101.1)_2=1\times2^2+0\times2^1+1\times2^0+1\times2^{-1}$。

1.3.3　十六进制数

十六进制数的几个特点：

(1)任意一个十六进制数由 0、1、2、3、4、5、6、7、8、9、A、B、C、D、E、F 十六个符号组成，基数为 16；

(2)运算时“逢十六进一”、“借一当十六”；

(3)任何一个十六进制数都可以分解成一个加法算式，即各个位上的数与其相应位上的权值的和。如：$(73.0A5)_{16}=7\times16^1+3\times16^0+0\times16^{-1}+10\times16^{-2}+5\times16^{-3}$。

1.3.4　数值间的转换

1.二(十六)进制数转换成十进制数

方法是：使用按权相加法，即各个位数乘以与其对应的权值之和，即为与其相对应的十进制数。

$$(1101.101)_2=1\times2^3+1\times2^2+0\times2^1+1\times2^0+1\times2^{-1}+0\times2^{-2}+1\times2^{-3}$$
$$=13.625$$

$$(B91.E1)_{16}=11\times16^2+9\times16^1+1\times16^0+14\times16^{-1}+1\times16^{-2}$$
$$=2961.879$$

2.十进制数转换成二(十六)进制数

十进制整数：除基倒取余法。即把要转换的十进制整数不断除以 **2(16)**，并记下每次除得的余数，直到商为 **0** 为止，将所得余数从最后一次除得余数读起，就是这个十进制整数所对应的二(十六)进制整数。

例 1-1　将十进制数 19 转换为二进制数。

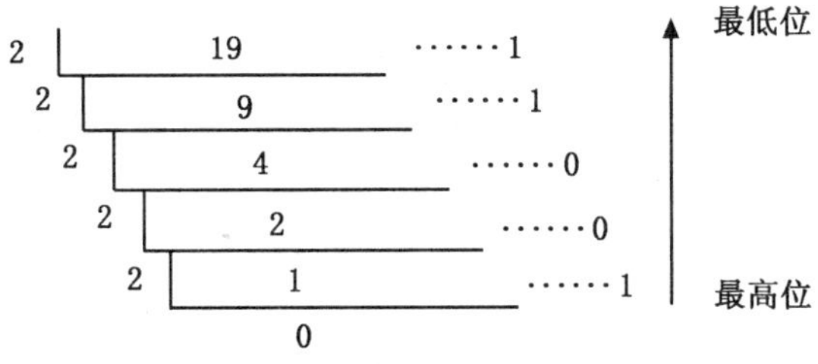

所以，$(19)_{10}=(10011)_2$

例 1-2 将十进制数 172 转换为十六进制数。

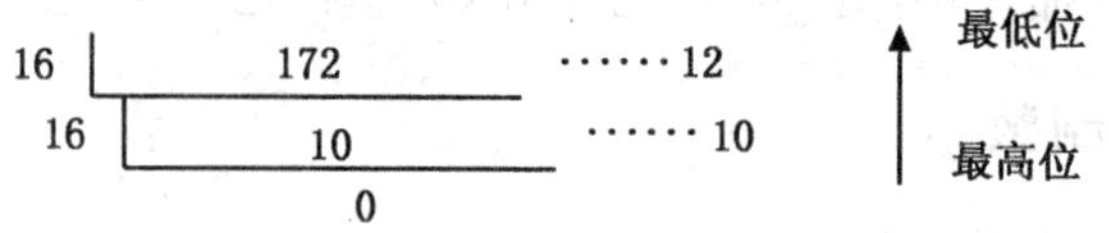

所以，$(172)_{10}=(AC)_{16}$

十进制小数：乘基取整法。即把要转换的十进制小数不断乘以 **2(16)**，每次相乘后，所得乘积的整数部分就为对应二（十六）进制数小数后的最高位，再将剩下的小数部分接着乘以 **2(16)**，直到小数部分为零或达到精度为止。

例 1-3 将十进制数 0.25 转换为二进制数。

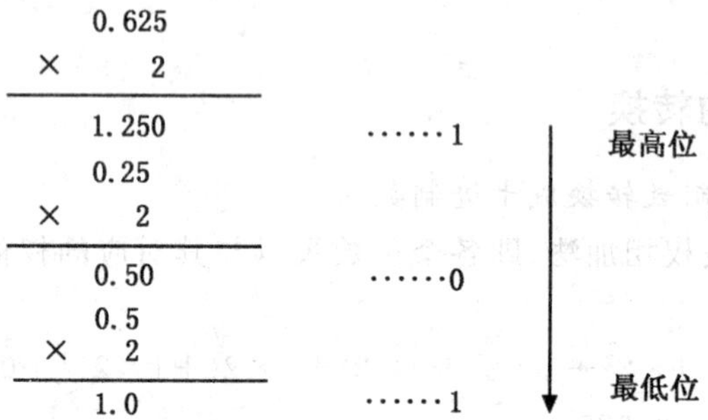

所以，$(0.25)_{10}=(0.101)_{2}$

如果要转换的十进制数既有整数部分，又有小数部分，那么，将小数和整数部分分别按各自的方法进行转换，最后合并在一起即可。

例 1-4 将十进制数 19.25 转换为二进制数。

$(19.25)_{10}=(10011.101)_{2}$

3. 二进制和十六进制之间的转换

二进制数转换位十六进制数：以小数点为界，分别向左向右每四位分一组，如果左右两边的最后一组不足四位，要填零补齐，将每组转换成一位十六进制数即可。

例 1-5 将二进制数 100111.1010011 转换为十六进制数。

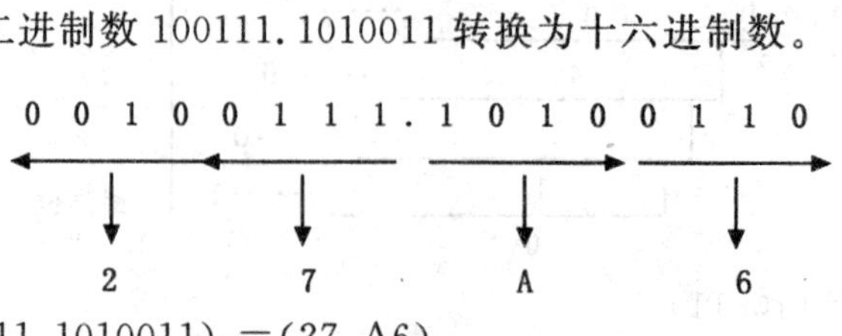

所以，$(100111.1010011)_{2}=(27.A6)_{16}$

十六进制数转换位二进制数：上述方法的逆过程。以小数点为界，分别向左向右将十六进制数的每一位转成四位二进制数，如果某组不足四位，要左侧填零补齐即可。

例 1-6　将十六进制数 74. A6 转换为二进制数。

7	4	·	A	6
↓	↓		↓	↓
0111	0100	·	1010	0110

所以，$(74.A6)_{16}=(111010010100110)_2$

注意说明技巧：上述进行二进制和十六进制之间转换的方法比较快，也可以以十进制为中间媒介进行转化，虽然转换速度慢，但比较好掌握。

1.3.5　字符 ASCII 码

由于计算机所能处理的数据是二进制的形式，所以，不管是汉字、字符还是数值等计算机能处理的各种信息，最后都是按照特定的规则转变成二进制形式编码才能存储在计算机中。

字符编码就是为每一个字符规定一个对应得整数，再把它转换成二进制形式，就可以存储了。由于这些字符和整数之间并没有什么直接关系，所以，字符编码都是人为规定的。这样，也随之产生了很多的字符编码。如 BCD 码、余 3 码、ASCII 码、Unicode 编码等。

目前计算机中用得最广泛的字符集及其编码，是由美国国家标准局（ANSI）制定的 ASCII 码（American Standard Code for Information Interchange，美国标准信息交换码），它已被国际标准化组织（ISO）定为国际标准，称为 ISO 646 标准。适用于所有拉丁文字字母。

在计算机的存储单元中，一个 ASCII 码值占一个字节（8 个二进制位）的第七位，其最高位是零。因为 1 位二进制数可以表示 2 种状态，2 位二进制数可以表示 4 种状态，……依次类推，7 位二进制数可以表示 128 种状态，每种状态都唯一地编为一个 7 位的二进制码，对应一个字符（或控制码），这些码可以排列成一个十进制序号 0～127。所以，ASCII 码是用七位二进制数进行编码的，可以表示 128 个字符。

第 0～32 号及第 127 号（共 34 个）是控制字符或通讯专用字符，如控制符：LF（换行）、CR（回车）、FF（换页）、DEL（删除）等；通讯专用字符：SOH（文头）、EOT（文尾）、ACK（确认）等；第 33～126 号（共 94 个）是字符，其中第 48～57 号为 0～9

十个阿拉伯数字；65～90 号为 26 个大写英文字母，97～122 号为 26 个小写英文字母，其余为一些标点符号、运算符号等。

由于 ASCII 码只规定了 128 个最常用的英文字符，但是随着电脑字符集的增长，逐渐出现了很多种在 ASCII 上扩充的编码方式，我们熟悉的 Unicode 编码就是其中较为复杂的一种，这是在标准的 ASCII NO. 5 和 ISO 10646 基础上开发的 32 bits 编码方案。

字符与标准 ASCII 码之间的对照关系见表 1-1。

表 1-1 常见字符与标准 ASCII 码之间的对照关系

十六进制	十进制	字符	十六进制	十进制	字符
30	48	0	5c	92	\
31	49	1	5d	93	]
32	50	2	5e	94	∧
33	51	3	5f	95	_
34	52	4	60	96	‘
35	53	5	61	97	a
36	54	6	62	98	b
37	55	7	63	99	c
38	56	8	64	100	d
39	57	9	65	101	e
41	65	A	66	102	f
42	66	B	67	103	g
43	67	C	68	104	h
44	68	D	69	105	i
45	69	E	6a	106	j
46	70	F	6b	107	k
47	71	G	6c	108	l
48	72	H	6d	109	m
49	73	I	6e	110	n
4a	74	J	6f	111	o

续表 1-1

十六进制	十进制	字符	十六进制	十进制	字符
4b	75	K	70	112	p
4c	76	L	71	113	q
4d	77	M	72	114	r
4e	78	N	73	115	s
4f	79	O	74	116	t
50	80	P	75	117	u
51	81	Q	76	118	v
52	82	R	77	119	w
53	83	S	78	120	x
54	84	T	79	121	y
55	85	U	7a	122	z
56	86	V	7b	123	{
57	87	W	7c	124	|
58	88	X	7d	125	}
59	89	Y	7e	126	～
5a	90	Z	7f	127	del

注意：经常用到的 ASCII 码主要是数字和英文字母，所以只要记住数字和英文字母的 ASCII 码可满足一般需要。数字“0”的 ASCII 码是 48，大写英文字母“A”的 ASCII 码是 65，小写英文字母“a”的 ASCII 码是 97，记住这三个 ASCII 码，其他按顺序向后推算即可。

习　　题

一、选择题

1. 微机中 1 K 字节表示的二进制位数是(　　　　)。

A. 1000　　B. 8×1000　　C. 1024　　D. 8×1024

2. 计算机硬件能直接识别和执行的只有(　　　　)。

A. 高级语言　　B. 符号语言　　C. 汇编语言　　D. 机器语言

3. 下面是关于解释程序和编译程序的论述,其中正确的一条是(　　　　)。

A. 编译程序和解释程序均能产生目标程序

B. 编译程序和解释程序均不能产生目标程序

C. 编译程序能产生目标程序而解释程序则不能

D. 编译程序不能产生目标程序而解释程序能

4. 硬盘工作时应特别注意避免(　　　　)。

A. 噪声　　B. 震动　　C. 潮湿　　D. 日光

5. 下面列出的四种存储器中,易失性存储器是(　　　　)。

A. RAM　　B. ROM　　C. PROM　　D. CD-ROM

6. 下列四个不同数制表示的数中,数值最大的是(　　　　)。

A. 二进制数 11011101　　B. 八进制数 334

C. 十进制数 219　　D. 十六进制数 DA

7. 微型计算机硬件系统中最核心的部件是(　　　　)。

A. 主板　　B. CPU　　C. 内存储器　　D. I/O 设备

8. 下列术语中,属于显示器性能指标的是(　　　　)。

A. 速度　　B. 可靠性　　C. 分辨率　　D. 精度

9. 配置高速缓冲存储器(Cache)是为了解决(　　　　)。

A. 内存与辅助存储器之间速度不匹配问题

B. CPU 与辅助存储器之间速度不匹配问题

C. CPU 与内存储器之间速度不匹配问题

D. 主机与外设之间速度不匹配问题

10. 微型计算机存储系统中,PROM 是(　　　　)。

A. 可读写存储器　　B. 动态随机存取存储器

C. 只读存储器　　D. 可编程只读存储器

11. 在计算机领域中通常用 MIPS 来描述(　　　　)。

A. 计算机的运算速度　　B. 计算机的可靠性

C. 计算机的可运行性　　D. 计算机的可扩充性

12. 为解决某一特定问题而设计的指令序列称为(　　　　)。

A. 文档　　B. 语言　　C. 程序　　D. 系统

13. 若在一个非零无符号二进制整数右边加两个零形成一个新的数,则新数的值是原数值的(　　　　)。

A. 4 倍　B. 2 倍　C. 1/4　D. 1/2

14. 计算机最主要的工作特点是(　　　)。

A. 存储程序与自动控制　B. 高速度与高精度

C. 可靠性与可用性　D. 有记忆能力

15. 4 个二进制位可表示(　　　)种状态。

A. 2　B. 4　C. 8　D. 16

二、简述题

1. 简述计算机的发展历史。

2. 简述计算机的用途。

3. 计算机系统的组成和各部件的功能。

三、计算题

1. 将下面的十进制数转换为二进制和十六进制数。

1024　59　35　122

2. 将下面的二进制数转换为十进制和十六进制数。

$(10101)_2$　$(11110001)_2$

$(100011111)_2$　$(100011011)_2$

第2章　开始使用计算机

2.1　开关计算机

计算机虽然是一种电器，但是它有一定的特殊性，良好的个人使用习惯对电脑的影响也很大。虽然操作动作很简单，但如果操作的方法不当，还是有可能对您的电脑造成不必要的损坏。所以，在使用计算机时要遵守一定的原则，按照操作步骤进行操作，才能够合理的发挥计算机的作用，延长各个设备的使用寿命。

2.1.1　计算机开机

开机顺序是要先开外部设备（即主机箱以外的其他部分，如打印机、显示器）电源，再开主机电源。这样的顺序是为了防止外部设备接通电源后的电压波动影响主机。具体分以下三种方式：

(1)冷启动。这种开机方法即先打开显示器的电源开关，然后再打开主机箱的电源开关。

(2)热启动。在主机已经接通电源的情况下，想重新启动计算机，可同时按住键盘上的“Ctrl”键、“Alt”键和“Del”键三个键。这种方法是在计算机运行时出现异常重新引导系统时使用。

(3)复位启动。在主机已经接通电源的情况下，想重新启动计算机，直接按下在主机箱上的“RESET”按钮。一般在前两种方法无效时，采用此种方法。

千万不要机器一出现异常，就按“POWER”键，这样对电脑的损害很大。

2.1.2　计算机关机

关机顺序则相反：先关主机，再关外设。其原因在于尽量地减少对主机的损害。因为在主机通电时，关闭外设的瞬间会对主机产生较强的冲击电流。

关机时要注意：

(1)一段时间内，不能频繁地开机、关机，因为这样对各配件的冲击很大，尤其是对硬盘的损伤严重。一般关机距下一次开机时间至少应为 10 s。

(2)特别注意当电脑工作时，应避免进行关机操作。如：计算机正在读写数据时突然关机，很可能会损坏驱动器（硬盘、软驱等）。

(3)关机时，应注意先退出 Windows 操作系统，关闭所有程序，再按正常关机顺序退出，否则有可能损坏应用程序。

(4)应尽量避免搬动电脑，因为过大的震动会对硬盘、主板之类的配件造成损坏。

2.1.3 计算机死机

随着计算机的普及程度越来越广泛，它给人们在工作和学习上带来了极大的方便。但是，计算机的“死机”现象也是每个使用计算机的人经常遇到的。“死机”，就像字面意思一样，计算机死了，突然不工作了，显示器屏幕上什么都没有了或“蓝屏了”。在计算机开机时、启动操作系统时、使用一些应用程序时或正准备退出操作系统时，“死机”随时都有可能发生。

作为普通人，我们不可能自己进行专业的维修，但可以先预防，尽量少“死机”；一旦发生“死机”，可大概分析原因，进行简单的处理。最简单的方法是重新“热启动”或“复位启动”。

1. 导致计算机“死机”的原因

①超出了硬件的工作环境，电子元件随着使用时间的增加而逐渐老化；

②硬件的品质和故障所造成；

③计算机系统源耗尽；

④系统文件遭到破坏；

⑤计算机内部散热不良；

⑥其他原因，如无法启动系统，画面“定格”无反应，鼠标、键盘无法输入，软件运行非正常中断等。

2. 计算机“死机”的预防

①经常检查电脑配件接触情况；

②定期清洁机箱；

③坚持认真查杀病毒；

④按正确的操作顺序关机；

⑤避免多任务同时进行，以免资源耗尽；

⑥如果你的机器内存不是很大，千万不要运行占用内存较大的程序，否则运行时容易死机。

2.2 计算机桌面

装好计算机操作系统后，打开电源，系统自检并检查硬件没有问题，操作系统就会启动起来。我们启动计算机的过程。实际就是启动操作系统的过程。前面介绍过。操作系统有很多,但现在几乎是 Windows 的天下。这里介绍 Windows XP 操作系统的启动。

Windows XP 操作系统启动后,就可以看到 Windows XP 的桌面了。

2.2.1 桌面图标

Windows XP 操作系统启动后,显示的整个屏幕就称为桌面。桌面是用户操作计算机的最基本界面。桌面上可放置图标、窗口、对话框、任务栏等。

图标是由代表 Windows 的各种组成对象的小图形并配有文字说明而组成。图标可以代表一个应用程序、一个文档、一个设备等。

通常有一类图标,是将经常使用的程序和文档,为它们建立快捷图标,称为桌面快捷方式图标。桌面快捷方式图标实际是指向程序、文件或硬件设备等的指针。起作用是为了加快操作速度。图 2.1 所示为 Windows XP 的桌面。

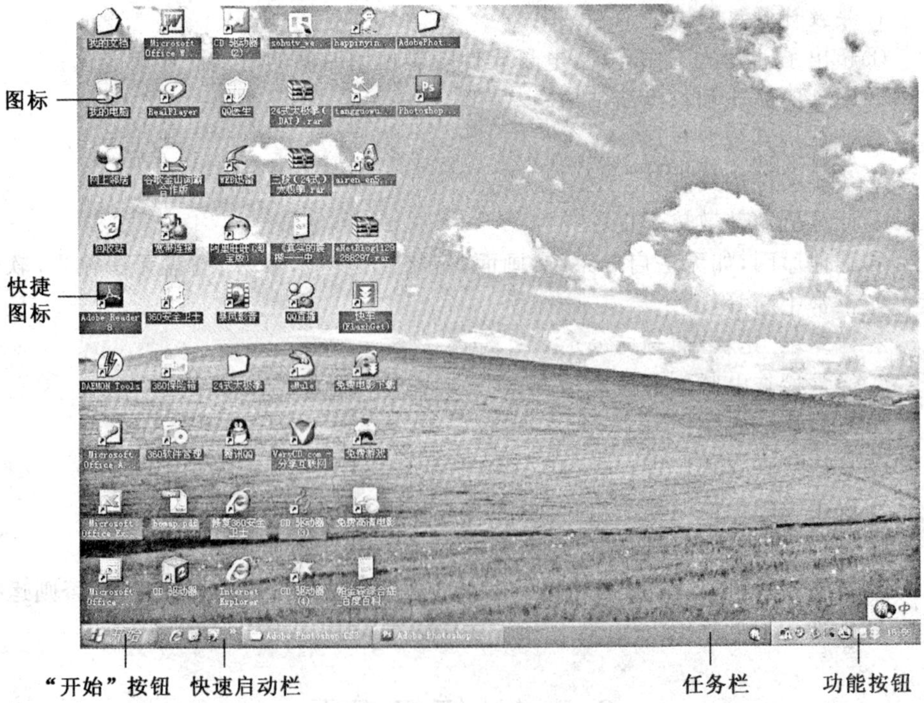

图 2.1 Windows XP 的桌面

2.2.2　任务栏

默认情况下，任务栏位于桌面的底部，通贯左右的一个小细条。从左到右依次是“开始”按钮、快速启动工具栏、正在运行的应用程序和功能按钮。

“开始”按钮位于任务栏的最左侧，单击此按钮可弹出“开始”菜单，这里包含计算机的许多工作，从系统管理、应用程序启动、帮助、文件搜索、关闭和重新启动计算机等工作都经常从此开始。

快速启动工具栏主要有“Internet Explorer（简称 IE）浏览器”按钮，点击它可进行 Internet 信息浏览；“显示桌面”按钮，点击它可重新显示桌面。

当每打开一个窗口或执行一个任务时，在“任务栏”的中间位置就有相应的代表该任务或窗口的一个“任务”按钮，当前活动任务的按钮是按下去的。用户可以通过点击“任务”按钮在各个任务之间进行切换。该任务或窗口关闭后，相应的“任务”按钮也关闭消失。

最右侧称为系统托盘，主要有：“系统时间”、“音量控制”、“网络状态指示”等功能按钮。

2.3　鼠标操作

2.3.1　鼠标按键的作用

“鼠标器”简称为“鼠标”，英文名字为“Mouse”，是由于它外表形状像一只老鼠而得名。它从出现到现在已经有 40 多年的历史了。通过移动鼠标进行准确的定位和点击鼠标的按键进行确认，人们使用计算机的操作变得更加简便，因此它代替了键盘的一些繁琐指令。

2.3.2　鼠标的使用

1. 鼠标按键的基本操作

鼠标通常有左、右两键，左按键又叫做主按键，大多数的鼠标操作是通过对左键的单击、双击或拖动完成的。右按键又叫做辅按键，主要用于一些专用的快捷操作，如图 2.2 所示。

指向：指移动鼠标，将鼠标指针移到操作对象上。

单击左键：指快速按下并释放鼠标左键。单击一般用于选定一个操作对象。

双击左键：指连续两次快速按下并释放鼠标左键。双击一般用于打开窗口，启动应用程序。

拖动：指按下鼠标左键，移动鼠标到指定位置，再释放按键的操作。拖动一般用于选择多个操作对象，复制或移动对象等操作。

右击：指快速按下并释放鼠标右键。右击一般用于打开一个与操作相关的快捷菜单。

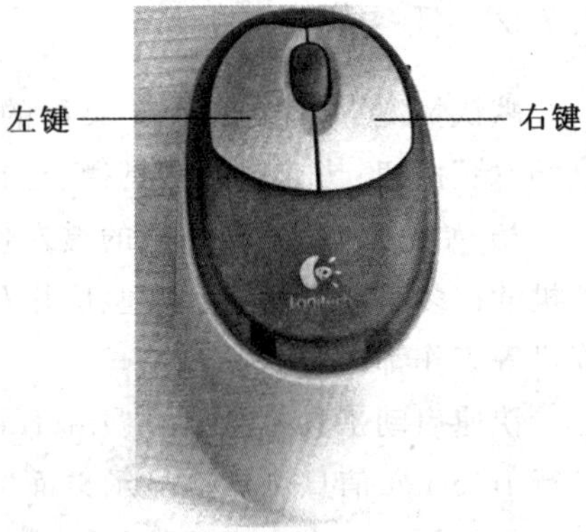

图 2.2 鼠标按键

2. 鼠标指针形状的含义

箭头指针：也是 Windows 的基本指针，用于选择菜单、命令或选项。如表 2-1 所示。

表 2-1 鼠标指针形状及含义

指针形状	含义	指针形状	含义	指针形状	含义
	标准选择		手写		文字选择
	帮助选择		不可用		移动
	后台操作		垂直调整		等比缩放
	忙		水平调整		链接选择

双向箭头指针：又叫做水平、垂直缩放指针，当将鼠标指针移到窗口的边框线上时，会变成双向箭头，此时拖动鼠标，可上下或左右移动边框改变窗口大小。

斜向箭头指针：也叫做等比缩放指针，当鼠标指针正好移到窗口的四个角落时，会变成斜向双向箭头，此时拖动鼠标，可沿水平和垂直两个方向等比例放大或缩小窗口。

四头箭头指针：也叫移动指针，用于移动选定的对象。

漏斗指针：表示计算机正忙，需要用户等待。

I 型指针：用于在文字编辑区内指示编辑位置。

2.4　系统窗口

2.4.1　打开窗口

在 Windows 中，用户所做的操作基本上都是在窗口中进行的。用户每打开一个文件夹后或启动一个应用程序后，都会以窗口的形式出现，所以这种窗口又称作“应用程序窗口”。通过对窗口中提供的内容进行操作来完成工作。所以，只要使用计算机，对窗口的操作要熟练。

1. 打开窗口

主要有两种方法：

第一种：选中要打开的窗口图标，然后双击打开；

第二种：在选中的图标上单击右键，在其快捷菜单中选择“打开”命令。

2. 窗口的组成

在 Windows 中，窗口是一个矩形的形状，四周是边框。每一个窗口的内容可能不同，但无论是哪个窗口，它都有共同的基本组件，如图 2.3 所示。

(1)标题栏。位于窗口的最顶部。通常在左侧显示应用程序或打开文档的名称。因 Windows 中可以同时打开多个窗口，而当前工作的窗口只有一个，所以，当前工作窗口标题栏的色彩将比其他窗口的色彩深，如深蓝色。

(2)控制菜单图标。位于窗口的左上角。它的功能包括在一个下拉菜单中。即还原、移动、大小、最小化、最大化和关闭等。

(3)最小化、最大化/还原、关闭按钮。位于标题栏的右端，用于调整窗口的大小。

(4)菜单栏。位于标题栏的下方，由一系列的菜单项组成。不同窗口下的菜单项不完全相同。单击某菜单项，屏幕会出现其“下拉式菜单”，选取下拉菜单中的某一选项，便可执行相应的命令操作。

(5)工具栏。位于菜单栏的下方，由一组按钮组成，每个按钮代表一个常用的命令操作。单击某按钮，也可执行相应的操作。

(6)状态栏。位于窗口的底部，用于显示有关操作的状态及提示信息。

(7)滚动条。有水平滚动条和垂直滚动条，分别位于窗口的下方和窗口的右侧。当窗口不能显示全部内容时，可通过拖动滚动条的滑块将所需察看的内容移动到窗口中。

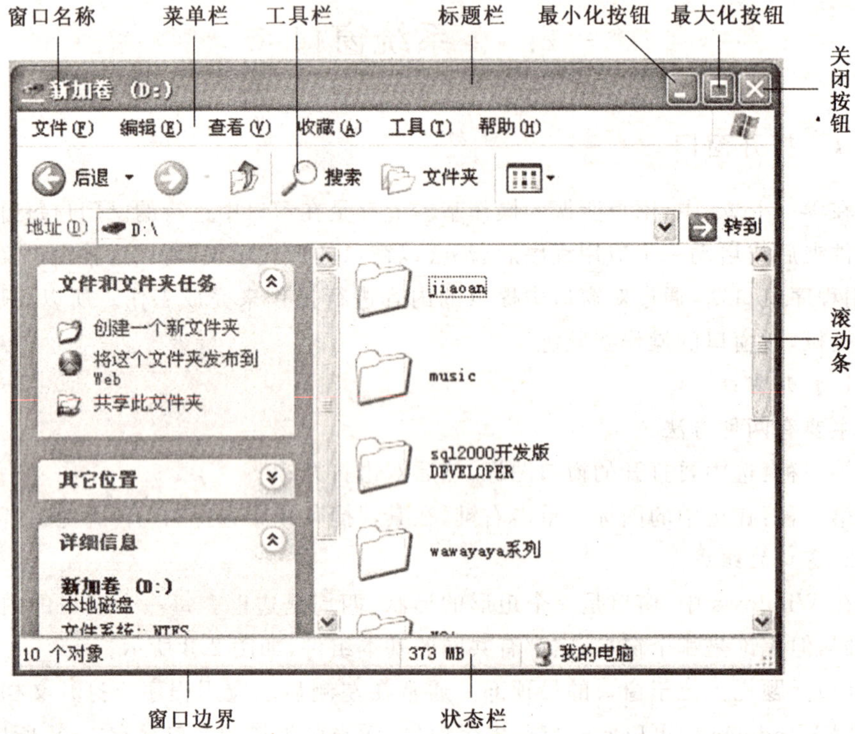

图 2.3 窗口的组成

(8)窗口边界。用于显示窗口的上下左右边界,用鼠标指向窗口边界,拖动鼠标即可调整窗口的大小。

2.4.2 窗口操作

1. 移动窗口

移动窗口时用户只需要在标题栏上按下鼠标左键拖动,移动到合适的位置后再松开,即可完成移动的操作。

2. 改变窗口的大小

窗口不但可以移动到桌面上的任何位置,而且还可以随意改变大小。

当用户需要改变窗口的宽度时,可把鼠标放在窗口的垂直边框上,当鼠标指针变成双向的箭头时,可以任意拖动。

如果需要改变窗口的高度,可以把鼠标放在水平边框上,当指针变成双向箭头时进行拖动。

当需要对窗口进行等比缩放时，可以把鼠标放在边框的任意角上进行拖动。

3. 最小化、最大化/还原、关闭窗口

最小化按钮：在暂时不需要对窗口操作时，可把它最小化以节省桌面空间，用户直接在标题栏上单击此按钮，窗口会以按钮的形式缩小到任务栏。

最大化按钮：窗口最大化时铺满整个桌面，这时不能再移动或者是缩放窗口。用户在标题栏上单击此按钮即可使窗口最大化。

还原按钮：当把窗口最大化后想恢复原来打开时的初始状态，单击此按钮即可实现对窗口的还原。用户在标题栏上双击可以进行最大化与还原两种状态的切换。

关闭按钮：单击此按钮即可实现对窗口的关闭，用于终止程序的进行。

4. 切换窗口

当用户打开多个窗口时，需要在各个窗口之间进行切换时，有以下几种切换的方式：

当窗口处于最小化状态时，用户在任务栏上选择所要操作窗口的按钮，然后单击即可完成切换。当窗口处于除最小化以外的状态时，可以在所选窗口的任意位置单击，当标题栏的颜色变深时，表明完成对窗口的切换。

技巧：用户可以在键盘上同时按下“Alt”和“Tab”两个键，屏幕上会出现切换任务栏，在其中列出了当前正在运行的窗口，用户这时可以按住“Alt”键，然后在键盘上按“Tab”键从“切换任务栏”中选择所要打开的窗口，选中后再松开两个键，选择的窗口即可成为当前窗口。

5. 窗口的排列

当用户在对窗口进行操作时打开了多个窗口，而且需要所有窗口全部处于显示状态，这样，我们可以在 Windows XP 中利用排列窗口的功能来实现这种需求。

在任务栏上的空白区域单击鼠标右键，弹出一个快捷菜单，如图 2.4 所示。

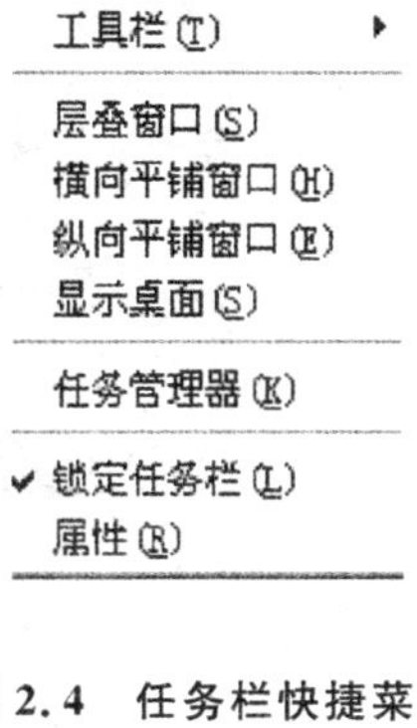

图 2.4　任务栏快捷菜单

在快捷菜单中提供三种排列窗口的方式。

层叠窗口：把窗口按先后的顺序依次排列在桌面上，每个窗口的标题栏和左侧边缘是可见的，用户可以任意切换各窗口之间的顺序，如图 2.5 所示。

横向平铺窗口：各窗口并排显示，在保证每个窗口大小相当的情况下，使得窗口尽可能往水平方向伸展，如图 2.6 所示。

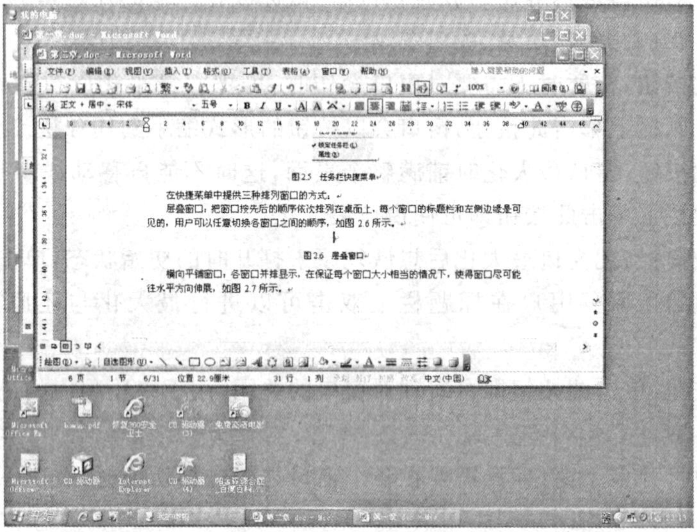

图 2.5 层叠窗口

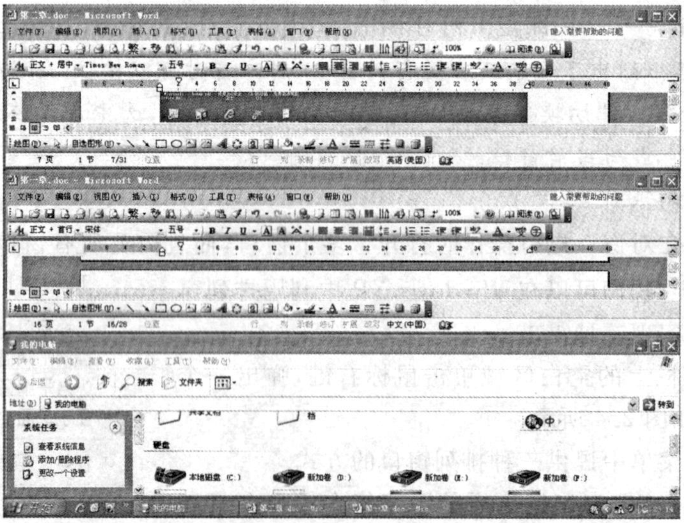

图 2.6 横向平铺窗口

纵向平铺窗口：窗口在保证每个窗口都显示的情况下，尽可能往垂直方向伸展，如图 2.7 所示。

图 2.7　纵向平铺窗口

撤消窗口的排列：选择了某项排列方式后，要取消窗口的排列，可在任务栏快捷菜单中选择相应的撤消命令，恢复窗口原状。例如，用户先执行了“横向平铺窗口”命令后，可在任务栏的快捷菜单会执行“撤消平铺”命令，即可使窗口回复原状。

6. 关闭窗口

用户完成对窗口的操作后，终止程序的进行，可用以下几种方式关闭窗口：

(1)直接在标题栏上单击“关闭”按钮。

(2)单击控制菜单按钮，在弹出的控制菜单中选择“关闭”命令。

(3)双击控制菜单。

(4)使用 Alt+F4 组合键。

(5)如果用户打开的窗口是应用程序，可以在“文件”菜单中选择“退出”命令。

(6)如果所要关闭的窗口处于最小化状态，可以在任务栏上选择该窗口的按钮，然后在右击弹出的快捷菜单中选择“关闭”命令。

2.4.3 菜单操作

菜单是各种命令的集合，它是用户和应用程序交互的主要方式。

1. 菜单的组成和含义

灰色菜单命令：当前情形下该菜单项不可用；

黑色菜单命令：当前情形下可选择该菜单命令；

分组线：用线条将多个菜单命令分成几组，每一组是一个项目组；

带有“√”的菜单项：目前此命令有效，在同一菜单项目组中可以选择多个项目。再次选择该项目，可去除“√”，该项失效；

带有“●”的菜单项：目前此命令有效，在同一菜单项目组中只能有一个项目且必须有一个被选定。选择同一菜单项目组中一个，其他项目失效；

带有“…”的标记的菜单项：表示选择该项时，会弹出一个对话框窗口；

带有“▶”的标记的菜单项：表示该项下一级子菜单；

向下的双箭头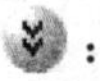：表示该菜单还有许多项没有显示出来，没有显示出来的菜单一般是不太常用的项目，以减少屏幕占用的空间，将鼠标移到此符号上，菜单项就会全部显示出来；

快捷键标记：有些菜单右边列出了组合键，称为该菜单命令的快捷键，表示如果用户想执行该菜单命令，可以不选择该菜单，而是在键盘下按下该快捷键即可。

2. 菜单操作

打开菜单主要有以下几种方法：

①鼠标点击菜单栏中相应的菜单名；

②用 Alt＋菜单名后面括弧内的带下划线的字母，如按 Alt＋F 组合键是打开“文件”菜单；

③按 Alt 键后，则菜单栏中的第一个菜单被选中，用左右光标键移动可选择菜单，用上下键光标键可打开子菜单，用 Enter 可选择子菜单项。

选择子菜单项：用鼠标单击要选择的子菜单项或用上面所说的第 3 种方法。

关闭菜单：鼠标单击被打开菜单以外的任何地方或按 ESC 键都可关闭打开的子菜单。

3. 快捷菜单

快捷菜单是鼠标右键单击对象后打开的菜单，快捷菜单中往往包括对该对象进行操作的命令。

打开快捷菜单：右键单击对象或选定对象后按 Shift＋F10。

关闭右键单击对象：单击快捷菜单以外的区域或按 Esc、F10。

4.“开始”菜单

中文版 Windows XP 系统中默认的“开始”菜单设计风格清新、明朗，打开后的显示区域比以往更大，而且布局结构也更利于用户使用。通过“开始”菜单可以方便地启动常用的程序、访问 Internet 和收发电子邮件，如图 2.8 所示。

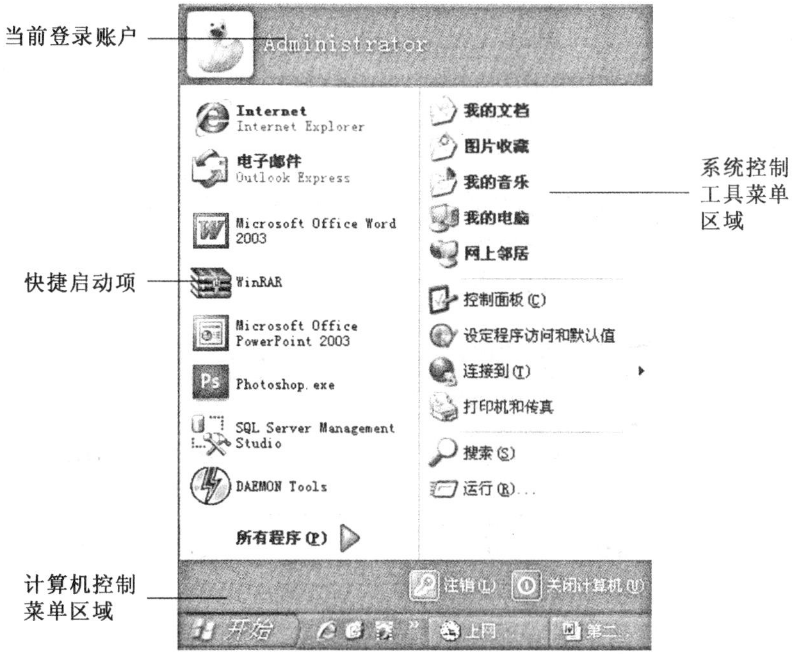

图 2.8　“开始”菜单

(1)“开始”菜单可分为 4 部分：

①在“开始”菜单最上方标明了当前登录计算机系统的用户，由一个漂亮的小图片和用户名称组成，它们的具体内容是可以更改的。

②在“开始”菜单最下方是计算机控制菜单区域，包括“注销”和“关闭计算机”两个按钮，用户可以在此进行注销用户或关闭计算机的操作。

③在“开始”菜单的左侧中间部分是用户常用的应用程序的快捷启动项，根据其内容的不同，中间会有不很明显的分组线进行分类，通过这些快捷启动项，用户可以快速启动应用程序。在“所有程序”菜单项中显示计算机系统中安装的全部应用程序。

④在右侧是系统控制工具菜单区域，比如“我的电脑”、“我的文档”、“搜索”等

选项，通过这些菜单项用户可以实现对计算机的操作与管理。

(2)“开始”菜单打开方式：在桌面上单击“开始”按钮或者在键盘上按下 Ctrl+Esc 组合键，就可以打开“开始”菜单。

2.4.4 对话框操作

在中文版 Windows XP 中，对话框是另一种常见的窗口，它占有非常重要的地位，是用户与计算机系统之间进行信息交流的窗口，许多操作都是用户通过在对话框中发出命令和选择后，计算机根据这些要求来执行。

1. 对话框的组成

对话框窗口和应用程序窗口有相似之处，例如都有标题栏、关闭按钮；但对话框还含有许多应用程序窗口所没有，如选项卡(或标签)、文本框、列表框、命令按钮、单选按钮和复选框等几部分，如图 2.9 所示。

图 2.9 对话框的组成

对话框窗口不含有最大化、最小化、还原按钮，不可以调整大小，但可以移动位置。

对话框窗口有很多种，不同的对话框有时差别非常大。在对话框中，深色部分表示可选择项，浅色部分则表示当前不可用。

(1)标题栏:和应用程序窗口一样,位于对话框的最上方,默认的是深蓝色,左侧标明该对话框的名称,最右侧有关闭按钮,功能、用法和应用程序窗口一样,有时还有帮助按钮。

(2)帮助按钮:单击帮助按钮,这是用鼠标单击对话框中的选项可获取相应的帮助信息,如功能、作用和操作方法等。

(3)选项卡(标签):在系统中有很多对话框都是由多个选项卡构成的,选项卡上写明了标签,以便于进行区分。用户可以通过各个选项卡之间的切换来查看不同的内容,在选项卡中通常有不同的选项组。窗口更简洁、更直观。

(4)文本框:在有的对话框中需要用户手动输入某项内容,还可以对各种输入内容进行修改和删除操作。一般在其右侧会带有向下的箭头,可以单击箭头在展开的下拉列表中查看最近曾经输入过的内容。

(5)列表框:通常不能像文本框可自己输入内容,而是在选项组下已经列出了众多的选项,用户可以从中选取。

(6)微调按钮:一般是文本框中带有此按钮,由向上和向下两个箭头组成,框中有默认值,用户可直接在文本框中输入,用户可单击微调按钮来调整文本框中的值增加或减少,得到自己想要的结果。

(7)命令按钮:它是指在对话框中圆角矩形并且带有文字的按钮,常用的有"确定"、"应用"、"取消"等按钮。"确定"按钮,使当前对话框中的修改生效,结束并关闭对话框;"应用"按钮,使当前对话框中的修改生效,不关闭对话框,可继续对该对话框进行设置;放弃对当前对话框中的修改,结束并关闭对话框。

(8)单选按钮:它通常是一个小圆形,其后面有相关的文字说明。当选中后,在圆形中间会出现一个黑色的小圆点。在对话框中通常是一个选项组中包含多个单选按钮,当选中其中一个后,别的选项是不可以选的。

(9)复选框:它通常是一个小正方形,在其后面也有相关的文字说明。当用户选择后,在正方形中间会出现一个黑色的"√"标志,一个选项组中可以任意选择多项。

2. 对话框的操作

(1)对话框的移动和关闭。用户要移动对话框时,可以在对话框的标题上按下鼠标左键拖动到目标位置再松开;也可以在标题栏上右击,选择"移动"命令,然后在键盘上按方向键来改变对话框的位置,到目标位置时,用鼠标单击或者按回车键确认,即可完成移动操作。

(2)对话框的关闭。关闭对话框的方法有下面几种:单击"确认"按钮或者"应用"按钮,可在关闭对话框的同时保存用户在对话框中所做的修改。

如果用户要取消所做的改动，可以单击“取消”按钮，或者直接在标题栏上单击关闭按钮，也可以在键盘上按 Esc 键退出对话框。

(3)在对话框中的切换。在不同的选项卡之间的切换：用户可以直接用鼠标来进行切换；也可以先选择一个选项卡，即该选项卡出现一个虚线框时，然后按键盘上的方向键来移动虚线框，这样就能在各选项卡之间进行切换；用户还可以利用 Ctrl＋Tab 组合键从左到右切换各个选项卡，而 Ctrl＋Tab＋Shift 组合键为反向顺序切换。

在同一选项卡中的切换：在不同的选项组之间切换，可以按 Tab 键以从左到右或者从上到下的顺序进行切换，而 Shift＋Tab 组合键则按相反的顺序切换；也可以使用键盘上的方向键来完成。

2.5 键盘的使用

键盘是最基本的输入设备，几乎所有要输入的汉字、字符、英文字母都通过键盘。所以，正确的键盘指法和良好的习惯，勤加练习，是提高输入速度和熟练使用键盘的基础。

2.5.1 键位的分区

按照不同的功能，整个键盘分布在 4 个不同的区域内，主键盘区、功能键区、编辑键区和数字小键盘区，如图 2.10 所示。

图 2.10 键盘的分布

1. 主键盘区

主键盘区是键盘上占面积最大的一个区域，是键盘上最主要和最常用的部分，这个区域内的键与一般英文打字机的键位是一样的。这个区主要是一些英文字母键、数字键、符号键和控制键。

主键盘区中一些键的功能如下：

(1)空格键。键盘下部最长的那个键，长条形状。当按下此键时，它会把一个空格送往计算机，同时在屏幕上当前光标位置处没有任何符号显示，只是形成一个空白字符。

(2)上档切换键 Shift。左、右各有一个，两个键功能都是一样的。按下该键并同时按其他某个键，便可实现该键上档字符的输入。

(3) 控制键 Ctrl 。左、右各有一个，两个键功能都是一样的。这个键单独使用时没有任何作用的，它总是与其他键同时使用，以实现各种功能，这些功能是被具体的操作系统或其他应用软件定义的。

(4)转换键 Alt 。左、右各有一个，两个键功能都是一样的。这个键也总是与其他键同时使用，一般是快捷选取某个菜单或某个按钮或选项。

(5)大写锁定键 Caps Lock 。这个键可将字母输入设置为大写状态，但对其他键无影响。当处于大写锁定状态时，可输入大写字母。当设置为大写状态时，键盘右上角的 Caps Lock 指示灯会亮的，灯灭表示当前是小写状态。

(6)回车键 Enter。确认键。按下它后，焦点所在的对象对应的功能会被调用。如果在输入状态时按下该键，表示结束当前行的输入并换到下一行开始输入。

(7)退格键 Back Space。一般标有“←”或“Back Space”，按下这个键可以删除当前光标位置的左边一个字符，并将光标左移一个字符位置。

(8)跳格键 Tab。可移动光标一个制表位(一般是八个字符)。按下这个键将光标右移到下一个制表位，按着 Shift 和 Tab 时，则向左跳一个制表位。

2. 功能键区

键盘上特意设置了一些功能键，位于主键盘区的上方，它们的具体功能由操作系统或应用程序来定义。

(1)F1～F12 键。具体功能由操作系统或应用程序来定义。

(2)取消键 Esc。取消一个操作或终止一个程序。

(3)暂停键 Pause Break。可暂停一个应用程序的执行，按任意键可继续执行。

(4)打印屏幕键 Print Screen。和 Shift 键连用，可将屏幕内容打印出来。

(5)滚动锁定键 Scroll Lock。按下此键，可终止屏幕的滚动，再按此键，可继续。

3. 编辑键区

在这个区中共有 10 个键，这些都是与编辑有关的键。分别是插入键(Insert)、删除键(Delete)、移到行首(Home)、移到行尾(End)、向前翻页(Page Up)、向后翻页(Page Down)和 4 个方向键。

(1)插入键 Insert。这个键是一个状态表示键，它开启时，在字符中间输入新字符时，则在当前光标所在位置插入该字符，右边的所有字符顺序向右移一个位置。当它关闭时，新输入的字符将替换掉当前光标所在位置右边的一个字符。重复按它可以在两种状态之间转换。

(2)删除键 Delete。删除当前光标位置右边的一个字符。字符被删除后，光标右边所有字符向左移一位，以填充刚删除的字符所留下的空位。

(3)移到行首 Home。按此键时可快速移动光标到本行的第一个字符处。

(4)移到行尾 End。按此键时可快速移动光标到本行的最后一个字符处。

(5)向前翻页 Page Up。按 Page Up 可以快速地将窗口光标移动到上一页中。

(6)向后翻页 Page Down。按 Page Down 可以快速地将窗口光标移动到下一页中。

(7)光标键。共有上、下、左、右四个方向键。按键后，光标向相应方向移动。

4. 数字小键盘区

位于键盘的右方。这组键大部分有两个功能，被数字锁定键 Num Lock 控制着。当键盘右上方的数字锁定指示灯“Num Lock”亮时，这组键专门用来输入数字和进行简单运算，这时这组键中包括 0 到 9 十个数字键，还有加、减、乘、除 4 个符号及 1 个回车键。当再按一下“Num Lock”键，使指示灯“Num Lock”灭时，本区等同于编辑键区，其功能与上述编辑键区相同，只是有些键的标识用了缩写形式。你可以根据需要重复按“Num Lock ”进行功能的转换。

2.5.2 键盘操作

正确的键盘操作姿势、指法，良好的个人习惯，刻苦的练习，是提高键盘输入速度和效率的关键。

1. 键盘操作姿势

使用键盘时应当注意以下几点：

(1)座椅高度合适，坐姿端正自然，稍偏于键盘左方，两脚平放，全身放松，上身挺直并稍微前倾；

(2)两肘和上臂贴近身体，下臂和手腕向上倾斜，与键盘保持相同的斜度；

(3)手指略弯曲，指尖轻放在基本键位上，左、右手的大拇指轻轻放在空格键上；

(4)按键时，手抬起，伸出要按键的手指按键，按键要轻巧，用力要均匀。

2. 正确的指法

指法就是指按键的手指分工。键盘的排列是根据字母在英文打字中出现的频率而精心设计的，正确的指法可以提高手指击键的速度，同时也可提高文字的输入速度。

(1)基准键。键盘上的字母键位置是按照各字母在文字中出现的机会多少来排列的。在 26 个字母中，选出了用得比较多的 7 个字母键和一个标点键作为基本的字键，这就是基准键，也叫做原位键。这 8 个键是：A、S、D、F、J、K、L、；。

A——左手小指　S——左手无名指　D——左手中指　F——左手食指

J——右手食指　K——右手中指　L——右手无名指　；——右手小指

F 和 J 键上，都有微微的突起，左、右手的食指可以容易的摸到，这样就可以使操作者很容易地将两个食指定位在这两个基准键上，这两个手指定位后，其余的手指定位就自然的放在其他基准键上，如图 2.11 所示。

图 2.11　基准键位

(2)各手指击键范围。8 个手指除了击打对应的基准键外，还击打按键划分出的范围线内所有的字符和一些符号，这些键一般称为范围键。

左、右手大拇指共同负责空格键，想用哪个大拇指按是根据需要随意的。

范围键如图 2.12 所示。

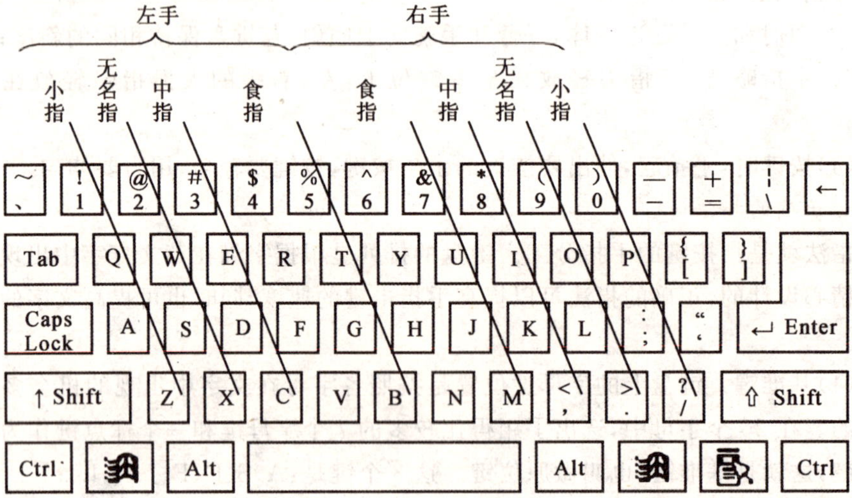

图 2.12　各手指击键范围

(3)击键要求。击键时用各手指的第一指腹击键;第一指关节应与键面垂直;应由手指发力击下;击键时先使手指离键面 2～3 cm,然后击下;击键完成后,应使手指立即归位到基本键位上;不击键的手指不要离开基本键位;需要同时击两个键时,若两个键分别位于左、右手区,则由左、右手各击相对应的键。

注意说明技巧:刚刚练习打字时,一定要注意正确的指法,千万不要为一时的速度快而只使用几个手指,一旦坏习惯养成,就难改了。使用正确的指法,开始虽然慢一些,可只要经过刻苦的练习,打字速度自然会达到理想的程度。

2.6　汉字录入

由于计算机在最初起源于美国,所以只能输入英文。随着计算机的发展,人们需要输入其他语言,在这种需求情况下,人们发明了许多语言的输入法,其中包括中文汉字输入方法。汉字输入法是利用键盘现有的英文字母和符号实现汉字的输入和存储。人们根据汉字音、形、意的特点,发明很多输入法。下面就介绍几种常用的汉字输入法和技巧。

2.6.1　常用的汉字输入法

现在汉字的输入还是基本采用编码输入。它是将汉字编成代码，使之英文符号化，以便通过英文键盘输入汉字。自然输入是最理想、最简单的输入汉字的方法，即利用文字识别和语音识别，但现在这种方法还在研究中，还有很多不完善的地方。所以，编码输入是目前以及将来一段较长时间内普遍采用的汉字输入方法，它又可分为以下类型：

1. 数字类

把汉字作为一个整体，采用一定的规则排定汉字的先后次序，用序号作为汉字的编码。如国标区位码、电报码等。这类编码输入方便，没有重码，可达到很高的输入效率，但由于编码记忆量很大，因而仅适合专职操作员使用，对于普遍用户来说是无法接受的。

2. 音码类

根据汉字的读音，把汉语拼音的声母韵母与英文字母相联系，用英文字母作为汉字的编码。例如，全拼双音、双拼双音等。这类编码非常容易学习，尤其适合于非专职操作员，只要她会拼音就可，但由于汉字的同音字极多，因而这类编码的重码较多，输入效率难以提高。

3. 形码类

根据汉字是象形文字的特点，把汉字拆分成一些相对不变的基本结构，然后利用英文字母或数字对这些基本结构进行编码。例如，五笔字型、纵横码、表形码。这类编码重码率较低，输入效率较高，但编码规则通常较多，必须通过一段时间的刻苦训练才能掌握。

4. 音形类

根据汉字的音和形两个信息编码。例如，快速码、自然码等。与形码或音码比较，这类编码的规则简单，重码少，但掌握这类编码需要拼音和字形两个方面的知识，这对大部分人来说也要经过练习才可熟练使用。

人们总是希望汉字输入法既容易掌握又能达到较高的输入效率。但由于汉字本身的复杂性，比如笔划多、结构复杂、规律性不强，同音字多，故目前为止还没有哪一种输入法能真正满足人们的要求。事实也正是如此，在近千种汉字输入法中，真正能够得以流行、普及的不过数十种，而其中较为优秀的要数智能 ABC、五笔字型、微软拼音等。

2.6.2 汉字输入及技巧

1. 输入法的切换

在进行文字的输入时首先需要选择输入法,选择输入法的方法是:单击任务栏的右下角有输入法图标“En”或“CH”,单击需要选择的输入法即可。

如果想换另外一种输入法,可以由以下几种能够方法:

(1)单击任务栏的右下角有输入法图标“En”或“CH”,单击要切换的输入法即可。

(2)可使用快捷键进行输入法切换。中文/英文之间切换:Ctrl+空格。各种输入法之间切换:Ctrl+Shfit。

2. 输入法状态栏(图 2.13)

选择一种输入法后,就会打开输入法状态栏,从左向右依次为:

中英文输入法开关:用 Shift 键可在中英文之间切换,当显示彩色图形时,表示为中文输入状态;当显示 A 时,表示为大写英文字母状态。

输入法名称:如图 2.13 中表示五笔字型输入法。

图 2.13 输入法状态栏

全/半角切换:可用鼠标单击或用“Shitf+空格”进行切换。如图 2.13 中表示半角(一个月亮图标)状态,输入的一个英文字母、标点符号和数字占半个汉字的宽度;当一个圆形时表示全角状态,输入的一个英文字母、标点符号和数字占一个汉字的宽度。

中文/英文标点符号切换:用鼠标单击或用 Ctrl+.(点)在中文标点符号和英文标点符号之间切换,如图 2.13 所示的图标为一个空心句号和逗号时表示中文标点符号状态,输入的标点符号以中文形式显示;当图标为一个实心句号和逗号时,表示英文标点符号状态,输入的标点符号以英文形式显示。

软键盘:单击软键盘按钮,可在屏幕上显示键盘,即为软键盘。在屏幕上单击软键盘进行输入和使用键盘输入效果一样,再单击可关闭软键盘。如果有鼠标右键单击软键盘按钮,可弹出软键盘快捷菜单(图 2.14),选择后,可利用软键盘进行特殊字符的输入。

3. 全拼输入法

用汉字的拼音字母作为输入汉字的代码，在输入时要一次输入汉字全部拼音字母即可。具体如下：

要输入单字，就需要输入该字拼音的全部字母。如输入“国”字，那么就输入拼音码“guo”，提示条旁的汉字列表中出现了拼音为“guo”的汉字，如图 2.15 所示。“国”字在第一个，选相应汉字前面的数字即可。如果第一页没有，可用“+”符号可以向后翻页，用“－”符号可以向前翻页。也可点击图右上角的左箭头向前翻页，右箭头向后翻页。

图 2.14　软键盘菜单

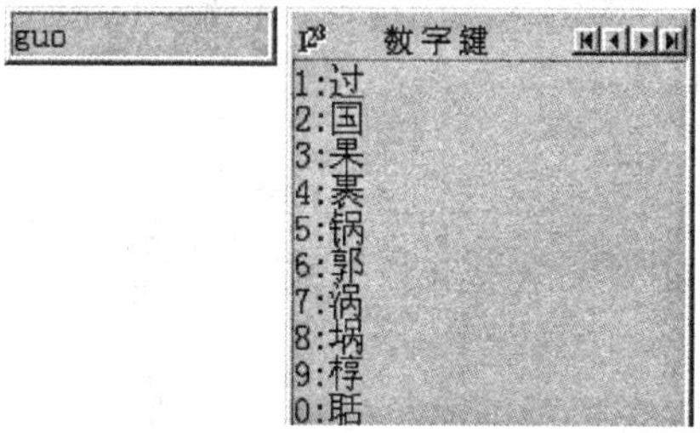

图 2.15　全拼输入法单字输入

输入词汇，可一次将所有字的完整拼音输入。如输入“国家”这个词汇，可以键入拼音码“guojia”，根据提示，旁边会出现一个词组选择列表，在列表中选择要输入的词汇即可。

全拼输入法技巧：空格键或回车键可结束一次输入过程；退格键可逐个删除输入信息；可用隔音符号“'”分隔两个字之间的拼音，如“西安”的全拼可输入“xi'an”。

4. 智能 ABC 输入法

智能 ABC 输入法的编码规则极为简单，它既可以作为音码来使用，也可以作为音形码来使用。作为纯音码使用时，只需输入相应汉字的全拼拼音即可。同时，为了减少击键次数，提高输入效率，还可以用简拼和混拼（只输入汉字的声母）、整句输入、非词组输入的方法，这也给读不准汉语拼音的操作者提供了方便。智能 ABC 输入法还支持双拼、笔形等输入和一些扩展功能。我们平时用得最多的是它的全拼功能。

智能 ABC 输入法还具有非常丰富的词组功能。它不仅提供很多通用词组,还提供自动记忆词组、手工造词两种方法以方便用户自己定义新的词组。

根据以上编码方案,可以说智能 ABC 输入法是音码类和音形码输入法中效率较高的一种汉字输入法。它的优点是简单易学,灵活方便,但与一些形码类输入法相比,其输入效率仍很有限。

5. 微软拼音输入法

微软拼音输入法提供了全拼和双拼两种输入方式,且这两种输入方式都可以支持带声调、不带声调或二者的混合输入。带声调输入时以数字键 1、2、3、4 代表拼音的四声,5 代表轻声,此时系统自动转换准确率要高于不带音调输入时的准确率。用户在输入汉字的拼音时,每个字之间一般无需用空格隔开,输入法将自动进行切分。

如输入这样一句话“我喜欢打羽毛球。”,可连续键入拼音,在输入过程中,您会看到,如图 2.16 所示。

图 2.16 微软拼音输入

在输入窗口中,虚线上的汉字是您输入拼音的转换结果,下划线上的字母是您正在键入的拼音。您可以按左右方向键定位光标来编辑拼音和汉字。

拼音下面是候选窗口,1 号候选用蓝色显示,是微软拼音输入法对当前拼音串转换结果的推测,如果正确,您可以按空格或者 1 来选择。其他候选列出了当前拼音可能对应的全部汉字或词组,您可以按 Page Down 和 Page Up 翻页来查看更多的候选。如果输入窗口中的转换内容全都正确,按空格或者回车确认。下划线消失,您输入的内容传递给了编辑器。

微软拼音输入法的大多数自动转换都是正确的,但错误不能避免。对于那些错误转换,您可以在输入过程中进行更正,挑选出正确的候选;也可以在输入整句话之后进行修改。

6. 五笔字型输入法

五笔字型输入法是一种形码类的汉字输入法。它将汉字分成三个层次:笔画、字根、单字。笔画是根据运笔方向来分类的,共分横、竖、撇、捺、折五类,字根是由笔画构成的用于构成汉字的一种相对不变的结构，是五笔字型优选出来的组字频率高和实用频率高的构字成分，共有 130 种。字根被科学地在键盘上划分为五个区，每区五个位，分别对应于 25 个英文字母键。在输入汉字时，先将汉字根据五笔字型输入法拆分汉字的原则将汉字拆分成字根，再输入相应的英文字母，对于非常用字有时还需加打一个末笔字型交叉识别码。另外，它还提供了简码输入法和词组输入法来进一步提高输入效率。

五笔字型输入法的优点是编码长度短，简单平均码长为 2.6 键，最长不超过 4 键；重码少，重码率不超过万分之二等。但记忆量较大，特别是字根与英文字母的对应关系较难记忆，虽有五首字根助记词，但仍比较难记，且有不少例外的情况。还有拆字的原则也容易产生歧义，较难掌握。

注意说明技巧：输入法有很多，在学习输入法之前，要了解常用输入法各自的特点。一定要先根据自己的情况和需要选择合适的输入法，再加以练习。要想打字速度快，必然要经过一段持之以恒的实践，才会达到令人满意的速度。

2.6.3　文字的保存

前面我们学习了汉字是如何输入到计算机中的，那么，汉字是如何存储并输出的呢？这就不得不提到汉字编码系统。汉字编码系统主要是解决在汉字处理过程中的各个环节中汉字的编码问题。汉字编码常指汉字的国家标准信息码、汉字机内码、输入编码和字型编码。

1. 国标码

1980 年，我国颁布了第一个汉字编码的国家标准：GB 2312—80《信息交换用汉字编码字符集》（简称国标码）基本集，这个字符集是我国中文信息处理技术的发展基础，也是目前国内所有汉字系统的统一标准。到了后来又公布了国家标准 GB 18030—2000《信息交换用汉字编码字符集基本集的扩充》。

该字符集共收录了 6 763 个汉字和 682 个图形符号。6 763 个汉字按其使用频率和用途，又可分为一级常用汉字 3 755 个，二级次常用汉字 3 008 个。其中一级汉字按拼音字母顺序排列，二级汉字按偏旁部首排列。

采用两个字节对每个汉字进行编码，每个字节各取 7 位，这样可对 128×128＝16 384 个字符进行编码。

2. 区位码

由于国标码是四位十六进制，为了便于交流，大家常用的是四位十进制的区位码。所有的国标汉字与符号组成一个 94×94 的矩阵。在此方阵中，每一行称为一个“区”，每一列称为一个“位”，因此，这个方阵实际上组成了一个有 94 个区（区号分别为 01 到 94）、每个区内有 94 个位（位号分别为 01 到 94）的汉字字符集。一个汉字所在的区号和位号简单地组合在一起就构成了该汉字的“区位码”。在汉字的区位码中，高两位为区号，低两位为位号。

在区位码中，01-09 区为 682 个特殊字符，16-87 区为汉字区，包含 6 763 个汉字。其中 16-55 区为一级汉字（3 755 个最常用的汉字，按拼音字母的次序排列），56-87 区为二级汉字（3 008 个汉字，按部首次序排列）。

区位码是与汉字一一对应的编码，用四位数字表示。前两位从 01 到 94，称为区码，后两位从 01 到 94，称为位码。如：“刘”的区位码是 3385，说明“刘”在 33 区码 85 位码。

在计算机中用两个字节存储，高字节表示“区”的代码，低字节表示“位”的代码，每个字节的最高位为“0”。

在区位码汉字输入方法中，汉字编码无重码，在熟练掌握汉字的区位码后，录入汉字的速度是很快的，但若想记住全部区位码是相当困难的，常用于录入特殊符号，如制表符、希腊字母等。

3. 汉字输入码

汉字输入码也称外码，是为了将汉字输入计算机而编制的代码，它是代表某一汉字的一级键盘符号。前面介绍的常用的输入法区位码、全拼码、王码五笔、智能 ABC 这些都是输入码。

不论是哪一种汉字输入方法，利用输入码将汉字输入计算机后，必须将其转换为汉字机内码才能进行相应的存储和处理。

4. 汉字机内码

汉字机内码（内码）是计算机系统中用来存储和处理中、西方信息的代码。西文内码采用单字节的 ASCⅡ码，而汉字内码则是将区位码两个字节的最高位分别置为“1”，从而形成两个字节表示的汉字机内码。

为了最终显示和打印汉字，还要由汉字的机内码来换取汉字的字形码。实际上，每一个汉字的机内码也就是指向该汉字字形码的地址。

5. 汉字字形码（汉字输出码）

汉字字形码又称汉字输出码或汉字字模，它是将汉字字形经过点阵数字化后形成的一串二进制数，用于汉字的显示和打印。

点阵字型编码是一种最常见的字型编码，它用一位二进制码对应屏幕上的一个像素点，字形笔划所经过处的亮点用 1 表示，没有笔划的暗点用 0 表示。

汉字字库的概念：从计算机中输出汉字时必须要得到相应汉字的字形码，通常用点阵信息表示汉字的字形。所有汉字字形点阵信息的集合就称为汉字字库。

显示字库一般为 16×16 点阵字库，每个汉字的字形码占用 32 个字节的存储空间，打印字库一般为 24×24 点阵，每个汉字的字形码占用 72 个字节的存储空间。

习　　题

一、选择题

1. 在 Word 主窗口的右上角，可以同时显示的按钮是(　　　　)。

A. 最小化、还原和最大化　　B. 还原、最大化和关闭

C. 最小化、还原和关闭　　D. 还原和最大化

2. 当前活动窗口是文档 d1. doc 的窗口，单击该窗口的"最小化"按钮后(　　　　)。

A. 不显示 d1. doc 文档内容，但 d1. doc 文档并未关闭

B. 该窗口和 d1. doc 文档都被关闭

C. d1. doc 文档未关闭，且继续显示其内容

D. 关闭了 d1. doc 文档但该窗口并未关闭

3. 在 Windows 中，"任务栏"的作用是(　　　　)。

A. 显示系统的所有功能　　B. 只显示当前活动窗口的名称

C. 只显示正在后台工作的窗口名称　　D. 实现窗口之间的切换

4. Windows 操作系统是一个(　　　　)。

A. 单用户多任务操作系统　　B. 单用户单任务操作系统

C. 多用户单任务操作系统　　D. 多用户多任务操作系统

5. 设 Windows 桌面上已经有某应用程序的图标，要运行该程序，可以(　　　　)。

A. 用鼠标左键单击该图标　　B. 用鼠标右键单击该图标

C. 用鼠标左键双击该图标　　D. 用鼠标右键双击该图标

6. 在中文 Windows 中，为了实现全角与半角状态之间的切换，应按的键是(　　　　)。

A. Shift＋空格　　B. Ctrl＋空格

C. Shift＋Ctrl D. Ctrl＋F9

7. 在 Windows 中，用户同时打开的多个窗口可以层叠式或平铺式排列，要想改变窗口的排列方式，应进行的操作是（　　）。

A. 用鼠标右键单击“任务栏”空白处，然后在弹出的快捷菜单中选取要排列的方式

B. 用鼠标右键单击桌面空白处，然后在弹出的快捷菜单中选取要排列的方式

C. 先打开“资源管理器”窗口，选择其中的“查看”菜单下的“排列图标”项

D. 先打开“我的电脑”窗口，选择其中的“查看”菜单下的“排列图标”项

8. 在中文 Windows 中，使用软键盘可以快速地输入各种特殊符号，为了撤消弹出的软键盘，正确的操作为（　　）。

A. 用鼠标左键单击软键盘上的 Esc 键

B. 用鼠标右键单击软键盘上的 Esc 键

C. 用鼠标右键单击中文输入法状态窗口中的“开启/关闭软键盘”按钮

D. 用鼠标左键单击中文输入法状态窗口中的“开启/关闭软键盘”按钮

9. 在 Windows“开始”菜单下的“文档”菜单中存放的是（　　）。

A. 最近建立的文档 B. 最近打开过的文件夹

C. 最近打开过的文档 D. 最近运行过的程序

10. 按 16×16 点阵存放国标 GB 2312—80 中一级汉字（共 3 755 个）的汉字库，大约需占存储空间（　　）。

A. 1 MB B. 512 KB

C. 256 KB D. 128 KB

11. 在 Windows 中，能弹出对话框的操作是（　　）。

A. 选择了带省略号的菜单项 B. 选择带向右三角形箭头的菜单项

C. 选择了颜色变灰的菜单项 D. 运行了与对话框对应的应用程序

12. 下列字符中，ASCII 码值最小的是（　　）。

A. a B. A C. x D. Y

13. 存储 400 个 24×24 点阵汉字字形所需的存储容量是（　　）。

A. 255 KB B. 75 KB C. 37.5 KB D. 28.125 KB

14. 如果按 7×9 点阵字模占用 8 个字节计算，则 7×9 的全部英文字母构成的字库共需占用磁盘空间（　　）字节。

A. 208 B. 200 C. 416 D. 400

二、问答题

1. 计算机的输入设备和输出设备有哪些？
2. 什么是区位码、汉字输入码、汉字机内码？
3. 指法基准键包括哪些？
4. 窗口有哪些组件，各有哪些功能？
5. 哪些原因会造成死机，如何处理？

第3章 Windows XP 操作系统的使用

计算机操作系统是计算机运行、管理和使用的核心。计算机的使用是建立在正确使用操作系统的基础上的，操作系统不但管理硬件，同时也管理软件。目前操作系统较多，但大部分计算机都是采用微软（Microsoft）的 Windows 系列。对整个 Windows 系列而言又包含适合个人、家庭使用的 Windows XP/Vista 以及适合服务器使用的 Windows 2000/2003 等。目前使用较多的非 Windows 系列的计算机操作系统有 Linux 等。鉴于目前使用较多的操作系统为 Windows XP，本章主要讲解 Windows XP。

*3.1 Windows XP 操作系统概述

Windows XP 是微软公司开发的操作系统，其中 Windows 的中文解释为“视窗”，XP 解释为“体验”，是 Experience 的缩写，它表示 Windows XP 将给用户带来丰富的、充分扩展的计算机使用体验。

3.1.1 Windows XP 的发展

从 1995 年 8 月以来，Microsoft 公司相继推出了 Windows 95、Windows 98、Windows Me、Windows NT、Windows 2000、Windows 2003 等操作系统，这些系统很快得到广泛的使用。其中 Windows 9X 系列不是完全的 32 位操作系统，在运行过程中缺乏稳定性和安全性。故 Microsoft 公司早在 1995 年就确定了它的发展目标，即在 Windows 98 之后，致力于研究和开发 Windows NT，随后升级为 Windows 2000/2003。

Windows 98 和 Windows Me 的最佳特性是即插即用、简化用户界面，Windows 2000 的强大优势在于标准的安全性、可靠性及管理功能。Windows XP 则是在 Windows Me 和 Windows 2000 的基础上开发的，具有全新外观的操作系统，它不仅保留了以往操作系统的优点，还增加了许多新功能，远远超过了 Windows Me 和 Windows 2000 的内核代码。它是一个同时具备兼容性、易用性和可靠性的操作系统。

3.1.2 Windows XP 的主要版本

Windows XP 是一个庞大的系列操作系统，其版本有：

Windows XP Home Edition;

Windows XP Professional;

Windows XP Sever;

Windows XP Advanced Sever;

Windows XP Data Center。

较常用到的两个版本是 Windows XP Home Edition 和 Windows XP Professional，是目前使用较多的操作系统。

1. Windows XP Home Edition 版本

Windows XP Home Edition 版本是为各种桌面计算机和便携机开发的新一代操作系统。Windows XP Home Edition 是 Windows Me 的替代产品，它拥有 Windows Me 中提供的所有功能。它不但继承了 Windows 2000 的先进技术，而且还增加了许多新功能。例如 Windows XP 将明亮鲜艳的外观与简单易用的设计结合在一起，使用户能高效地完成常用操作；桌面和开始菜单可以使用户更容易的使用程序，并且有更多的选项来自定义桌面；数字照片功能让管理组织照片变得更加容易；用户可以利用集成化的音乐工具搜索、下载、保存和播放高质量的数字音乐；可以通过录像机制作胶片，然后制成电影。Windows XP Home Edition 版本还集成了先进的通信工具、错误修复工具和专业指导，使计算机操作更加安全。

2. Windows XP Professional 版本

Windows XP Professional 是在 Windows 2000 的基础上，增加了许多新特性，如远程协助、远程桌面等，还完善了帮助和支持系统，进一步降低了管理成本。Windows XP Professional 版本除了具有 Windows XP Home Edition 版本全部功能外；还增加了适应商业用户的特殊功能，具有较好的安全性，可以对文件、目录加密来保护商业数据；同时还支持远程登录和离线工作；支持多处理器，与世界各地的商业伙伴保持通信联络。

3.2 Windows XP 系统桌面

桌面是指开机后用户看到的屏幕视窗，桌面只是一种形象的叫法，通过鼠标在桌面上的点击，实现计算机的使用。由于安装软件的不同，个人喜好的不同，桌面上的内容和表现形式有所不同，图 3.1 所示为较常见的系统桌面。

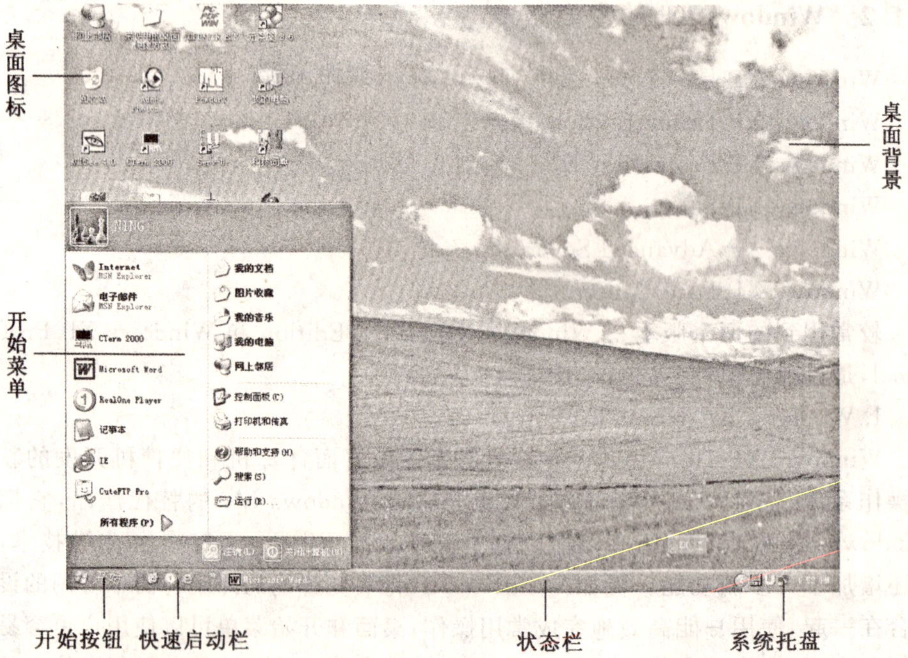

图 3.1 Windows XP 系统桌面

默认的桌面由图标区和任务栏构成。任务栏在屏幕的底部，包括“开始”按钮、快速启动栏、状态栏和系统托盘。

3.2.1 更改桌面背景

桌面背景可根据个人的喜好更换不同的图片，可以是自己喜欢的风景、人物或动物等的图片。具体设置步骤如下：

(1)在桌面空白区域(除桌面图标以外的区域)单击右键，单击“属性”，打开“显示属性”对话框，单击“桌面”按钮，如图 3.2 所示。

(2)在“背景”列表框中，可以看到有若干图片的文件名在列表框中，鼠标单击，可对图片进行浏览。

(3)如果所需图片不在列表框中，可单击“浏览”按钮，查找图片，如图 3.3 所示。找到图片单击，再单击“打开”按钮，选中图片。

(4)图片选中后，浏览图片在桌面背景中的显示，如果不能占满屏幕，可选择图 3.2 中“位置”处的下拉按钮，选择居中、平铺或拉伸。居中指图片在屏幕中心位置

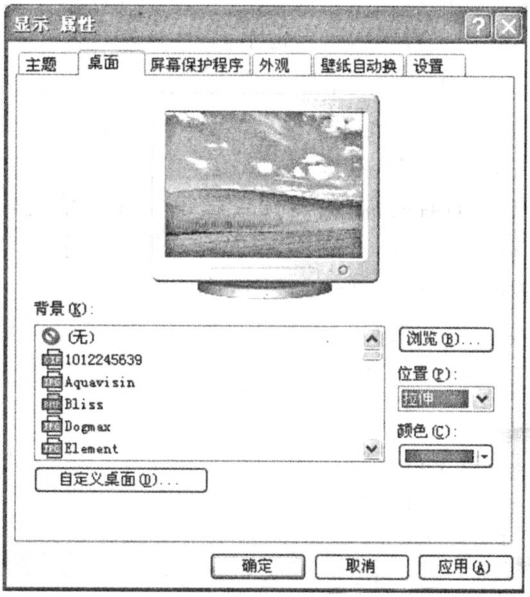

图 3.2　桌面背景设置

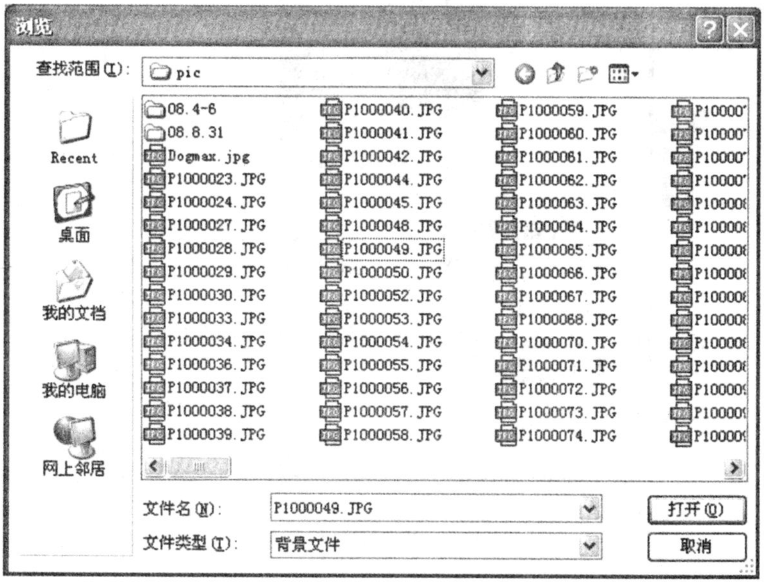

图 3.3　浏览对话框

显示;平铺指将图片并排排列占满屏幕;拉伸指将图片放大至占满屏幕为止。根据图片大小的不同,三种方式的显示结果也不同。

(5)最后单击确定完成桌面背景的设置。

3.2.2 设置屏幕保护

屏幕保护是在一定的时间内,键盘和鼠标没有任何信号输入,即键盘没有敲击,鼠标没有移动和点击等操作,自动运行的屏幕保护程序。用户经常碰到这样的情况,因其他事情需要暂时离开,但又不希望其他人看到自己当前所进行的工作,此时便可借助屏幕保护程序来暂时更改屏幕显示。同时屏幕保护还有一个功能就是保护显示器,延长其使用寿命,避免了高亮处的长时间显示。具体设置步骤如下:

(1)在桌面空白区域单击右键,单击“属性”,打开“显示属性”对话框,单击“屏幕保护程序”按钮,如图 3.4 所示。

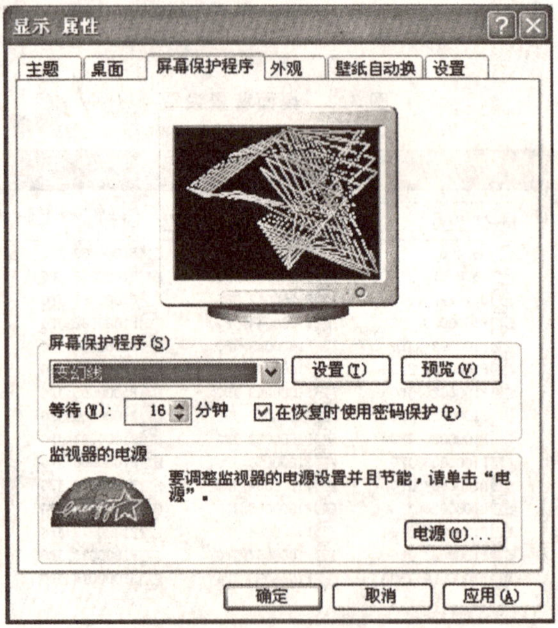

图 3.4 屏幕保护程序设置

(2)在“屏幕保护程序”列表中选择某个屏幕保护程序,如变幻线。

(3)在“等待”文本框中设置启动屏幕保护程序的时间,最小 1 min,最大 9 999 min。

根据个人情况的不同,通常等待时间设置在 10 min 左右。

(4)如果屏幕保护程序运行后,还原桌面时需要输入密码,更好地保护工作界面。此时选中"在恢复时使用密码保护"复选框。

(5)对于某些屏幕保护程序来说,用户还可以调整其参数。为此,可单击设置按钮,然后在打开的对话框中进行设置,如图 3.5 所示。设置结束后,单击"确定"按钮,返回属性对话框。

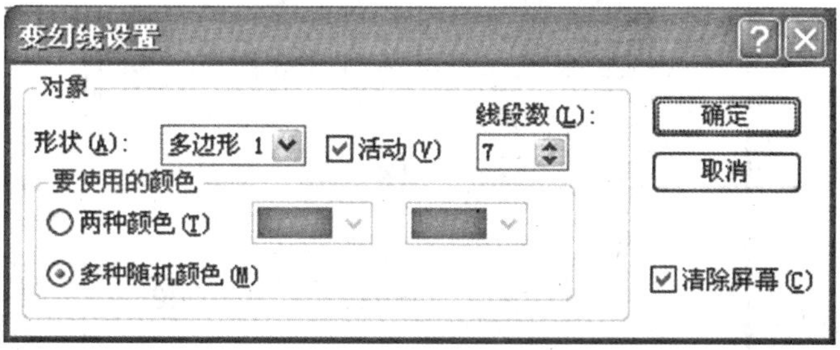

图 3.5　屏幕保护设置对话框

注意:缺省情况下,如果开机时没有设置用户密码,选中"在恢复时使用密码保护"复选框后无效,只有设置了用户密码的用户,才能启用密码保护。如果没有设置"在恢复时使用密码保护",用户可以按任意键终止屏幕保护程序,返回正常工作状态。不同的屏幕保护程序,设置对话框的内容不同。

3.2.3　更改显示器分辨率

分辨率根据个人喜好,显示器的大小及技术参数,可有不同的设置。分辨率是指显示器所能表示的像素个数。像素越密,分辨率越高,图像越清晰。计算机通常使用的分辨率为 800×600、1024×768、1280×1024 或 1024×800 等,虽然分辨率越高图像越清晰,但计算机显示器的分辨率受很多限制,如分辨率越高图标、文字越小,并且如果显示器的参数达不到有可能造成黑屏,不能正常使用。因此分辨率的设置应以适度为原则。具体设置步骤如下:

(1)在桌面空白区域单击右键,单击"属性",打开"显示属性"对话框,单击"设置"按钮,如图 3.6 所示。

(2)通常 17 寸的显示器设置成 800×600 或 1024×768,显示器尺寸越大分辨率越高,反之亦然。拖动分辨率滑块可改变像素值,单击确定完成分辨率的设置。

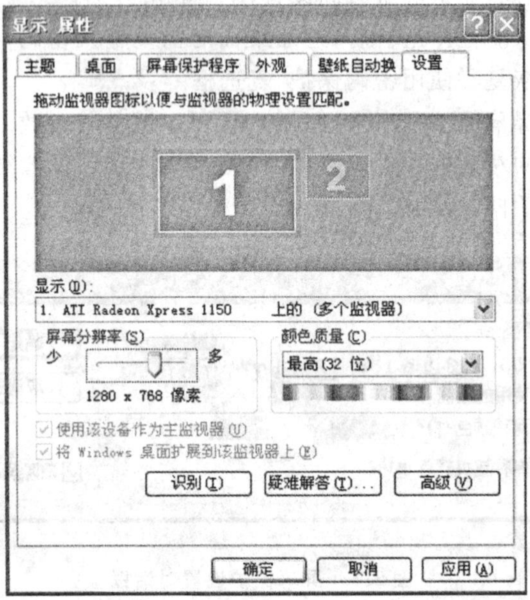

图 3.6 分辨率设置对话框

3.3 文件管理

文件管理是操作系统的基本功能之一。在计算机上中有成千上万的文件,对文件的管理就显得尤为重要,能否快速、准确的查找文件,能否分门别类地存储、显示文件,能否有效的使用、查看文件,是文件管理的重要任务。在 Windows XP 中,文件管理的工作主要是通过“我的电脑”和“资源管理器”来完成。

3.3.1 我的电脑和资源管理器

“我的电脑”和“资源管理器”是 Windows XP 中管理文件的两个重要工具。它们的操作方法和功能有很多相同之处,同时各自又拥有自己的特点。

1. 我的电脑

在桌面上双击我的电脑图标,打开我的电脑,如图 3.7 所示。

从图 3.7 中可以看出,它主要包括了硬件驱动器图标,如硬盘和光驱图标。硬盘和光驱是存储文件的重要存储设备,通过对存储设备的显示、分类,达到对文件

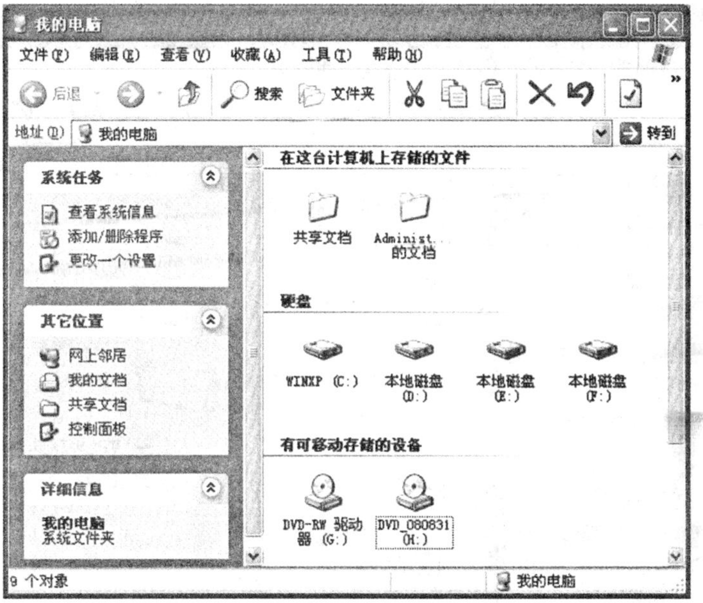

图 3.7　我的电脑窗口

的管理。使用时双击存储器可打开下一级目录，通常下一级目录为文件夹和文件，如图 3.8 所示，双击 C 盘后得到的显示。通过对不同驱动器的管理，实现对存储设备上存储的文件进行操作，如常用的查找、显示、删除、复制、剪切、粘贴、重命名和新建等，具体操作见后面的章节。

2. 资源管理器

打开资源管理器的方法有很多，下面介绍几种最常用的方法。①右键单击“我的电脑”，在弹出的菜单中单击“资源管理器”，即可打开资源管理器，如图 3.9 所示。②右键单击“开始”按钮，在弹出的菜单中单击“资源管理器”，同样可以打开资源管理器。③还有一种方法可实现“我的电脑”或“资源管理器”的切换，通过单击“我的电脑”或“资源管理器”窗口工具栏上的文件夹按钮 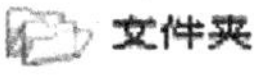

，可实现二者的切换。

通过图 3.7 和图 3.9 比较“我的电脑”和“资源管理器”，主要区别在“资源管理器”左侧有一个倒置的“树”形结构，桌面为“树”形的根，称为根目录，也叫顶级目录。通过目录“树”，通过鼠标单击左侧图标，可以逐级展开文件目录。

单击目录树中文件夹前的“＋”图标可以展开下一级目录，“－”图标代表目录

图 3.8 C盘显示的内容

已展开,单击"—"可折叠已展开的目录。操作时,通过展开的目录,可以找到要找的目录,然后单击文件夹,窗口右侧显示文件夹内的内容。如图 3.10 所示,打开 C 盘下的 All Users 文件夹。

注意:如果文件夹前没有任何符号,表明此文件夹下没有文件夹了,只有文件或为空文件夹。

"我的电脑"和"资源管理器"是操作系统管理软硬件的常用窗口,通常对文件的操作都是在这两个窗口中的完成,它们管理的内容相同,只是窗口风格、操作方式略有不同。

3.3.2 文件的命名与分类

文件的分类主要靠文件的扩展名来区分,不同的扩展名代表了不同文件的种类。文件的命名包括文件名和扩展名。

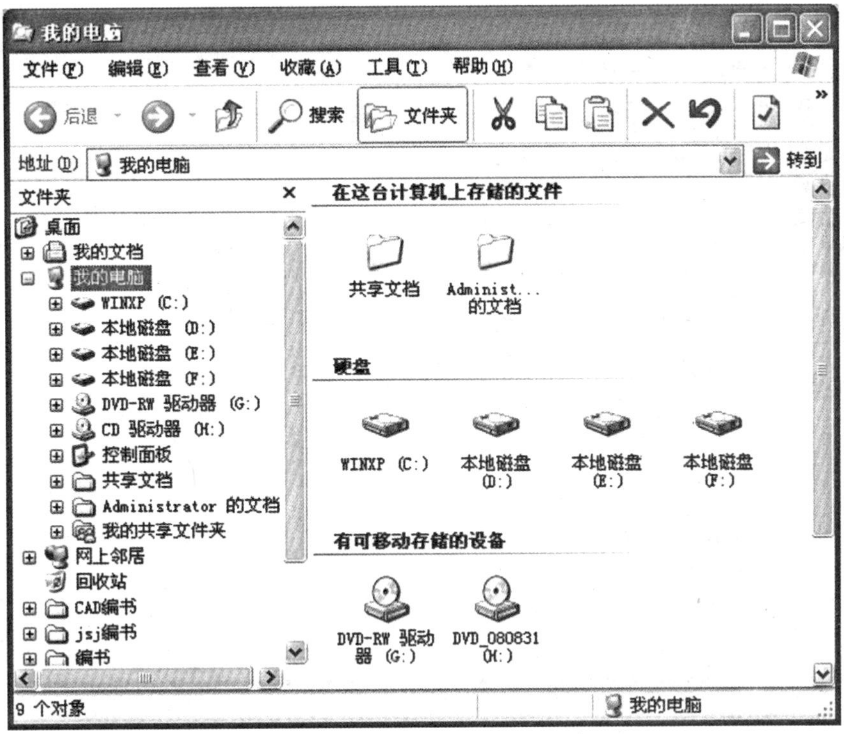

图 3.9　资源管理器窗口

1. 文件的命名

在 Windows XP 中，文件按照不同的用途、特性，有不同名称。在 Windows XP 中的文件命名规则是前缀名＋扩展名，中间加一个点。前缀名可以任意命名，而后缀名则表示了文件的格式类型，不能随意命名或修改。Windows 就是通过文件的扩展名来识别文件的。在给文件命名时，应尽量做到既能够清楚地表达文件的内容，又比较简短，同时必须遵守以下规则。

(1)在文件或文件夹的名字中，最多可使用 256 个英文字符，或者 127 个中文字符。

(2)组成文件名或文件夹的字符可以是英文字母、数字及￥@&＋()、下划线、空格、汉字等。但不能使用下列 9 个字符：“?　＊ | “ ＜ ＞ ：/”，它们在 Windows XP 操作系统中有自身特定含义，例如“?、＊”，代表通配符，因此不能用在文件或文件夹的命名中。

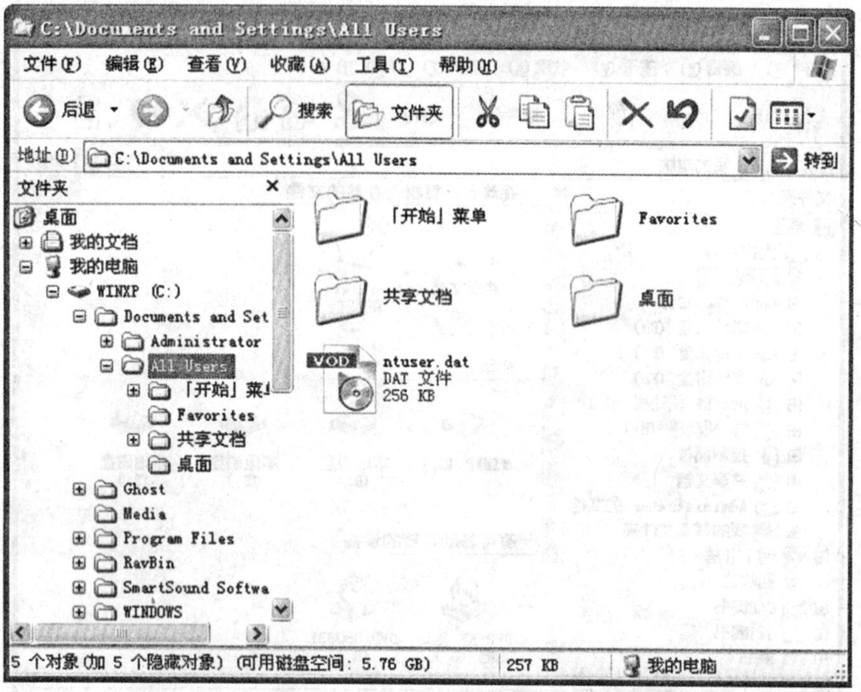

图 3.10 打开 All Users 文件夹

注意：文件名可以用大小写字母，但是不能利用大小写来区别文件名。例如，MyDocument.doc 和 mydocument.doc 被认为是同一个文件名。

2.文件的分类

在 Windows XP 中为了更好地管理文件，操作系统将文件按照不同的扩展名，以不同的图标样式表示，如图 3.11 所示，图中显示了不同种类的文件，不同种类的文件有不同作用及使用方法。

在 Windows XP 中主要有以下几种类型的文件：

(1)程序文件，程序文件是由计算机代码组成，可以启动和执行程序。主要文件的扩展名有“.EXE”和“.COM”。

(2)系统文件，系统文件用来存储一些程序的辅助支持信息，用户不能执行这些文件。文件的扩展名有“.VOL”、“.SYS”、“.DRV”、“.DLL”等。

(3)文本文件，文本文件主要包含符合交换格式的 ASCII 码的字母和数字。用户可以用各种程序进行访问和阅读文本文件。扩展名一般为“.TXT”、

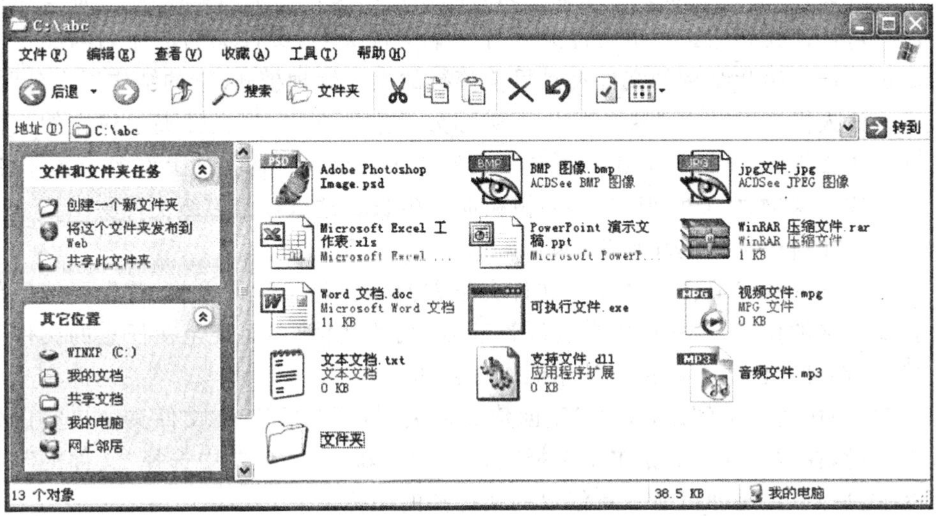

图 3.11 常见文件图标示例

“.DOC”、“.INF”、“.RTF”等。

(4)图像文件,图像文件包含可视信息或图片信息,图像文件的类型较多,常见的扩展名为“.BMP”、“.GIF”、“.JPG”等。

(5)多媒体文件,多媒体文件用于存储数字形式的声频和视频信息,普通的多媒体文件的展名为“.WAV”、“.AVI”、“.MP3”、“.MP4”、“.MPG”、“.DAT”、“.MID”等。

(6)字体文件,字体文件存储各种形式的字体,主要有系统字体文件“.FON”和高分辨的字体文件“.TTF”等。

3.4 文件的操作

文件是计算机存储信息的最小集合体,文件的操作是计算机使用过程中必不可少的技能,文件的操作主要包括:文件夹的创建,文件的删除、复制、剪切、粘贴、重命名和查找等。掌握了文件操作,能更好地管理和使用文件。

3.4.1 文件夹的操作

1. 文件夹的概念

文件夹是 Windows 中保存文件的基本单元,是用来放置各种类型的文件的。

有了文件夹，才能将不同类型或者不同时间创建的文件分别归类保存，在需要某个文件时可快速找到它。每个文件夹也有一个文件夹名，文件夹名的命名与文件命名规定一样。树状结构的文件夹是目前流行的文件管理模式，它的结构层次分明，很容易让人们理解。文件夹树的最高层称为根文件夹，在根文件夹中建立的文件夹称为子文件夹，子文件夹还可再含子文件夹。如果在结构上加上许多子文件夹，它便形成一棵倒置的树，根在上，而树枝向下生长。这也称为多级文件夹结构。

2.创建新的文件夹或文件

在 Windows XP 下创建新的文件夹很方便。创建文件夹之前，首先要选择创建新文件夹的位置，用户可以在资源管理器、我的文档、桌面甚至在任意的文件夹窗口下，都可以创建文件夹。具体操作过程如下。

(1)用快捷菜单创建，在“D”盘创建文件夹，打开“D”盘，在文件夹窗口空白处单击右键，在弹出的快捷菜单中选择“新建”，在“新建”子菜单中选择“文件夹”，如图 3.12 所示，系统即可显示新创建的文件夹的图标。

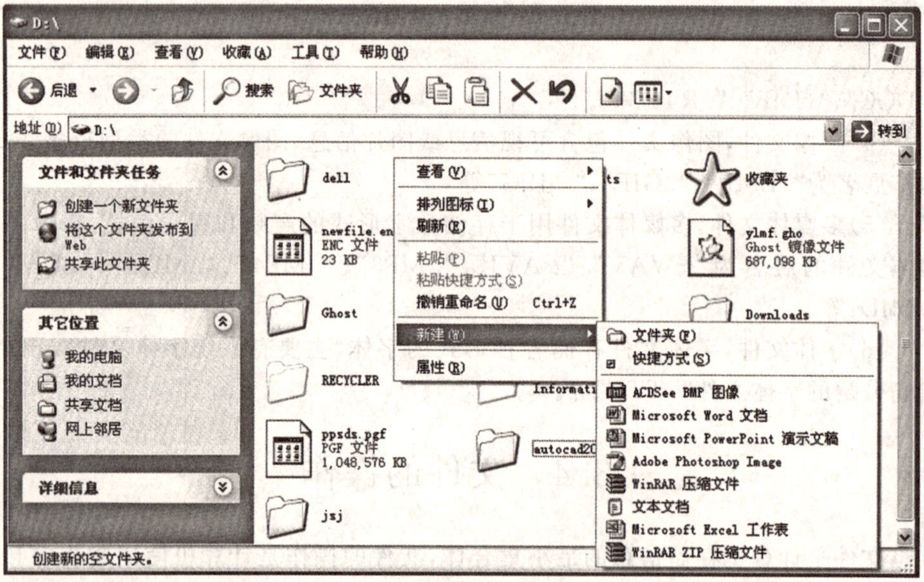

图 3.12 新建文件夹

文件夹名称框中显示默认的文件夹的名字为“新建文件夹”。用户在文件夹名称框中输入确定文件夹名称，然后按下回车键，新名称代替了原来的“新建文件夹”。

技巧：鼠标右键单击，一定要在空白处单击，不能在任何图标上单击右键。文件夹的命名不要使用与重要的系统文件夹相同的名字来为新建文件夹命名，文件夹的命名应与实际用途相联系，利于日后查找使用。

（2）用菜单或工具栏创建，在“D”盘文件夹窗口下，单击菜单栏的“文件”，选“新建”菜单里的子菜单“文件夹”，或者在如图 3.12 窗口信息栏选择“文件和文件夹任务”里的“创建一个新文件夹”选项，系统即可显示新创建的文件夹的图标。其他操作和用快捷菜单创建文件夹一样。

注意：最好不要在存放系统文件的文件夹中创建新文件夹，通常用户存储文件的磁盘为非系统盘符，例如 D 盘、E 盘等。

3. 文件夹的打开与关闭

文件夹的打开与关闭的操作方法很多，在任意文件夹窗口下，双击要打开的文件夹就可将该文件夹中的下一级子文件夹或该文件夹下的文件全部显示出来，单击工具栏“向上”。按钮可以回到上一级文件夹，同时将其下级文件夹和它的文件夹隐藏起来，不再显示在屏幕上。

如前所述资源管理器对于文件夹也提供了打开与关闭操作，利用该项操作，用户也可以方便地观察整个文件夹树。

3.4.2　文件的选定

在对文件夹或文件进行进一步的操作前，都要首先将其选定。

1. 选定的操作

（1）选择单个文件夹或文件：用鼠标单击所选的文件或文件夹的图标或名字。

（2）选择多个文件：需要掌握键盘上 Shift 及 Ctrl 两个键的操作。选择一组连续排列的文件：先单击要选择的第一个文件，然后按住 Shift 键，移动鼠标指针直至要选择的最后一个文件，再释放鼠标按钮，一组文件即被选定。选择不连续排列的多个文件：按住 Ctrl 键，逐个单击要选择的文件即可。

（3）选择全部文件夹和文件：从菜单栏中的“编辑”菜单中选择“全部选择(A)”项即可，或用键盘操作，即 Ctrl＋A。

2. 取消选定

要取消已选定的文件，可在已选定的文件夹和文件中，在按住 Ctrl 键时，用鼠标单击要取消的文件即可；如要全部取消，则只需用鼠标单击窗口上的空白处即可。

3. 反向选定

对于需选定的文件多于不选的项目时，Windows XP 提供了一种利用逻辑关系寻找反向选择的方式，即先选择不要的项目，然后利用“编辑”菜单里的“反向选择”选项，需要的文件即被选定。

3.4.3 文件的复制和粘贴

文件的复制是指被复制的文件在原来的位置上依然存在，而在指定的位置上增加一个被复制文件的复制品，复制通常要和粘贴同时使用。操作方法如下：

1. 用鼠标操作

(1)用鼠标在资源管理器的左窗口中单击要复制的文件所在文件夹，此时右窗口中显示其所属的子文件夹和文件。

(2)选择要复制的一个或多个文件。

(3)在左侧“所有文件夹”列表中查找复制文件后要放置的目标文件夹，使放置复制文件的目标文件夹与要复制的原文件同时出现在 Windows 资源管理器。

(4)按住 Ctrl 键，用鼠标指针将选定文件或文件夹拖动至目标位置。

(5)在目标文件夹处的右侧释放鼠标，需复制的文件就复制到了目标文件夹中。

2. 用菜单操作

(1)选择要复制的文件或文件夹。

(2)从“编辑”菜单选择“复制”；或鼠标右击要复制的文件在弹出的快捷菜至中选择“复制”，如图 3.13 所示。

(3)打开待复制文件或文件夹的目的位置即目标文件夹或目标磁盘驱动器。

(4)从编辑菜单选择“粘贴”；或空白处单击鼠标右键，在弹出的快捷菜单中选择“粘贴”。

3. 在窗口信息栏操作

(1)选择要复制的文件。

(2)在窗口信息栏的任务区选择“复制这个文件”项，然后按屏幕提示操作。

3.4.4 文件的移动

为了便于管理磁盘上的文件和文件夹，需要将分散在不同位置的文件及文件夹组织到一起，通常的方法是通过移动，将一个文件或一个文件夹从原来的位置移到一个目标文件夹或目标驱动器中。操作方法如下：

1. 用鼠标操作

(1)用鼠标在资源管理器的左窗口中单击要移动的文件所在文件夹，此时右窗口中显示其所属的子文件夹和文件，选择要移动的一个或多个文件。

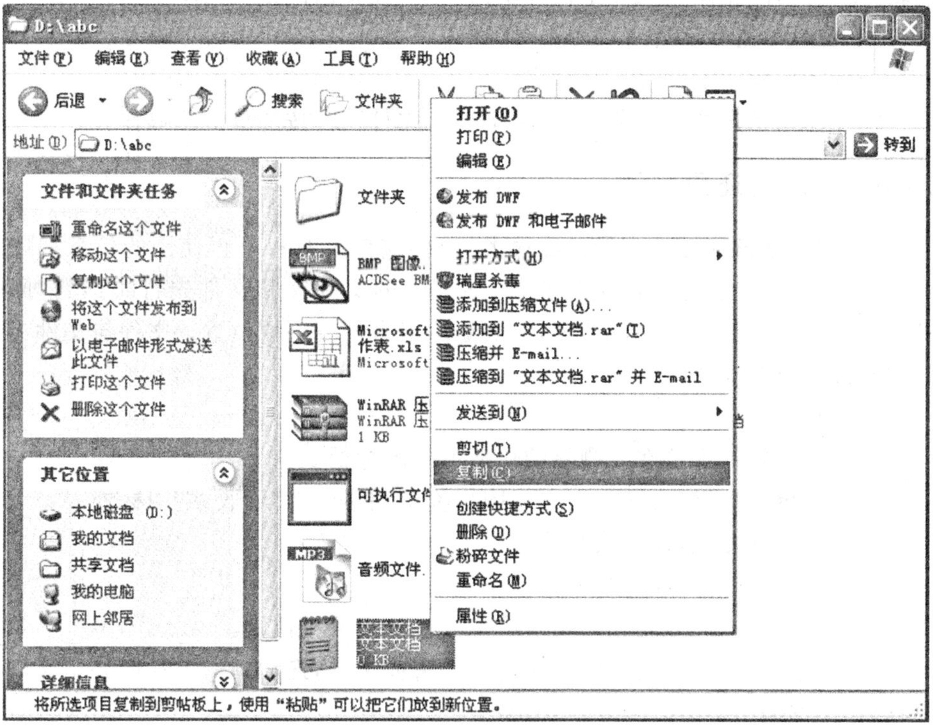

图 3.13　复制文件

(2)在左侧"所有文件夹"列表中查找目的文件夹，使放置移动文件的目标文件夹与要移动的原文件同时出现在 Windows 资源管理器中。

(3)按住 Shift 键，用鼠标指针将选定文件或文件夹拖动至目的位置，拖动过程中，鼠标指针带动被移动的文件图标一起移动。

(4)在目的文件夹处释放鼠标键，需移动的文件就移到了目的文件夹中。注意，如在同一个外存储器的文件夹之间移动文件，不必按住 Shift 键，如目标文件夹中有与要移动的文件的同名文件时，可根据提示确定或取消移动。

2. 用菜单操作

(1)选择要移动的文件或文件夹。

(2)从"编辑"菜单选择"剪切"；或单击右键要移动的文件，在弹出的快捷菜单中选择"剪切"。

(3)打开要移动文件或文件夹的目标位置即目标文件夹或目标磁盘驱动器，从

“编辑”菜单选择“粘贴”;或在空白处单击右键,在弹出的快捷菜单中选择“粘贴”。

3. 在窗口信息栏操作

(1)选择要移动的文件或文件夹。

(2)在窗口信息栏的任务区选“移动这个文件”项,按屏幕提示操作。

3.4.5 删除与还原文件

虽然现在硬盘存储的容量已经很大,但仍应该及时将不再使用的信息加以删除。为了避免用户误操作而丢失文件,被删除的文件夹和文件先暂时移到“回收站”中,待一定时间后,再加以清理,彻底删除或者恢复到原位置。文件与文件夹的删除和还原操作方法如下:

1. 桌面上删除

(1)将鼠标指针定位在要删除的快捷方式图标处。

(2)按住鼠标左键,将此快捷方式图标拖动到桌面上“回收站”图标处。

(3)释放鼠标左键,即完成删除。

2. 用鼠标进行删除操作

(1)使“回收站”和要删除的文件或文件夹处于可见位置。

(2)用鼠标指针按住选定要删除的文件夹或文件,拖动到资源管理器左窗口的“回收站”文件夹中。

3. 用菜单进行删除操作

(1)选择要删除的文件或文件夹。

(2)从文件菜单选择“删除”;或右击要删除的文件,在弹出的快捷菜单中选择“删除”,如图 3.13 所示。

4. 从回收站还原被删除文件或彻底删除文件

“回收站”起到保护误删信息的作用,只要“回收站”存储容量未满,“回收站”中的信息就可随时恢复到被删除时的原来位置。双击回收站,找到要还原的文件,在图标上单击右键,选择“还原”选项,如图 3.14 所示,文件即被还原到被删除的位置。如果想彻底删除文件,右键单击文件,选择“删除”选项,文件即被彻底删除。

3.4.6 重命名文件

如果要给文件或文件夹更换名称,Windows XP 提供了一种非常方便的重命名方法。操作方法如下:先选择要修改名字的文件夹或文件,再从“文件”菜单选取“重命名”,此时被选中的文件夹或文件被加上了矩形框并呈反显状态,在此方框中键入新的名字,按回车键即可完成重命名的操作。也可以用鼠标右击要修改名字的文件夹或文件，在弹出的快捷菜单里选"重命名"命令，也能给文件或文件夹重新命名。例如，给一个文本文件重命名，可以右键单击该文件，在弹出的快捷菜单中，选择"重命名"选项，进行文件名的修改，如图 3.15 所示。

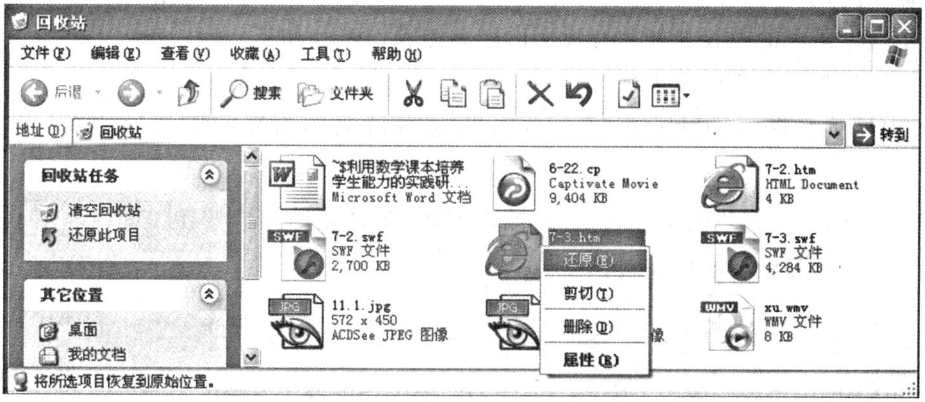

图 3.14　还原回收站内的文件

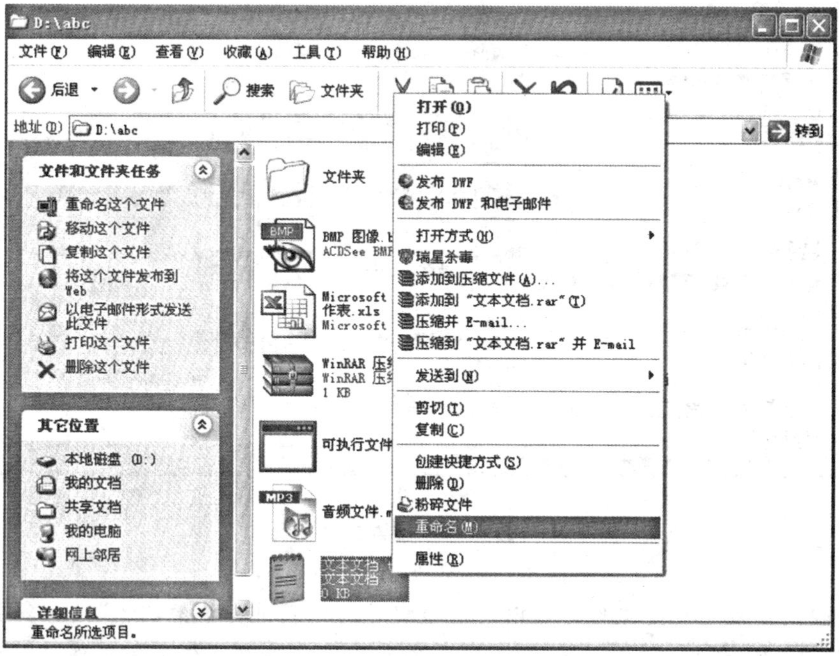

图 3.15　重命名菜单

3.4.7 搜索文件

在计算机中有成千上万的文件，随着时间的积累，文件会越来越多。有时由于种种原因，文件的存储位置或文件名忘了，要找到这个文件就比较困难。这时可以利用操作系统的查找功能来查找文件。具体操作步骤如下。

1.使用工具栏的搜索按钮

(1)单击窗口的搜索按钮 搜索，此时窗口左侧出现搜索选项，如图 3.16 所示。

(2)输入要查找的文件名，选择搜索范围，单击立即搜索按钮 立即搜索(S)，搜索到的文件显示在右侧窗口。

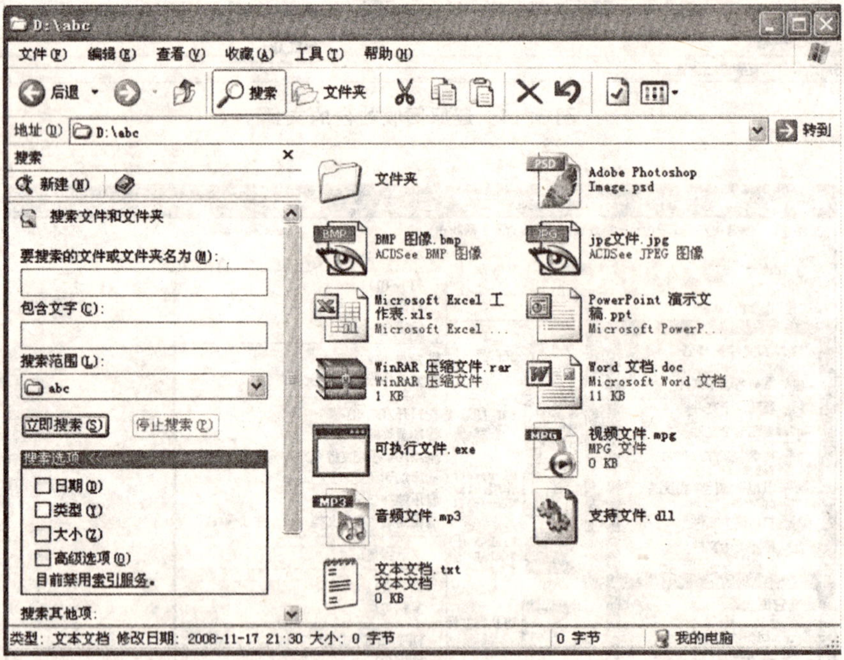

图 3.16 搜索文件

技巧：如果忘记了文件名可以使用通配符的方式进行搜索，“*”代表多个任意的文件名，例如“*.doc”，表示搜索扩展名为 doc，文件名为任意的文件；“?”代表 1 个任意字符的文件名，例如“???总结.doc”，表示前三个字符为任意后两个字符为

"总结",扩展名为 doc 的文件。

2. 使用开始菜单的搜索

单击开始菜单,选择搜索菜单中的"文件或文件夹",打开搜索结果窗口,如图 3.17 所示。具体操作步骤如前所述,在此不再赘述。

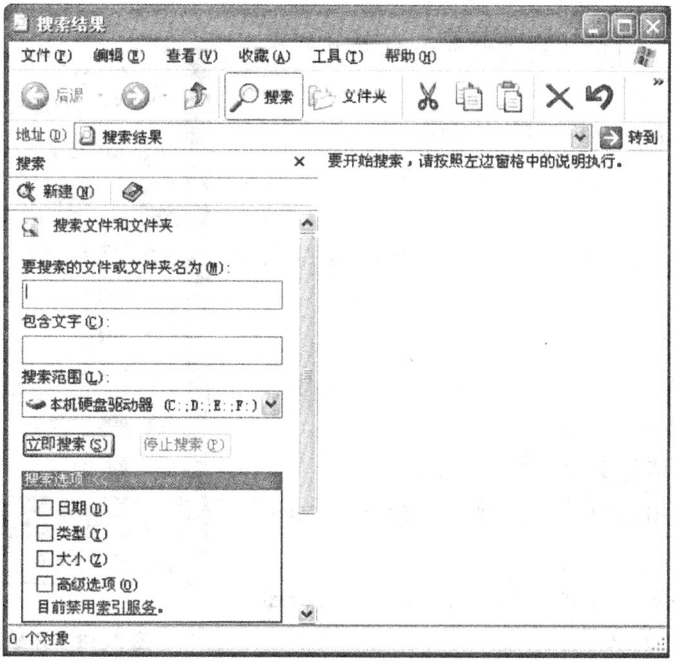

图 3.17　搜索结果窗口

技巧:搜索功能还提供了按"日期、类型、大小"等选项的搜索功能,如果文件名忘了,只知道"时间、类型或大小",可以选中此功能进行查找。

3.5　计算机常用操作

计算机除了对文件管理的操作,还有应用文件、计算机硬件设置的操作与使用,常见的操作有开始菜单的使用,附件菜单的使用,桌面快捷方式的建立,图片的浏览等。

3.5.1 开始菜单的使用

操作系统的开始菜单就像一个开关面板，打开不同按钮，启动不同的功能。在 Windows XP 中绝大多数的应用程序及辅助功能的设置、修改等，都能在开始菜单中找到并打开。开始菜单的使用较简单。具体步骤如下：

(1)单击开始按钮 

，打开开始菜单，如图 3.18 所示。

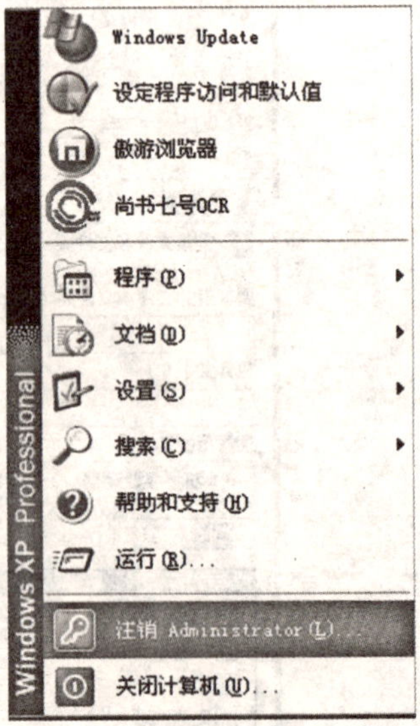

图 3.18 开始菜单

(2)根据需要选择不同的选项。

①关闭计算机，可以关闭、重启、注销计算机；

②注销“用户名”，能够注销当前登录的用户；

③运行，主要用来运行 DOS 程序；

④帮助和支持，打开 Windows XP 操作系统的帮助和支持文件；

⑤搜索，搜索文件或文件夹；

⑥设置，用来对计算机硬件进行设置，如鼠标、键盘等；

⑦文档，显示最近打开过的文档，实现快速启动近期打开的文件；

⑧程序，显示操作系统自带的应用文件和用户安装的文件，单击可以启动相应的应用程序。

3.5.2 使用计算器

利用开始菜单启用计算器，计算器是使用较多的应用程序，具体操作步骤如下：

(1)单击开始菜单，鼠标移至“程序”→“附件”→“计算器”，单击“计算器”，启动应用程序“计算器”，如图 3.19 所示。

(2)鼠标单击数字和功能按钮，可以实现普通计算器的功能。

说明：“+、—、*、/”符号分别代表“加、减、乘、除”。

3.5.3 创建桌面快捷方式

快捷方式就是连接文件的快捷启动图标，用户可以不用再到文件夹中去寻找应用程序的可执行文件，直接双击快捷方式即可打开应用程序。快捷方式大大方

图 3.19 计算器

便了用户的操作，如果要为已存在的应用程序和文件夹创建快捷图标，有以下两种方式。

(1)通过鼠标拖动来创建快捷方式。打开保存需要创建快捷方式的文件或文件夹窗口，在同时能看到桌面的情况下，选择要建立快捷方式的应用程序、文件夹或文件图标，在“文件”菜单上单击“创建快捷方式”，如图 3.20 所示。系统即在当前窗口建立了该应用程序或文件夹的快捷方式图标，然后再按住鼠标左键，将这个快捷方式图标拖到桌面上，释放鼠标即可。

(2)在上述窗口中，按住鼠标右键选中建立快捷方式的应用程序、文件夹或文件的图标，将其拖到桌面，当屏幕上显示出快捷菜单如图 3.21 所示时，选择“在当前位置创建快捷方式”，也可实现快捷方式的创建。

说明：创建快捷方式方法并非前面两种，还可以通过在文件或文件夹图标上单击右键的方式创建快捷方式，再将快捷方式移动到桌面，也可以实现快捷方式的创建。

3.5.4 多媒体播放

多媒体包括音频和视频文件，操作系统自带了多媒体播放软件，打开方式如下。

(1)单击开始菜单，鼠标移至“程序”→“Windows Media Player”，单击“Windows Media Player”，启动多媒体播放程序“Windows Media Player”，如图 3.22 所示。

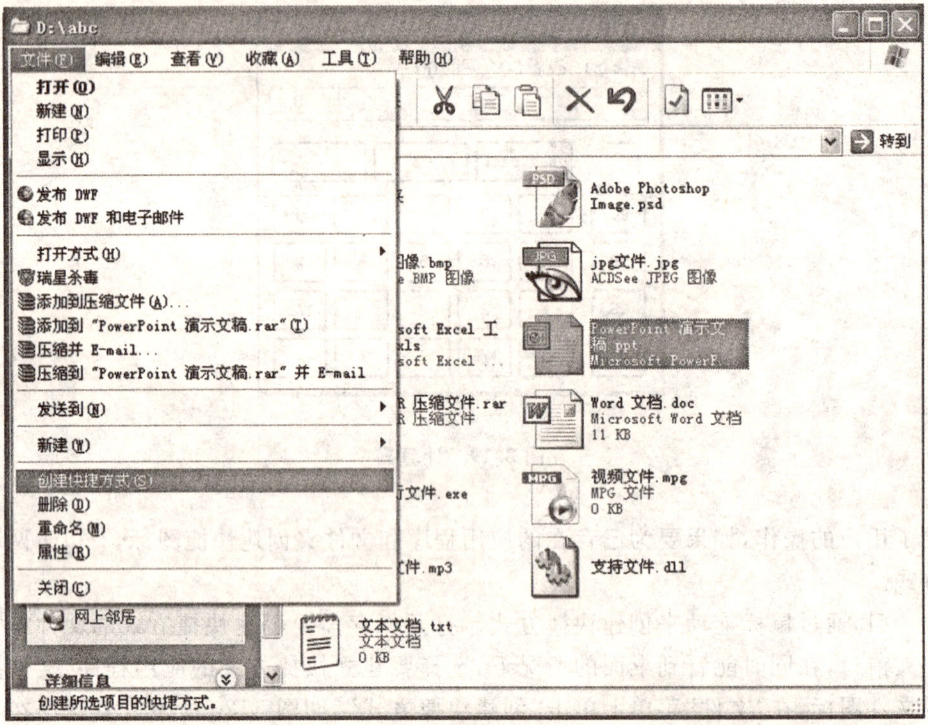

图 3.20　创建快捷方式

(2)播放多媒体文件时，单击“文件”菜单，选择“打开”，浏览要播放的多媒体文件，选中文件(允许同时选择多个文件)，单击确定，多媒体文件开始播放。

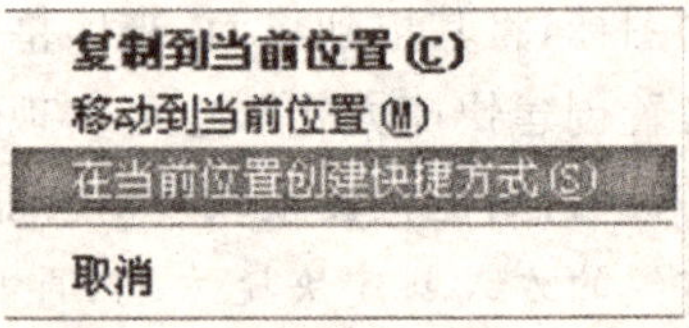

图 3.21　右键创建快捷方式

注意：“Windows Media Player”播放器并不能播放所有的多媒体文件，有时需要安装专用的多媒体播放器，例如 mp4、rm、rmvb 等文件，“Windows Media Player”播放器不能播放。目前较流行的播放器还有“暴风影音”、“RealPlayer”等。还有些特殊格式的文件必须使用指定的播放软件播放。

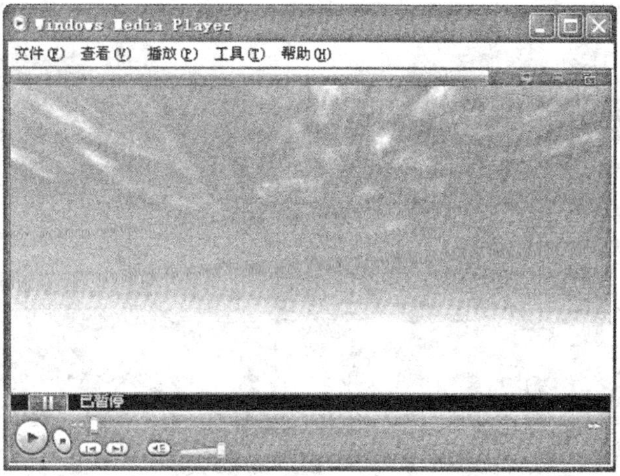

图 3.22　**Windows Media Player 播放器**

3.5.5　图片浏览

随着数码产品的普及，使用计算机浏览图片的操作成为了必备的技能。在 Windows XP 操作系统中，系统提供了图片浏览软件“图片和传真查看器”，具体操作如下。

(1)双击图片文件，在没有安装第三方(非 Windows XP 自带的软件)图片浏览软件的情况下，“图片和传真查看器”自动打开，如图 3.23 所示。

(2)如果有多张图片在同一文件夹下，单击上一个图像按钮，或下一个图像按钮，实现图像的切换。

(3)其他主要功能操作还有：

①放大和缩小功能，单击放大按钮或缩小按钮，实现图像的缩放；

②删除图像，单击删除按钮 ✕，实现删除图像；

③图像的旋转，单击顺时针旋转按钮或单击逆时针旋转按钮，可实现图片顺、逆时针 90°的旋转；

④保存图片，要使经过旋转后的图像永久有效，需要保存图像，单击保存按钮，保存修改后的图片。

技巧：第三方图片浏览软件较多，以 ACDSee 最为著名，不但能够实现“图片和

图 3.23 图片和传真查看器

传真查看器”软件的功能，而且还有许多人性化的操作设计，感兴趣的读者可以下载安装。

3.6 系统安全

随着计算机的普及，尤其是网络技术的发展，计算机的使用不再是独立的，而是在一个大的网络环境中，享受数据共享的同时，也给系统安全提出了更高的要求。系统安全对 Windows XP 操作系统而言，主要威胁来自病毒、木马，正确的认识病毒和木马程序，学习必要的防治操作，是保证操作系统安全使用的必备知识。

3.6.1 计算机病毒

20 世纪 60 年代初，美国贝尔实验室的三个程序员编写了一个名为“磁芯大战”的游戏，游戏中通过复制自身来摆脱对方的控制，这就是所谓“病毒”的第一个雏形。1983 年 11 月，在国际计算机安全学术研讨会上，美国计算机专家首次将病毒程序在计算机上进行了实验，世界上第一个计算机病毒就这样出生在实验室中。

20 世纪 80 年代后期，巴基斯坦有两个以编软件为生的兄弟，他们为了打击那些盗版软件的使用者，设计出了一个名为“巴基斯坦智囊”的病毒，该病毒可以感染磁盘引导区。这就是最早在世界上流行的一个真正的病毒。至今，全世界已发现数百万种病毒，并且还在高速度地增加。我国于 1989 年发现计算机病毒。

1. 计算机病毒的概念

计算机病毒(Computer Virus)在《中华人民共和国计算机信息系统安全保护条例》中被明确定义，病毒指“编制或者在计算机程序中插入的破坏计算机功能或者破坏数据，影响计算机使用并且能够自我复制的一组计算机指令或者程序代码”。

计算机病毒并不是什么生物，它其实是一种计算机程序，是指一种在计算机系统运行过程中，能把自身拷贝到其他程序体内的程序，此程序在特定的条件下被激活，从而对计算机系统造成不同程度的破坏，影响计算机系统的正常运行。

病毒不是来源于突发或偶然的原因，计算机病毒的来源十分复杂。一次突发的停电和偶然的错误，会在计算机的磁盘和内存中产生一些乱码和随机指令，但这些代码是无序和混乱的；病毒则是一种比较完美的，精巧严谨的代码，按照严格的秩序组织起来，与所在的系统网络环境相适应和配合起来，病毒不会通过偶然形成，并且需要有一定的长度，这个基本的长度从概率上来讲是不可能通过随机代码产生的。现在流行的病毒是由人为故意编写的，多数病毒可以找到作者和产地信息，从大量的统计分析来看，病毒作者主要情况和目的是：一些天才的程序员为了表现自己和证明自己的能力，处于对上司的不满，为了好奇，为了报复，为了祝贺和求爱，为了得到控制口令，为了软件拿不到报酬预留的陷阱等。当然也有因政治、军事、宗教、民族、专利等方面的需求而专门编写的，其中也包括一些病毒研究机构和黑客的测试病毒。总之，计算机病毒的来源是多种多样的，普通计算机用户面临的病毒威胁，多数来自个人的恶意行为。

2. 计算机染上病毒的症状

目前计算机病毒的表现形式多种多样，不胜枚举，主要有如下攻击方式。

(1)攻击系统数据区，攻击部位包括硬盘主引寻扇区、Boot 扇区、FAT 表、文件目录等。

(2)攻击文件，病毒对文件的攻击方式很多，可列举如下：删除、改名、替换内容、丢失部分程序代码、内容颠倒、写入时间空白、变碎片、假冒文件、丢失文件簇、丢失数据文件等。

(3)攻击内存，内存是计算机的重要资源，也是病毒攻击的主要目标之一，病毒额外地占用和消耗系统的内存资源，可以导致一些较大的程序难以运行。病毒攻击内存的方式如下：占用大量内存、改变内存总量、禁止分配内存、蚕食内存等。

(4)干扰系统运行，此类型病毒会干扰系统的正常运行，以此作为自己的破坏行为，此类行为也是花样繁多，可以列举下述诸方式：不执行命令、干扰内部命令的执行、虚假报警、使文件打不开、使内部栈溢出、占用特殊数据区、时钟倒转、重启动、死机、强制游戏、扰乱串行口、并行口等。

(5)速度下降，病毒激活时，其内部的时间延迟程序启动，在时钟中纳入了时间的循环计数，迫使计算机空转，计算机速度明显下降。攻击磁盘，攻击磁盘数据、不写盘、写操作变读操作、写盘时丢字节等。

(6)扰乱屏幕显示病毒扰乱屏幕显示的方式很多，可列举如下：字符跌落、环绕、倒置、显示前一屏、光标下跌、滚屏、抖动、乱写、吃字符等。

(7)键盘病毒，干扰键盘操作，已发现有下述方式：响铃、封锁键盘、换字、抹掉缓存区字符、重复、输入紊乱等。喇叭病毒，许多病毒运行时，会使计算机的喇叭发出响声。有的病毒作者通过喇叭发出种种声音，有的病毒作者让病毒演奏旋律优美的世界名曲，在高雅的曲调中去杀戮人们的信息财富，已发现的喇叭发声有以下方式：演奏曲子、警笛声、炸弹噪声、鸣叫、咔咔声、嘀嗒声等。

(8)攻击 CMOS，在机器的 CMOS 区中，保存着系统的重要数据，例如系统时钟、磁盘类型、内存容量等，并具有校验和。有的病毒激活时，能够对 CMOS 区进行写入动作，破坏系统 CMOS 中的数据。

(9)干扰打印机，典型现象为假报警、间断性打印、更换字符等。

3.病毒的特征

(1)传染性，计算机病毒具有很强的自我复制能力，可以通过传染存储介质，达到传染其他无病毒计算机目的，例如可以传染优盘、硬盘、移动硬盘等。

(2)潜伏性，计算机感染病毒后，一般不立即发作，不产生破坏作用。一旦条件成熟，病毒被激活，就产生破坏作用。

(3)隐蔽性，病毒程序一般隐藏在正常的程序之中，或者以隐藏文件的形式存在存储介质上。

(4)破坏性，之所以叫病毒，它的最终目的是破坏计算机用户的正常操作，破坏、盗取程序和数据。

4.计算机病毒的分类

计算机病毒按照不同表现形式，可以有不同分类方式。

(1)按照计算机病毒存在的媒体进行分类，根据病毒存在的媒体，病毒可以划分为网络病毒、文件病毒、引导型病毒。

①网络病毒通过计算机网络传播感染网络中的可执行文件；

②文件病毒感染计算机中的文件(如 COM、EXE、DOC 等)；

③引导型病毒感染启动扇区(Boot)和硬盘的系统引导扇区(MBR)。

还有这三种情况的混合型,例如:多型病毒(文件和引导型)感染文件和引导扇区两种目标,这样的病毒通常都具有复杂的算法,它们使用非常规的办法侵入系统,同时使用了加密和变形算法。按照计算机病毒传染的方法进行分类根据病毒传染的方法可分为驻留型病毒和非驻留型病毒,驻留型病毒感染计算机后,把自身的内存驻留部分放在内存(RAM)中,这一部分程序挂接系统调用并合并到操作系统中去,它处于激活状态,一直到关机或重新启动,非驻留型病毒在得到机会激活时并不感染计算机内存,一些病毒在内存中留有小部分,但是并不通过这一部分进行传染,这类病毒也被划分为非驻留型病毒。

(2)根据病毒破坏的能力可划分为无害型、无危险型、危险型、非常危险型等。

①无害型,除了传染时减少磁盘的可用空间外,对系统没有其他影响。

②无危险型,这类病毒仅仅是减少内存、显示图像、发出声音及同类音响。

③危险型,这类病毒在计算机系统操作中造成严重的错误。

④非常危险型,这类病毒删除程序、破坏数据、清除系统内存区和操作系统中重要的信息。这些病毒对系统造成的危害,并不是本身的算法中存在危险的调用,而是当它们传染时会引起无法预料的和灾难性的破坏。由病毒引起其他的程序产生的错误也会破坏文件和扇区,这些病毒也按照它们引起的破坏能力划分。一些现在的无害型病毒也可能会对新版的 DOS、Windows 和其他操作系统造成破坏。例如:在早期的病毒中,有一个“Denzuk”病毒在 360 K 磁盘上很好的工作,不会造成任何破坏,但是在后来的高密度软盘上却能引起大量的数据丢失。

(3)根据病毒特有的算法,病毒可以划分为伴随型病毒、“蠕虫”型病毒、寄生型病毒、变型病毒等。

①伴随型病毒,这一类病毒并不改变文件本身,它们根据算法产生 EXE 文件的伴随体,具有同样的名字和不同的扩展名(COM),例如:XCOPY. EXE 的伴随体是 XCOPY. COM。病毒把自身写入 COM 文件并不改变 EXE 文件,当 DOS 加载文件时,伴随体优先被执行到,再由伴随体加载执行原来的 EXE 文件。

②“蠕虫”型病毒,通过计算机网络传播,不改变文件和资料信息,利用网络从一台机器的内存传播到其他机器的内存,计算网络地址,将自身的病毒通过网络发送。有时它们在系统内存在,一般除了内存不占用其他资源。

③寄生型病毒,除了伴随型和“蠕虫”型,其他病毒均可称为寄生型病毒,它们依附在系统的引导扇区或文件中,通过系统的功能进行传播。如练习型病毒,病毒自身包含错误,不能进行很好的传播,例如一些病毒在调试阶段。

④变型病毒(又称幽灵病毒),这一类病毒使用一个复杂的算法,使自己每传播

一份都具有不同的内容和长度。它们一般是由一段混有无关指令的解码算法和被变化过的病毒体组成。

3.6.2 计算机“木马”

木马病毒源自古希腊特洛伊战争中著名的“木马计”而得名，顾名思义就是一种伪装潜伏的网络病毒，等待时机成熟就出来害人。木马和病毒都是一种人为的程序，都属于电脑病毒，但木马的特点有别于传统的病毒，以前电脑病毒的作用其实完全就是为了搞破坏，破坏电脑里的资料数据，扰乱用户的正常操作。木马的作用是控制用户计算机的使用，例如，远程控制，自动打开网页，自动篡改计算机设置，偷偷地监视别人，盗窃别人密码和数据等（包括游戏账号、股票账号甚至网上银行账户等），达到偷窥别人隐私和得到经济利益的目的。所以木马的作用比早期的电脑病毒更加有用隐蔽性和破坏性，更能够直接达到制作者的目的。目前有些网站为了提高点击率，编制开发一些木马，使网页自动弹出，并有一定的经济利益，这就是目前网上大量木马泛滥成灾的原因。鉴于木马的这些巨大危害性和它与早期病毒的作用性质不一样，所以木马虽然属于病毒中的一类，但是要单独地从病毒类型中间剥离出来，称之为“木马”程序。

“木马”的特性有别于病毒，计算机染上“木马”的主要特征有如下四种：

(1)弹出网页，在没有任何用户操作的情况下，网页自动地弹出，并且关掉后还会弹出。

(2)系统明显变慢，在没有任何操作的时候，硬盘灯频繁闪烁，在正常使用时，用户打开应用程序变慢。

(3)密码丢失，随着网络的发展，网络工具日益普及，每个用户都有自己的用户名和密码，木马程序可以盗取用户的密码，然后将其改变，使用户无法正常使用。

(4)出现明显的错误提示，例如杀毒软件、防护软件不能启动，或弹出未知的对话框等。

随着计算机网络的发展，木马病毒的存在给用户计算机的使用带来了严重的安全隐患，由于利益的驱动，目前木马程序对用户的伤害已经超过了传统计算机病毒的危害。

3.6.3 系统安全的防与治

系统安全除了物理的、环境的和误操作的原因外，主要威胁系统安全的是病毒和木马程序，本节主要讲解病毒和木马的防治。

1. 病毒和木马的“防”

对病毒和木马的“防”应主要放在以下四个方面。

(1)严防传播途径,随着网络的发展,网络是传播病毒和木马的主要途径,应做到不随意登录未知网站,像一些小的网站,个人网站,这些网站由于技术和防护能力较差,极易受病毒的感染,如果登录了感染病毒的网站,用户也会被感染。

(2)使用防护软件,病毒和木马的传播是隐蔽的,可以利用安装防护软件的方法,把感染病青和木马的几率降到最低,目前较好的防护软件有:瑞星杀毒软件及防火墙、诺顿、卡巴斯基、金山毒霸、瑞星卡卡、360 安全卫士等软件。

(3)慎用移动存储设备,移动存储设备是计算机使用中经常要用到的外部存储工具,病毒和木马往往就是随着设备的使用,传播到未染毒的计算机中,实现了病毒和木马的传播。使用前应先杀毒,确定没有病毒后再使用。

(4)定期查杀,病毒有一定的潜伏性,有些木马程序发作也要有一定的条件,定期地查杀,可以在用户没有损失或最小损失的情况下,清除潜在的危险。

2. 病毒和木马的“治”

计算机感染病毒和木马后,有两种情况,一种是已经发作,还有一种是没有发作,处在潜伏期。对病毒和木马的“治”主要就是在这两方面的工作。

(1)病毒和木马已经发作,可以采用如下一种或几种方法,交替查杀。

①启动杀毒和防护软件,立即查杀,如不能查杀立即重启计算机。

②重启计算机,进入安全模式,再次查杀,做到彻底根治。

③从光盘启动,进入 DOS 状态,删除硬盘根目录上的可疑文件,尤其是“autorun.inf”文件,现在流行的木马程序,很多是用此自动执行文件激活木马。

④清除临时文件夹,在 Windows XP 中,上网浏览的内容,系统下载到了临时文件夹,病毒和木马有可能会存在其中,清除临时文件夹的方法有很多,常见的是利用软件删除,例如卡卡、安全卫士 360 等,也可以手动删除,打开文件夹“C:\Documents and Settings\Administrator\Local Settings\Temp”(Administrator 为默认的用户名,不同的登录用户名此项不同),将其全部内容删除。

技巧:有些病毒和木马是不能被彻底删除的,因为杀毒软件病毒库的升级,总是落后病毒的产生,只有有了病毒以后,杀毒软件的病毒库更新后才能查杀,在这时可以采取重装系统。在系统重新安装前,如果其他盘符根目录中有未知的可疑文件,利用 DOS 启动盘,从 DOS 启动计算机,手动删除可疑文件,再重新安装系统,否则系统会被重新感染病毒或木马。

(2)病毒或木马还没有发作。此时是查杀病毒和木马的最佳时间,将杀毒软件和防护软件升级到最新的版本(病毒库为最新),先对系统盘进行查杀。如果查到有病毒或木马，最好清除文件，因 Windows XP 有自我修复的功能，通常不会影响系统的使用，清除后重启系统，再查杀，如果病毒仍然存在，应选择安全模式或 DOS 下的查杀模式。

*3.7 WinRAR 工具软件的使用

WinRAR 是目前网上非常流行和通用的压缩软件，全面支持 zip 和 ace，支持多种格式的压缩文件，可以创建固定压缩、分卷压缩、自释放压缩等多种方式，可以选择不同的压缩比例，实现最大限度的减少占用体积。通常网络上的文件下载和上传都使用 WinRAR 压缩文件。

3.7.1 什么是文件的压缩与解压缩

从 Internet 下载文件时，许多文件通常都是所谓的压缩文件，如“.RAR”、“.ZIP”等文件，那到底什么是压缩文件呢？通过压缩算法，将一个较大的文件，经过压缩软件处理后，产生了另一个较小容量的文件，而这个较小容量的文件，我们就叫它是这些较大容量（一个或一个以上）文件的压缩文件。

要使用这些经过压缩的文件，您就必须将这些经过压缩处理的文件还原成可以处理或执行的文件格式，即源文件。有些压缩文件是可执行的“.EXE”文件，可直接运行将源文件释放，有些压缩文件是特有的压缩格式文件，此时如果要使用被压缩的文件，就必须要安装相应的解压缩软件，目前通用性较全面的软件有 WinRAR、WinZip 等，以 WinRAR 的使用最为常见。经过压缩软件的操作将压缩文件释放，还原成源文件，称为解压缩。压缩文件的使用有如下优点：

(1)减小文件的容量，经过压缩处理的文件容量减小，无论是存储，还是通过 Internet 传送都更加节省时间和空间。

(2)将若干文件打包压缩，压缩文件里可以包含若干个文件，也叫压缩包，此时不但容量减小，而且拷贝、传送和对文件的管理都更加容易。

(3)可以设置解压缩密码，在对文件进行压缩时可以设置密码，解压缩时必须正确输入密码，才能还原源文件，否则文件不能被使用，起到了密码保护的作用。

3.7.2 WinRAR 的使用

目前互联网络上的下载文件大多是压缩文件，文件下载后必须先解压缩才能够使用；另外在使用电子邮件的附加文件功能时，最好也能事先对附加文件进行压缩处理，这样更容易收发，节省时间和网络资源。掌握 WinRAR 的使用，是计算机使用的基本技能。

1. WinRAR 的特点

(1)对 RAR 和 ZIP 的完全支持,支持 ARJ、CAB、LZH、ACE、TAR、GZ、UUE、BZ2、JAR、ISO 类型文件的解压。

(2)支持分卷压缩功能,支持创建自解压文件,可以制作简单的安装程序,使用方便。

(3)强大的压缩文件修复功能,最大限度恢复损坏的 RAR 和 ZIP 压缩文件中的数据,如果设置了恢复记录,甚至可能完全恢复。

(4)工业标准 AES 加密。

(5)提供固实格式的压缩算法,在很大程度上增加类似文件或许多小文件的压缩率。

(6)可以保存 NTFS 数据流和安全数据。

(7)与资源管理器整合,操作简单快捷。

(8)支持 Unicode 编码文件名,强大的常规、文本、多媒体和可执行文件压缩。

2. WinRAR 的安装

从 Internet 网络上下载或拷贝 WinRAR 安装文件,下载方法可参见第 7 章。

(1)双击安装文件,进行安装,如图 3.24 所示。

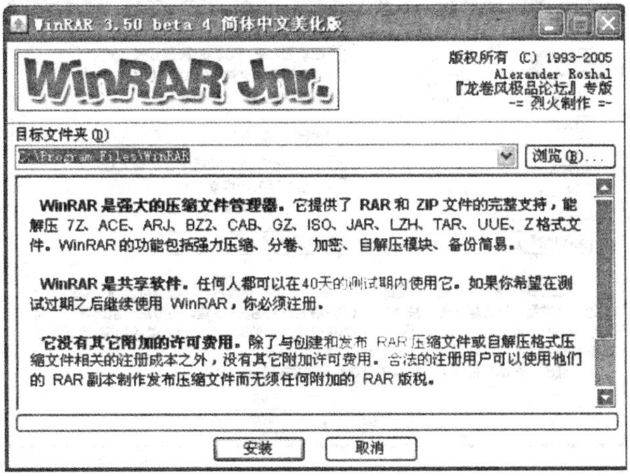

图 3.24　WinRAR 安装界面

(2)单击安装,出现如图 3.25 所示的安装界面。

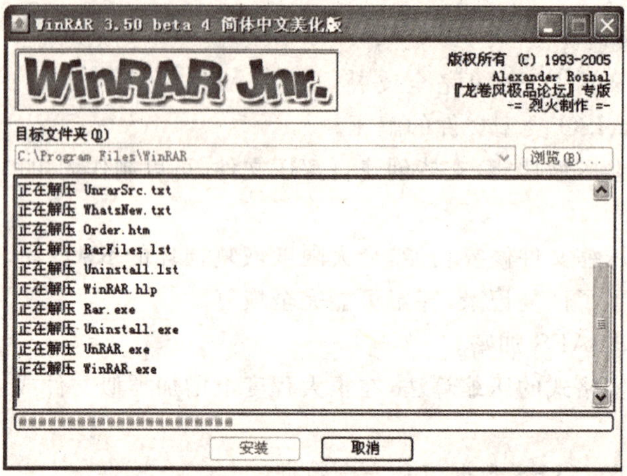

图 3.25 解压缩安装文件

(3)如图 3.26 所示,出现关联文件对话框,通常单击确定,采用默认的缺省模式。

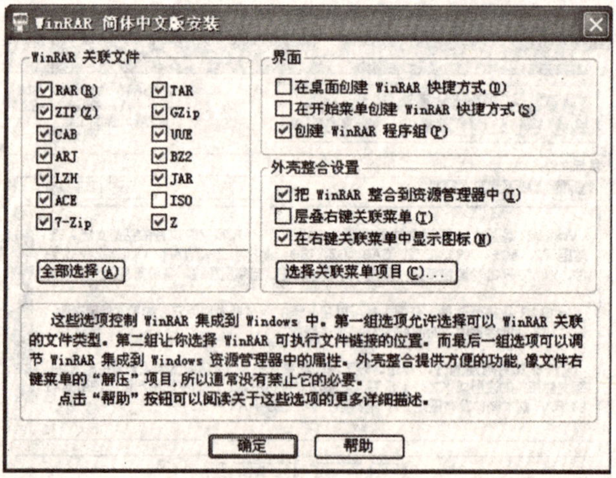

图 3.26 设置关联文件

(4)单击确定,显示完成对话框,如图 3.27 所示,单击完成按钮,完成 WinRAR 的安装。

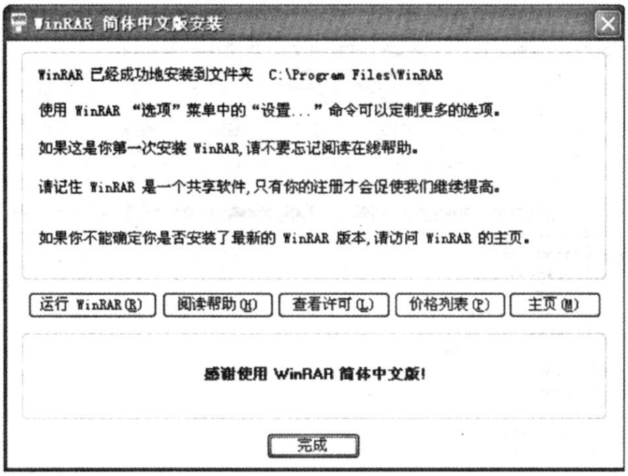

图 3.27　完成 WinRAR 的安装

WinRAR 安装完成后，相关联的文件图标将变成 WinRAR 文件的图标，如图 3.28 所示。

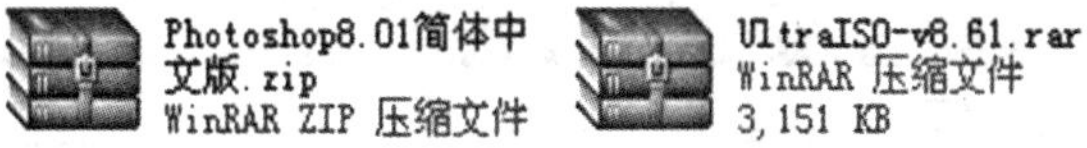

图 3.28　关联文件的图标

说明：文件关联就是将同一种类的文件与一个可以打开它的程序建立起一种依存关系，如压缩文件、音视频文件、文本文件、可执行文件等，分别代表着一种类型的文件。以后系统将调用关联的应用程序来打开这一类的文件。本例中如图 3.28 中所示的图标即为 WinRAR 的关联文件，双击时将自动运行 WinRAR 软件。

3. WinRAR 的使用

WinRAR 安装完成后，主要用来解压缩文件，制作压缩文件，向压缩文件中追加文件等。

(1)解压缩文件。双击压缩文件，运行 WinRAR 软件，打开压缩(包)文件，如图 3.29 所示。

打开压缩文件，在 WinRAR 文件对话框中可以直接双击运行可执行文件或可打开的应用文件，或者单击工具栏上的"解压到"按钮，打开解压路径和选项对话框，如图 3.30 所示，将压缩文件释放，还原成源文件。选择源文件的存储路径，其

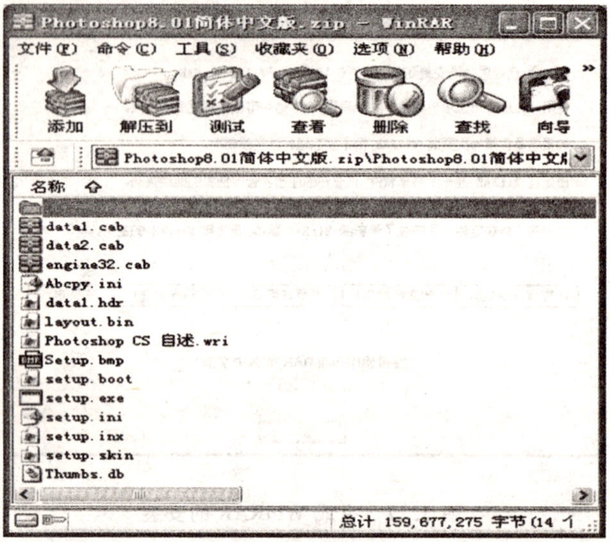

图 3.29 打开压缩包文件

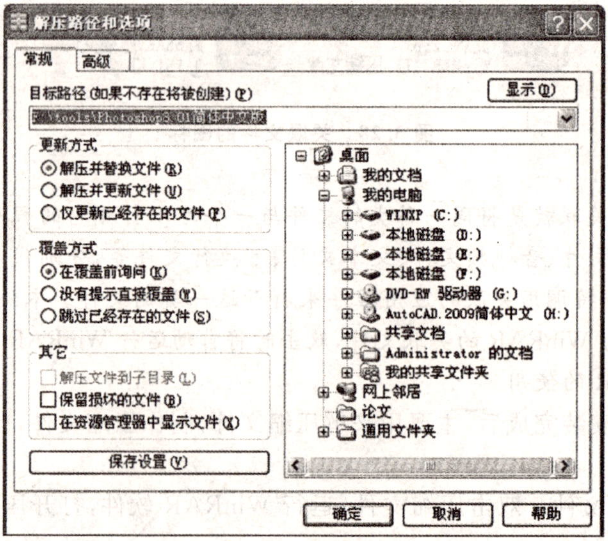

图 3.30 解压路径和选项对话框

他缺省设置，单击确定按钮完成文件的还原。

技巧：如果只还原压缩包中的某一个或几个文件，可以选中，单击“压缩到”按钮，即可实现部分文件的还原。

注意：直接在压缩包中打开的文件为只读属性，修改后不能保存，例如文本文件、word 文档等。

(2)制作压缩文件。WinRAR 安装完成后，制作方法有很多，下面仅介绍一种最容易的制作方法。在需要制作成压缩文件的文件(可以是多个)图标上单击右键，如图 3.31 所示。选择弹出菜单中的添加到“abc. rar”(T)按钮，即可建立一个“abc. rar”压缩文件。

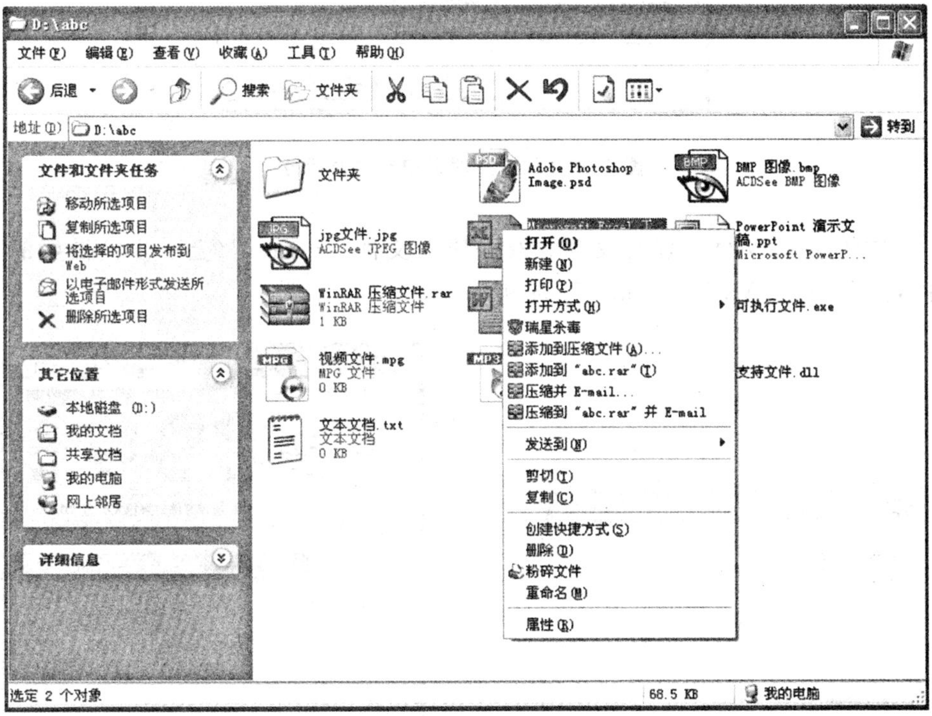

图 3.31　单击右键打开菜单

默认的压缩文件名为当前文件夹名，如果想进一步设置，可以选择“添加到压缩文件”，弹出压缩文件和参数对话框，如图 3.32 所示。此时可以修改文件名和其他参数，例如将压缩文件加密，可以单击“高级”选项按钮，单击“设置密码”按钮，弹出如图 3.33 所示的带密码设置对话框，进行密码设置。

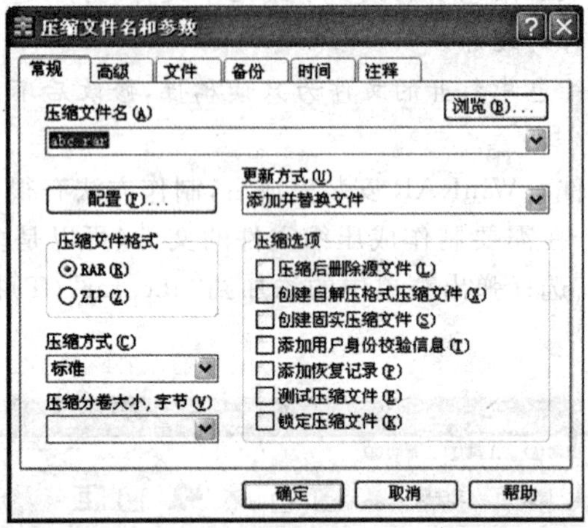

图 3.32　压缩文件名和参数对话框

(3)向压缩文件中添加文件。双击压缩文件“abc.rar”(上一步已做好的文件)，打开 WinRAR 软件，如图 3.34 所示。

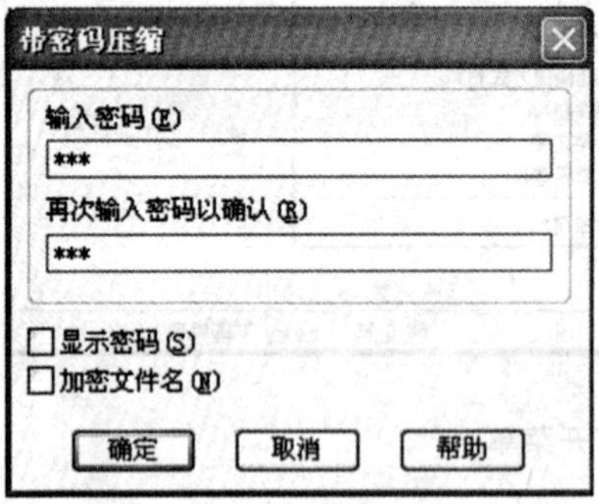

图 3.33　带密码压缩对话框

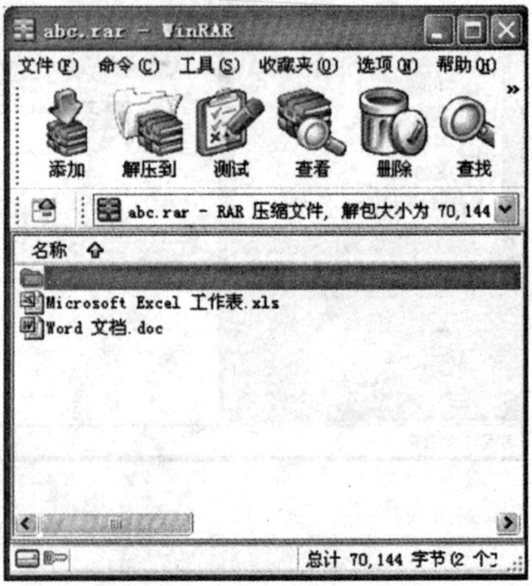

图 3.34　打开 abc.rar 文件

单击工具栏中的添加按钮，弹出“请选择要添加的文件”对话框，如图 3.35 所示。此时可以选择一个或多个文件，单击确定按钮，完成文件的添加，如图 3.36 所示。

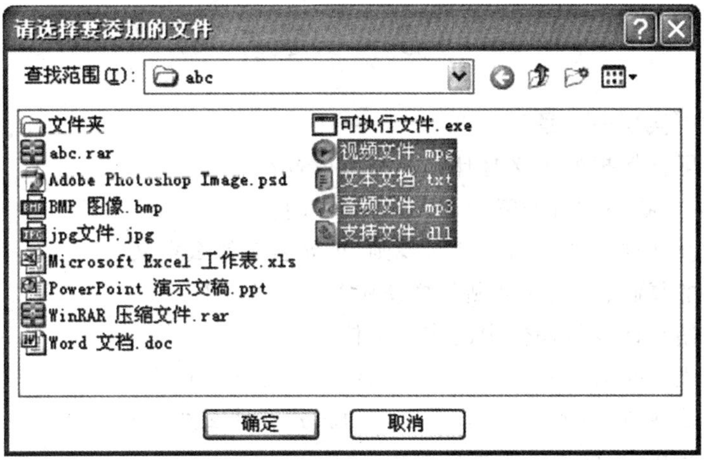

图 3.35　选择要添加的文件对话框

图 3.36　添加文件后的显示

WinRAR 的使用还有很多功能，由于篇幅所限，其他的设置和功能不在本书中讲述，感兴趣的读者可参考 WinRAR 的帮助文件或相关书籍学习。

习 题

1. 怎样更换桌面背景？
2. 设置屏幕保护的意义是什么？如何设置？
3. “我的电脑”和“资源管理器”有什么异同？
4. 文件及文件夹的命名有什么规则，扩展名有什么意义？
5. 文件的复制、移动和粘贴怎样使用？有什么不同？
6. 回收站在计算机操作中的作用是什么？
7. 搜索文件时有哪些通配符？它们代表的含义是什么？
8. 创建快捷方式的方法是什么？快捷方式有什么意义？
9. 什么是病毒，病毒有哪些特征？
10. 什么是木马，如何防治病毒和木马程序？
11. 压缩文件有什么优点？
12. 怎样将多个文件压缩成一个压缩文件？

第4章　文字处理软件 Word

本章将讲解微软(Microsoft)的办公软件(Office 2003)中的 Word 2003。Word 2003 是 Office 2003 套装软件的成员之一,是当前较为实用、流行的字处理软件。在本章中,读者将学到 Word 2003 的常用功能及操作方法,掌握 Word 2003 制作各种文档、会议通知等方法,包括文字、图片和表格的编辑方法,使文档图文并茂。它不仅适合一般的办公人员使用,而且可以作为信息沟通、交流的媒介。

4.1　Word 概述

Word 2003 可以运行在 Windows XP 及以上的版本,是一种易学、易用、具有图文混排功能的优秀字处理软件,还有"所见即所得"的特点,即编辑好的文档,在计算机屏幕上我们看到的,就是打印出来的效果。Word 操作界面简洁、易于操作,能处理文字、图形和表格等多种文档素材,并能进行图文混排,可以利用该软件创作出图文并茂的文档。

4.1.1　认识 Word

1. *启动* Word

启动 Word 有多种方法,下面介绍常用的两种方法。

(1)使用快捷方式。如果桌面上已经建立了 Word 的快捷方式,Word 快捷方式的图标如图 4.1 所示,双击桌面上的 Word 快捷方式图标,可以快速打开 Word。

图 4.1　Word 2003 快捷方式图标

(2)用程序菜单打开。依次单击"开始"→"程序"→"Office 2003"→"Word 2003",打开 Word。如图 4.2 所示。

2. Word *界面*

Word 2003 和其他常用的应用程序的窗口类似,其中主要包括以下一些组成部分:标题栏、菜单栏、工具栏、标尺、正文编辑区、滚动条、状态栏等,如图 4.3 所示。

(1)标题栏。标题栏位于窗口的最上方,用来显示当前文档的名字。标题栏包含控制菜单按钮、所要编辑的文档名、程序名称、最小化按钮、还原按钮和关闭按

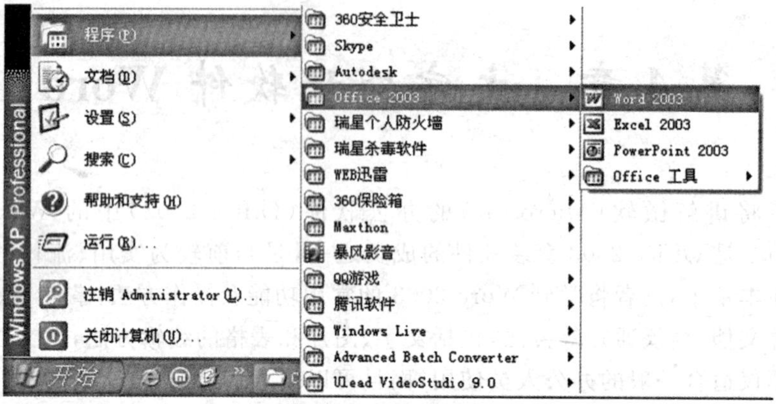

图 4.2　打开 Word 2003 软件

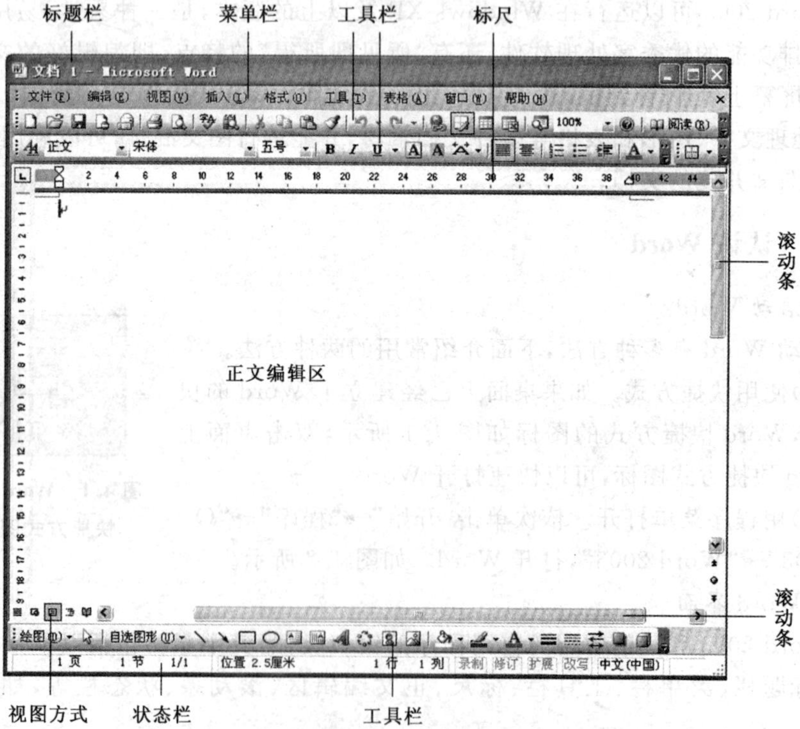

图 4.3　Word 2003 工作界面

钮。标题栏右侧的控制菜单中的命令用于改变窗口的大小、位置和关闭 Word 等。

(2)菜单栏。菜单栏位于标题栏的下方。菜单栏提供了九个菜单:文件、编辑、视图、插入、格式、工具、表格、窗口、帮助。每个菜单中包含的菜单项是 Word 可执行的命令。打开菜单并使用其中的命令有如下两种方法:

①用鼠标打开菜单。用鼠标单击菜单栏上的菜单,然后在下拉菜单中单击相应的命令。

②用键盘打开菜单。按下 Alt 键和菜单后带下画线的字母键来打开相应的菜单,然后用方向键选择菜单命令,按下 Enter 键执行菜单项所代表的命令,如按下 Alt+F 快捷键就可以打开"文件"菜单。也可按 Alt 键或 F10 键激活菜单栏,然后用左右方向键选择菜单。

当打开某个菜单时,它的上面有些命令名会呈现灰色,表示不能选择它们。Word 提供了智能菜单,也就是说 Word 记录了我们的常用操作习惯,只在菜单中显示最近常用的命令,这为我们选择常用命令提供了很大的方便。如果某些命令在一段时间内没有被使用,就会自动隐藏,如图 4.4 所示。在每个菜单的底部都有一个箭头按钮,当鼠标单击箭头或在箭头上停留两秒以上时,折叠的菜单命令将显示出来,如图 4.5 所示。

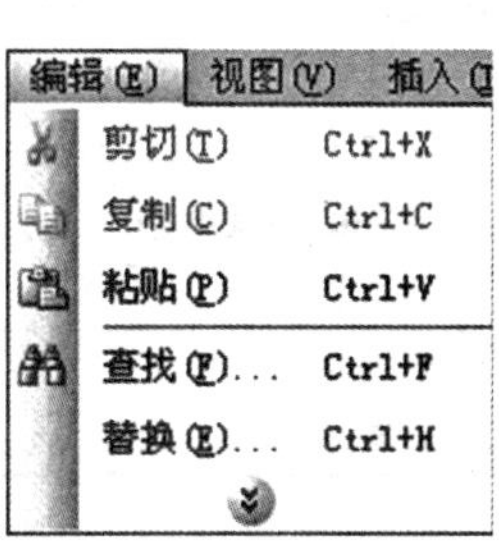

图 4.4　部分隐藏菜单

如果一个菜单命令的右边有一个箭头符号"▶",则表明该菜单命令包含有子菜单,单击该菜单命令,相应子菜单出现在菜单命令的一侧,其中包含该子菜单命令的多个选项。使用子菜单可以使用户获得更好的层次感并建立更清晰的系统性,如图 4.6 所示。

(3)工具栏。工具栏位于菜单栏的下方,由许多工具按钮组成,每一个工具按钮代表一个常用的命令。使用时,只要用鼠标单击相应的按钮即可。由于这些按钮使用起来很方便,因此也常被称为快捷工具栏按钮或快捷按钮。

Word 提供了 30 组工具栏,在默认情况下,只显示"常用"与"格式",这两个工具栏。当然用户也可以自己设定在屏幕上显示哪些工具栏,方法是:依次单击"视图"→"工具栏",再选择相应选项打开或关闭相应的工具栏。也可以直接在工具栏上单击右键,选择要调用或关闭工具栏菜单,如图 4.7 所示。

技巧:当经常使用的命令与工具栏中的命令有所不同时,Word 允许用户对工具栏进行修改,比如隐藏其中的某些命令,再加入其他的一些命令。当不知道工具

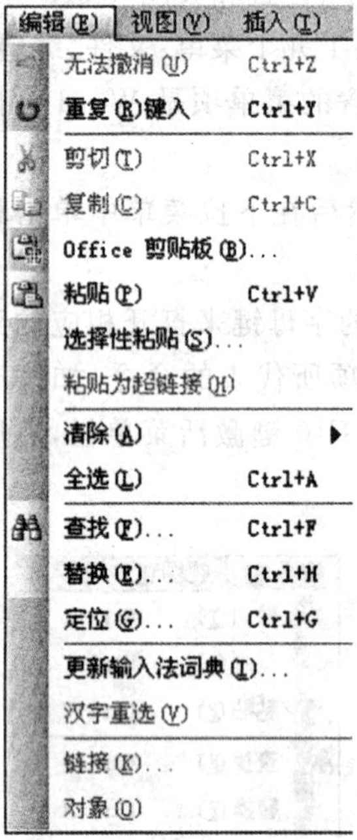

图 4.5 全部展开菜单

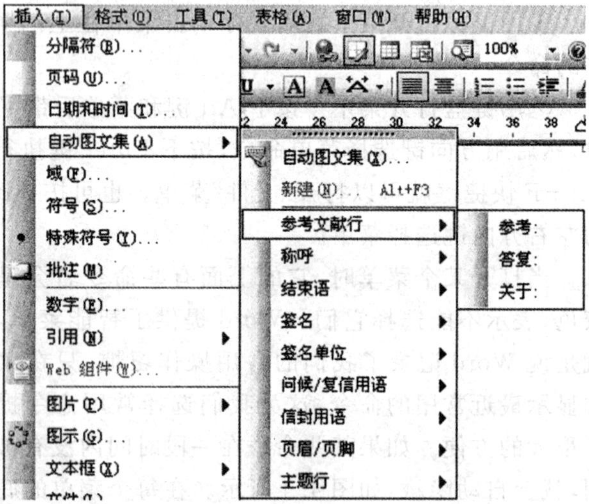

图 4.6 多级子菜单

栏中按钮的名称和作用时，可将鼠标移到工具栏按钮上稍候片刻，则在光标下方就会显示该按钮的名称。

(4)标尺。标尺是实现缩进段落、调整页边距、改变栏宽、设置制表位等功能的工具。对于水平和垂直两个方向，分别由水平标尺和垂直标尺进行设定。只要鼠标指针指到相应调整位置，并拖放，就可以实现标尺的设定。

(5)编辑区。在编辑区可以编辑文档的具体内容。在编辑区中有一个不断闪烁的竖线称为“插入光标”，作用是指出下一个键入字符的位置。使用键盘上的“Insert”键可以将“插入光标”，设置成“插入式”或“替换式”。“插入式”是将编辑的内容显示到“插入光标”处，其后的内容随之向后移动；“替换式”是用新内容替换原有位置的内容。

(6)滚动条。滚动条包括水平滚动条和垂直滚动条。当编辑的文档内容宽度(长度)多于一个屏幕时，用鼠标指针拖动水平(垂直)滚动条的滚动块，或单击滚动箭头，就可以方便地查看文档的其他内容。

(7)视图切换按钮。在水平滚动条的左侧，有五个视图按钮 ≡ ▫ ▣ ☰ ▤，可用来改变文档的视图方式，它们从左到右依次是："普通视图"、"Web 版式视图"、"页面视图"、"大纲视图"和"阅读版式"，具体说明参见 4.2.6 文档的视图。

(8)状态栏。状态栏位于水平滚动条的正下方，用于显示页数、节、当前页数/总页数、插入光标所在位置、行数、列数等。右侧有四个按钮"录制"、"修订"、"扩展"、"改写"，每个按钮代表一种工作方式，双击按钮就可以进入或者退出这种方式，在刚打开 Word 时它们都是灰色的。右侧是语言框，说明当前文字所使用的语言(如中文、英文等)。

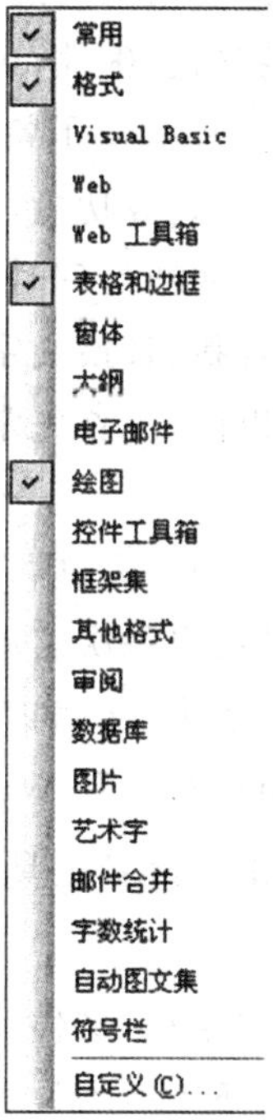

图 4.7　打开或关闭工具栏菜单

3. Word 字处理的基本内容

(1)文字处理。文字是各种文本文档最基本的组成元素，是信息最基本的载体。处理文字设定文字的大小、字体、颜色、粗细及对齐方式等。

(2)段落处理。段落是文本文档的一个重要信息的组成单位。在制作一个文档时，要设置段落的缩进距离、段落与段落间的对齐方式等。

(3)列表处理。使用列表有利于直观、清晰地表达一些相互关联(如有序或并列)的信息。对于列表的处理主要是设定其列表项的项目符号。

(4)表格处理。表格是文本文档中一个极为重要的内容组织与页面格式化对象。灵活的运用表格可以更为有效与清晰地表达各类信息。对表格进行处理时主要是处理其行、列、单元格等。

(5)图像及图形处理。图像与图形作为一种直观的信息表达方式在文本文档中被广泛使用。

4.1.2　Word 的文件操作

在计算机中，信息是以文件为单位存储在外部存储器(硬盘、优盘等)中的，使用 Word 编辑的文章、报告、通知、信函等也都是以文件为单位保存的。通常，我们将由 Word 生成的文件称为 Word 文档，简称文档。使用 Word 处理文档的过程大致分为三个步骤。首先，将文档的内容输入到计算机中，即将一份书面文字转换成电子文档。在输入的过程中,可以使用插入文字、删除文字、改写文字等操作来保证输入内容的正确性,也可以使用这些操作对文档进行修改,直到满意为止。除此以外,Word 还提供了特殊字符的输入、快速定位文字、查找与替换及快速按页面定位、拼写检查等功能,这些功能有助于快速、准确地完成任务。

在进行文档处理时有一些操作是最基本的,如:新建、打开、保存、关闭文档;复制、移动、查找、替换文字与图形等。在学习如何使用 Word 2003 的各种文档高级处理功能以前,应首先掌握这些基本操作。

1. 新建文档

Word 2003 提供两种方式新建文档。

(1)当用户每次启动 Word 时,程序都将自动创建一个基于 Normal 模板的空白文档,标题为“文档 1”,用户可以直接在该文档中编辑内容。

(2)用户在打开 Word 后,需要新建一个新的空白文档,通常有 2 种方法:

①单击“常用”工具栏中的“新建空白文档”按钮,系统会自动建立一个空白文档;

②单击菜单“文件”→“新建”选项,系统也会新建一个空白文档。

技巧:还可通过快捷键“Ctrl+N”,新建 Word 文档。

2. 打开文档

用户查看、编辑或修改一个已经存在的文档之前,必须先打开它。Word 提供了多种打开现有文件的方法。常用的方法有:

(1)直接双击 Word 文档,因 Word 文档与 Word 文字编辑软件存在着“文件关联”,所以当双击 Word 文档时会自动运行 Word 软件,并打开 Word 文档。

(2)已经打开了 Word,单击“常用”工具栏上的打开按钮,弹出打开对话框,如图 4.8 所示。通过操作找到要打开的 Word 文件,选中并单击打开按钮,文档即被打开。

(3)单击菜单“文件”→“打开”选项,同样弹出打开对话框,与②的操作相同。

技巧:还可通过快捷键“Ctrl+O”,打开 Word 文档。在 Word 文档的打开对话框中只显示 Word 文档,即扩展名为 doc 的文件。

3. 保存文档

无论是新建的文档还是修改过的文档,如果希望所建立或修改的内容得到保存,就必须要保存文档。在没有保存之前,文档只存在于计算机的内存中,关机、停电或死机都可能导致文档的丢失,因此要养成及时保存文档的习惯。Word 中保

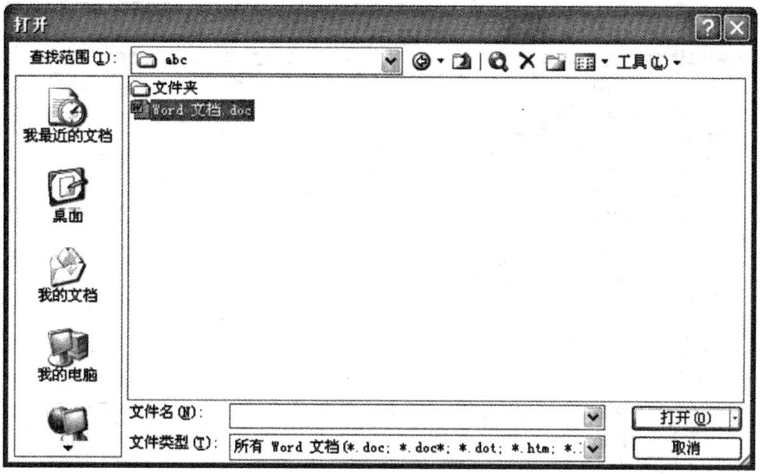

图 4.8　打开对话框

存文档的步骤如下：

(1)选择“文件”→“保存”命令，或按快捷键 Ctrl+S，或单击“常用”工具栏上的“保存”按钮。如果文档是第一次保存，系统将打开“另存为”对话框，如图 4.9 所示。如果文档不是第一次保存，则不会打开“另存为”对话框，而只是以当前文档替换原有文档，从而实现文档的更新。

(2)在“保存位置”列表框中选择一个保存文档的位置。

(3)在“文件名”文本框中输入文档的名称。若不输入，则 Word 会根据文档第一行的内容，自动给出默认的文档名。

(4)在“保存类型”下拉列表框中选择以何种文件格式保存当前文档，默认为“Word 文档(*.doc)”，建议不要修改，除非有明确要求。

(5)最后，单击“保存”按钮完成保存文档的操作。

技巧：如果既想保存修改后的文档，又不想覆盖修改前的内容，可以选择菜单“文件”→“另存为”命令，并在“另存为”对话框中，给修改后的文档新起一个文档名，或新给一个保存位置。

4. 关闭文档

当不需要对一个文档进行编辑和处理时可以关闭它。关闭一个文档主要有两种方法：

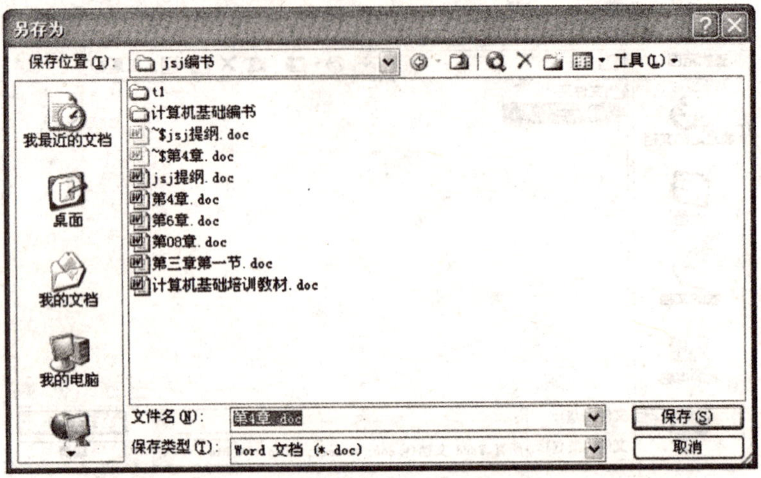

图 4.9 另存为对话框

(1)单击菜单“文件”→“关闭”选项。

注意:“文件”→“退出”命令是退出 Word 程序。

(2)单击菜单栏右侧的“关闭”按钮。

注意:单击标题栏右侧的“关闭”按钮是关闭 Word 程序,不是关闭文档。

如果从上次保存文档之后对文档进行了修改,关闭时没有保存,Word 会询问是否要保存所做的修改,如图 4.10 所示。单击“是”按钮则保存对文档的修改,如果是新建文档,还没有命名,会出现“另存为”对话框让用户给文档命名。单击“否”按钮则放弃对文档的修改,同时新建的文档也不会被保留。单击“取消”按钮则取消关闭文档的操作,返回编辑区,用户可以继续编辑文档。

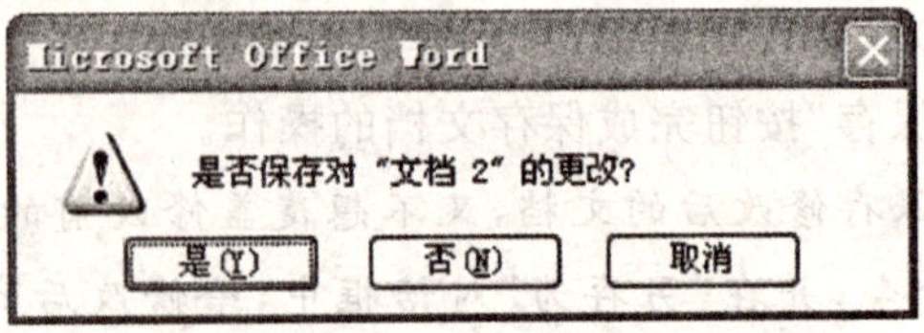

图 4.10 是否保存更改对话框

4.2　Word 文档的编辑

4.2.1　输入文本和符号

文本输入是使用 Word 的必备知识，Word 2003 的输入功能十分简单，启动 Word 后，用户就可以直接在空文档中输入文本和各种符号。

1. 输入文字

启动 Word 后，即出现一个空白文档，在新文件窗口中，有一个不断闪烁的光标，它所在的位置就是文本的插入点。英文字符直接从键盘输入，如果要进行中文和英文输入法的互换、不同中文输入法之间的转换，则可按 Ctrl＋Shift 组合键切换，或单击任务栏上的输入法指示器，在弹出的菜单中选择要使用的输入法，就可在窗口中输入文本。

当输入到行尾时，不要按 Enter 键，系统会自动换行，也叫软回车。输入到“段落”结尾时，如果想另起一行，应按 Enter 键，也叫硬回车，表示段落结束。如果在某段落中需要强行换行，可以使用“Shift＋Enter”快捷键。

注意：软回车没有任何标记，硬回车有段落标记符号为↵，强行换行的标记符号为↓。在 Word 文档的段落编辑中，用回车标记代表段落的区别，带有强行回车标记的文字段与下面的内容仍然属于同一段落。

在输入过程中，Word 有两种编辑方式：“插入”和“改写”。插入是指将输入的文本添加到插入点所在位置，插入点以后的文本依次往后移动；改写是指输入的文本将替换插入点所在位置的文本。插入和改写两种编辑方式是可以转换的，其转换方法是按 Insert 键或用鼠标双击状态栏上的“改写”标志，通常默认的编辑状态为“插入”。

Word 2003 支持“即点即输”功能，即在要输入字符的位置单击鼠标左键就可将光标定位到此输入位置。

2. 输入符号

用户在处理文档时可能需要输入一些特殊字符，如希腊字母、俄文字母、数字序号等。

这些符号不能直接从键盘键入，用户可以使用“插入”菜单中的“符号”选项或使用中文输入法提供的软键盘功能。使用菜单的操作步骤为：

（1）将插入点移到要插入符号的位置。

（2）单击菜单“插入”→“符号”选项，弹出“符号”对话框，如图 4.11 所示。

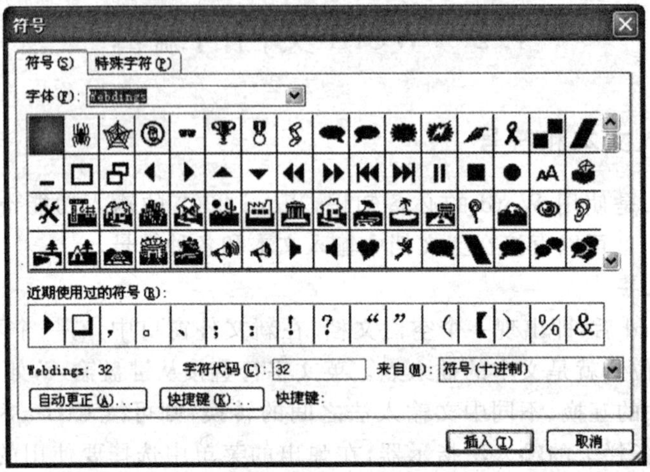

图 4.11 符号对话框

(3)单击“符号”选项卡，选择“字体”下拉列表框中的项目，将出现不同的符号集。

(4)单击要插入的符号或字符，再单击“插入”按钮(或双击要插入的符号或字符)，被选中的符号就会被插入到文档中。如果要插入多个符号可重复这一步骤。

(5)最后，单击“关闭”按钮，关闭对话框。

实例 1 输入“白日依山尽，黄河入海流。欲穷千里目，更上一层楼。”，要求每七个字占一行，逗号后用强行回车换行，并用符号做点缀。输入后如图 4.12 所示。

白日依山尽，↓
黄河入海流。↵
欲穷千里目，↓
更上一层楼。↵

图 4-12 输入符号和文字后的效果

具体输入步骤如下：

(1)输入文字，第一、三行输入完成后，按强制回车快捷键“Shift+Enter”。

(2)输入完第二行文字，按 Enter 键换行，另起一段。

(3)将插入点依次放在每一行的起始端，单击菜单“插入”→“符号”选项，“字体”下拉列表框中选择 Webdings，插入第三行第九列符号。

4.2.2　查找、替换

查找与替换是字处理程序中非常实用的功能，当文档中的内容较多时，需要查找或替换某个或某些字词时，查找和替换可以起到事半功倍的效果。利用 Word 2003 提供的查找与替换功能，不仅可以在文档中迅速查找到相关内容，还可以将查找到的内容替换成其他的内容。

1. 查找内容

在 Word 2003 中，用户可以查找任意组合的字符，包括中文、英文、全角或半角等，其步骤如下：

（1）单击菜单“编辑”→“查找”选项，打开“查找和替换”对话框，如图 4.13 所示。

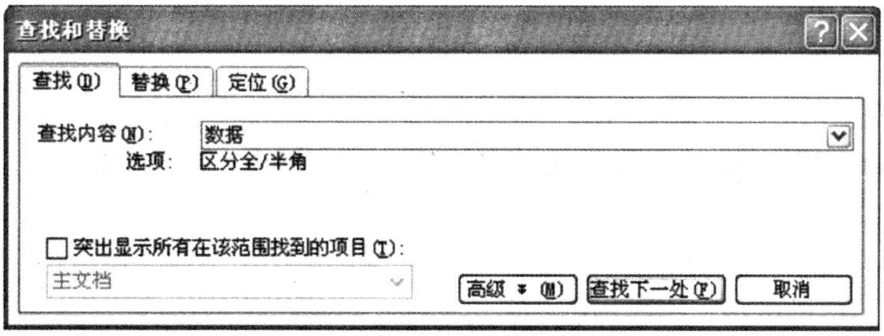

图 4.13　查找和替换对话框

（2）在“查找内容”编辑框中输入要查找的内容，例如输入“数据”。

（3）单击“查找下一处”按钮，Word 便从插入点所在位置向后查找指定内容出现的第一个位置，查找到的内容呈反白显示（黑底白字）。如果再单击“查找下一处”按钮或按回车键，Word 便继续向后查找第二次出现的指定内容，查找到后的内容同样呈反白显示，依此类推。

如果单击“取消”按钮，将“查找和替换”对话框关闭了，最近查找到的指定内容将呈反白显示出来，用户可在该位置进行编辑操作，例如修改操作。

要进一步设置查找的指定内容，可单击“高级”按钮，展开“查找和替换”对话框，如图 4.14 所示。例如，可按字体、大小、样式等格式进行查找，可以按段落标记、制表符等特殊字符进行查找等。

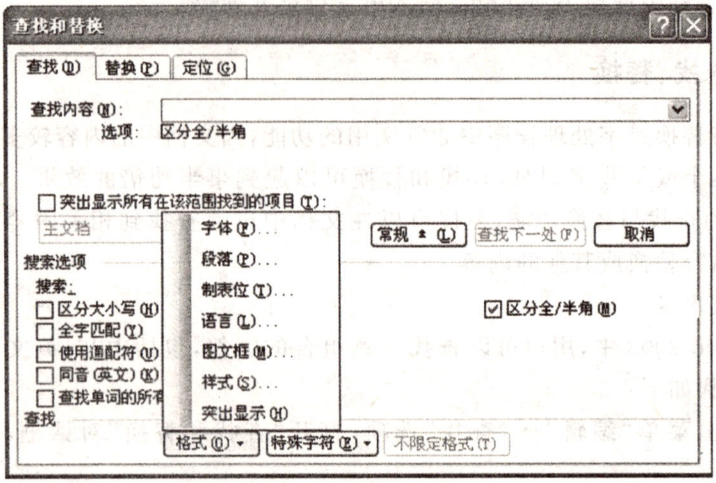

图 4.14　展开高级设置的查找和替换对话框

2. 替换内容

在编辑文档时，有时需要将文档中的某个内容替换为其他的内容。例如，要将文档中的"如果"替换成"若"，可按如下步骤进行。

(1)单击菜单"编辑"→"替换"菜单，打开"查找和替换"对话框，如图 4.15 所示。

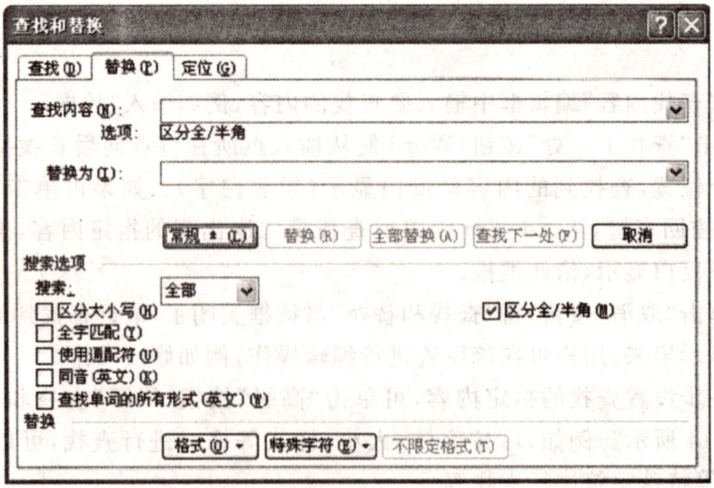

图 4.15　查找和替换对话框

(2)在“查找内容”编辑框中输入要查找的内容，例如输入“如果”。

实例 2　输入如下文字：

本专业培养目标是微机专业的技术应用型人才，他们应该掌握微机软件、硬件及系统的基本理论、基本方法和基本技能，能够从事微机及相关领域应用技术工作、软、硬件维护、和一般应用系统的开发及设计，他们应该具有专业化微机人的素质，是全面发展的社会主义建设人才。

要求用 Word 的替换功能将“微机”替换成“计算机”。

具体操作步骤如下：

(1)输入文字。

(2)单击菜单“编辑”→“替换”菜单，打开“查找和替换”对话框，如图 4.15 所示。

(3)在“查找内容”编辑框中输入“微机”。

(4)在“替换为”编辑框中输入“计算机”，单击全部替换，完成操作。

4.2.3　选择文本

在编辑文档时，用户经常需要将文档的一部分内容移动或复制到另一个地方。因此，要移动或复制文档内容，应首先选中这些区域。在 Word 2003 中，利用鼠标或键盘等多种方法，可以选中小到一个字符，大到整个文档的任何长度的文档内容。其中，被选中的区域将以反白的形式显示出来。

1. 使用鼠标拖动法选定区域

使用鼠标拖动方法来选定所需要的内容是最常用的一种选定文档内容的方法。首先将光标移至要选定区域的开始位置，然后按住鼠标左键并拖动光标至区域的结束位置并释放鼠标即可。如图 4.16 所示。

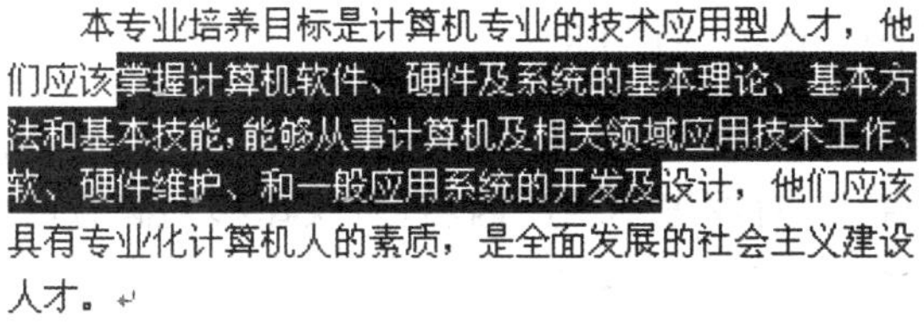
本专业培养目标是计算机专业的技术应用型人才，他们应该掌握计算机软件、硬件及系统的基本理论、基本方法和基本技能，能够从事计算机及相关领域应用技术工作、软、硬件维护、和一般应用系统的开发及设计，他们应该具有专业化计算机人的素质，是全面发展的社会主义建设人才。↵

图 4.16　鼠标拖动选定区域

2. 配合 Alt、Shift 键选定区域

(1)使用鼠标时配合 Shift 键来选定区域也是比较常用的一种选定文档内容的方法。首先将光标移至要选定区域之前单击鼠标，确定要选定区域的初始位置，然后到要选定区域的结束位置，按住 Shift 键单击鼠标即可。

(2)使用鼠标时配合 Alt 键来选定“跨行矩形”区域，即可以实现在一个矩形中选择多行的内容。首先将光标移至要选定区域单击鼠标，确定要选定区域的初始位置，然后，按住 Alt 键并按住鼠标左键，拖动到要选定区域的结束位置。如图 4.17 所示。

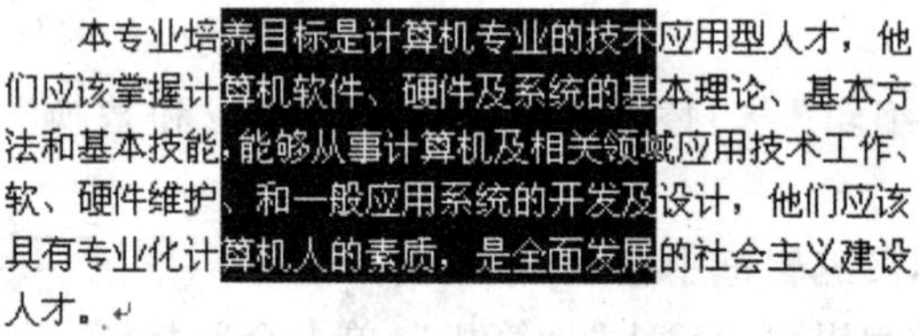

图 4.17 用 Alt 键选定的“矩形”区域

除了上述方法以外，Word 2003 还提供了其他的一些选择文档内容的方法，较实用的主要的方法有：

①整行选择，将光标移动到行首边界，当鼠标指针变为形状后，单击可以选择鼠标指针所在的正行内容，按住左键拖动鼠标，可以选择多行。

②两个标点符号之间的文档内容，在要选择的内容上双击鼠标，可以选中双击处到两端的标点符号之间的所有内容。

③整段选择，在要选择的段落上，连续三击，可以选中整段的文字。

说明：要取消选定的文档内容，可用鼠标单击文档内任意位置。

4.2.4 移动、复制、粘贴和删除

移动与复制是编辑工作中最常用的编辑操作之一。例如，对重复出现的内容，不必一次次地重复输入，对放置不当的内容，可快速移到满意的位置。

1. 利用拖动方法移动和复制文本

(1)选定要移动或复制的内容，将鼠标指针移到被选定的内容，此时鼠标光标将变为形状。

(2)单击鼠标左键，将其拖动到指定位置(如果把选中的内容拖到了窗口的顶部或底部，Word 将自动向上或向下滚动文档)。此时分别以“|”标识新的插入点，

移动到指定位置，释放鼠标左键。如果按住 Ctrl 键，然后单击鼠标左键并拖动，则可将选中的文本复制到新的位置。

2. 利用剪贴板移动和复制文本

剪贴板是文档进行信息传输的中间媒介，是将信息传送到其他文档或其他程序的一个通道。使用剪贴板对文本进行复制或移动操作时，首先将文本内容复制或剪切到剪贴板上，在需要时再将暂时存放在剪贴板上的信息“粘贴”到当前文档、其他 Office 文件或 Windows 环境下其他程序所建立的文档中的指定位置。

利用剪贴板移动和复制文本的操作步骤如下。

(1)选中要移动或复制的内容。

(2)单击常用工具栏中的“剪切”按钮或“复制”按钮，或单击菜单“编辑”→“剪切”或“复制”选项，或在被选中的区域上，单击鼠标右键，从弹出的快捷菜单中选择“剪切”或“复制”选项。

(3)如果还要继续向剪贴板中复制其他内容，可重复步骤(1)至(2)。

(4)插入点移至要插入文本的新位置，单击“常用”工具栏中的“粘贴”按钮；或单击菜单“编辑”→“粘贴”选项；或单击鼠标右键，从弹出的快捷菜单中选择“粘贴”，均可将最后复制到剪贴板上的内容复制到插入点所在的位置。

注意：使用剪切后，被选中的文档内容将消失，此时并没有真正的消失，文本内容暂时保存在了 Office 软件的剪贴板中。

3. 删除内容

如果要删除的文本不多，可以按退格键(Back Space)或 Delete 键来删除插入点前面或后面的字符。如果要删除大段的文本，可先选定该文本内容，然后单击“常用”工具栏中的“剪切”按钮或按 Delete 键。

注意：使用 Delete 键是直接将文本删除，并没有放到剪贴板中，通过粘贴的方式不能还原删除的内容。

实例 3　输入如下内容：

面向对象方法基于构造问题领域的对象模型，以对象为中心构造软件系统。它的基本方法是用对象模拟问题领域中的实体，以对象间的联系刻画实体间的联系。

要求将此段文字复制三次，每次复制各成一段，如图 4.18 所示。

具体操作步骤如下：

(1)输入文本内容。

(2)选中输入的内容，单击常用工具栏上的复制按钮。

面向对象方法基于构造问题领域的对象模型，以对象为中心构造软件系统。它的基本方法是用对象模拟问题领域中的实体，以对象间的联系刻画实体间的联系。↵
面向对象方法基于构造问题领域的对象模型，以对象为中心构造软件系统。它的基本方法是用对象模拟问题领域中的实体，以对象间的联系刻画实体间的联系。↵
面向对象方法基于构造问题领域的对象模型，以对象为中心构造软件系统。它的基本方法是用对象模拟问题领域中的实体，以对象间的联系刻画实体间的联系。↵
面向对象方法基于构造问题领域的对象模型，以对象为中心构造软件系统。它的基本方法是用对象模拟问题领域中的实体，以对象间的联系刻画实体间的联系。↵

图 4.18　完成后的效果

(3)将光标定位在整段的末端，按 Enter 键，另起一行，单击常用工具栏上的粘贴按钮。

(4)重复第(3)步两次，完成文本的复制。

4.2.5　撤消和重复操作

编辑文档时，难免会出现错误的操作，比如不小心删除、替换或移动了某些文本内容。Word 所提供的“撤消”和“重复”操作功能，可以帮助用户迅速纠正错误操作。

1. 撤消操作

在“编辑”菜单中，“撤消”命令的具体名称会随用户的具体工作内容而变化。例如有时是“撤消输入”，有时叫“撤消字体”或“撤消插入表格”等，上一步的操作不同，显示的内容也不同。

如果只撤消最后一步操作，可单击“撤消”按钮，或单击菜单“编辑”中的“撤消”选项。如果要撤消多步操作，可一直重复选择“撤消”命令或单击“撤消”按钮，直到文档恢复到原来状态。

此外，也可单击“撤消”按钮右侧的三角符号，此时将弹出一个下拉列表框，里面保存了可以撤消的操作。无论单击列表中的哪一项，该项操作以及其后的所有操作都将被撤消。如图 4.19 所示。

2. 恢复操作

执行完一次“撤消操作”命令后，如果又想恢复“撤消”操作之前的内容，可单击“恢复”按钮，或单击“编辑”菜单中的“恢复”选项。不过，只有在刚进行了“撤消”操作后，恢复命令才生效，否则，在“编辑”菜单中无此命令，常用工具栏上“恢复”按钮也不可用。

图 4.19　撤消下拉列表框

3. 重复操作

重复操作听起来似乎与恢复操作一样，其实不然，恢复操作是恢复上一次撤消的操作，而重复操作是在没有撤消过的情况下重复最后做的一次操作。例如，假设用户改变了某一段落的格式，另外几个段落也要进行同样的格式设置，那么用户就可以选定每个段落，并使用"重复"特性重新对其进行格式设置。与"撤消"操作一样，"重复"操作的名字会根据用户所做过的最近一步操作而变化，且伴随着 Word 的大多数操作的执行而立即变化。

4.2.6　文档的视图

屏幕上显示文档的方式称为视图，Word 提供了普通视图、Web 版式视图、页面视图、大纲视图和阅读版式视图等多种视图。不同的视图方式分别从不同的角度、按不同的方式显示文档，并适应不同的工作特点。因此，采用正确的视图方式，将极大地提高工作效率。

1. 普通视图

普通视图可连续显示文档内容，它主要适合于用户进行文字输入、编辑以及格式的简单编排。但是，在普通视图方式下，Word 将不显示一些复杂的格式和页面设置，例如页边距、页眉以及页脚等效果。

要切换到普通视图，可单击菜单"视图"中的"普通"命令，或单击水平滚动条左侧的"普通视图"按钮 。分页处以水平虚线隔开，左侧没有了标尺，并且页边距、页眉页脚也不再显示。如图 4.20 所示。

2. Web 版式视图

Web 版式视图适用于创作 Web 页，它能够仿真 Web 浏览器来显示文档。在 Web 版式视图下，可以看到 Web 文档添加的背景，并且文本将自动换行以适应窗口的大小。

要切换到 Web 版式视图，可选择"视图"菜单中的"Web 版式"命令，或单击水

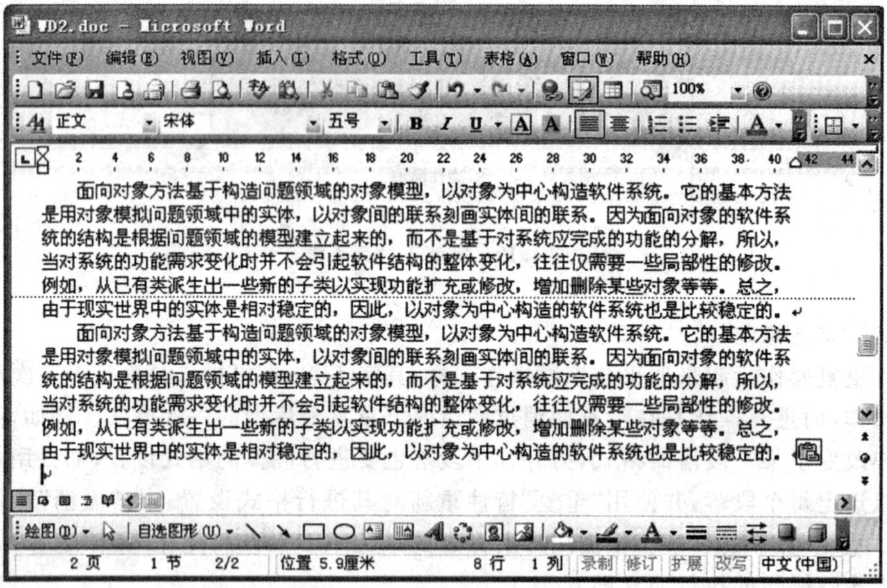

图 4.20 普通视图效果

平滚动条左侧的“Web 版式视图”按钮 。如图 4.21 所示，和普通视图相比，此时水平的分页符没有了。

3. 页面视图

在页面视图方式下，用户可以看到文档的真实打印效果，包括页边距、页眉和页脚等在页面上的准确位置。也就是说，页面视图方式能够实现“所见即所得”的效果。

要切换到页面视图，可单击菜单“视图”中的“页面”命令，或单击水平滚动条左侧的“页面视图”按钮 。如图 4.22 所示。

4. 大纲视图

在大纲视图方式下，用户可以清晰地看到文档的标题及其层次关系，并且可以方便地重新组织文档的结构。

要切换到页面视图，可选择“视图”菜单中的“大纲”命令，或单击水平滚动条左侧的“大纲视图”按钮 。如图 4.23 所示。

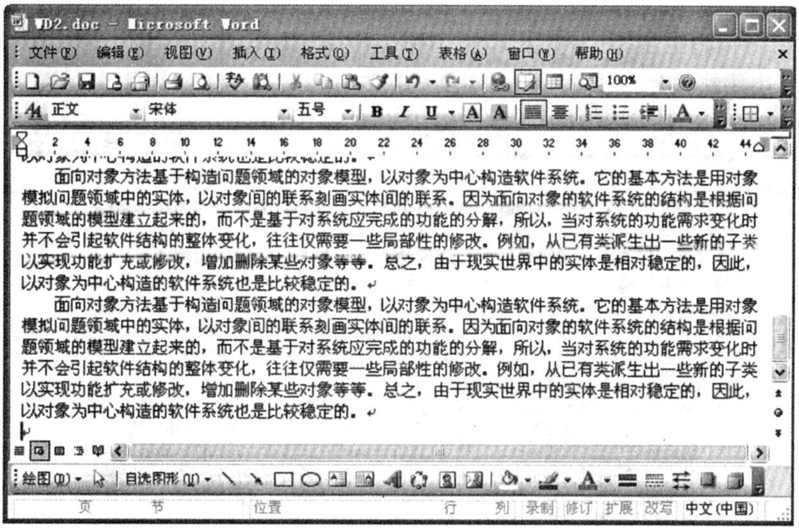

图 4.21　Web 版式视图效果

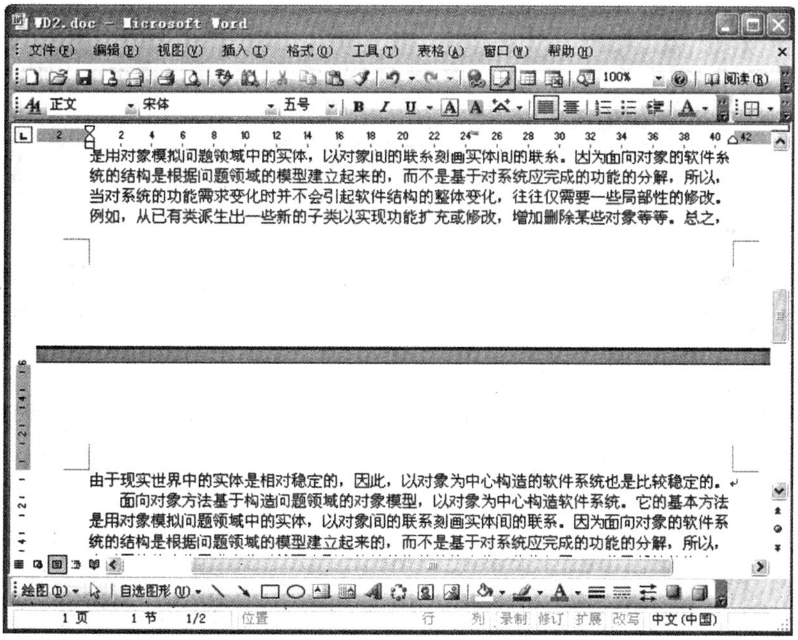

图 4.22　页面视图效果

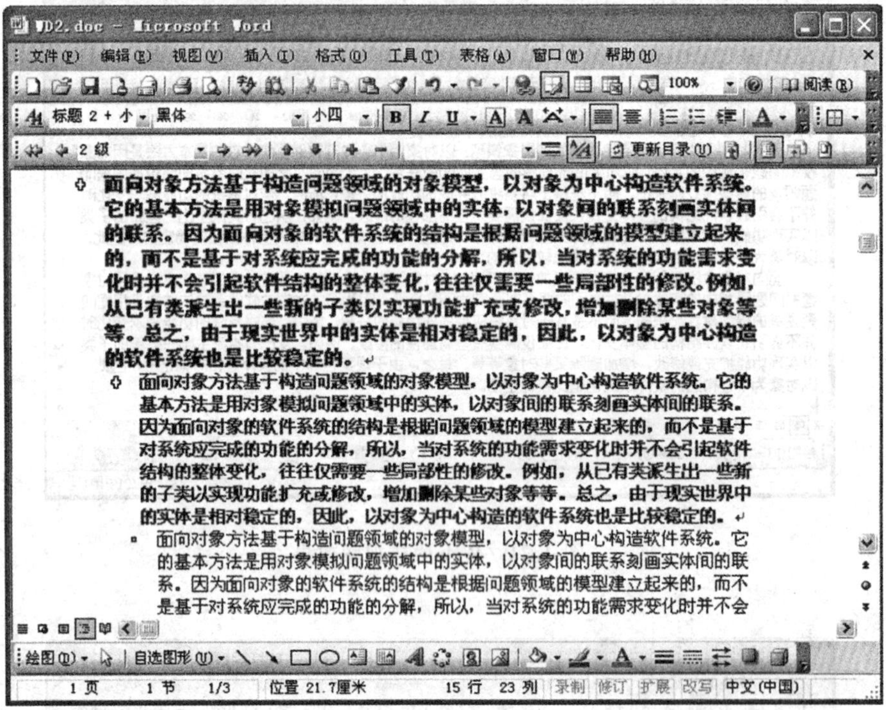

图 4.23 大纲视图效果

5.阅读版式视图

在阅读版式视图方式下，用户可以很方便的阅读文档，此时窗口隐藏了大部分工具按钮及辅助工具等，编辑区被一分为二，左右显示文档的上下页，并显示当前页和总页数，翻页时两页同时滚动，极大地方便了阅读。

要切换到阅读版式视图，可单击菜单“视图”中的“阅读版式”选项，或单击水平滚动条左侧的“阅读版式”按钮。如图 4.24 所示。

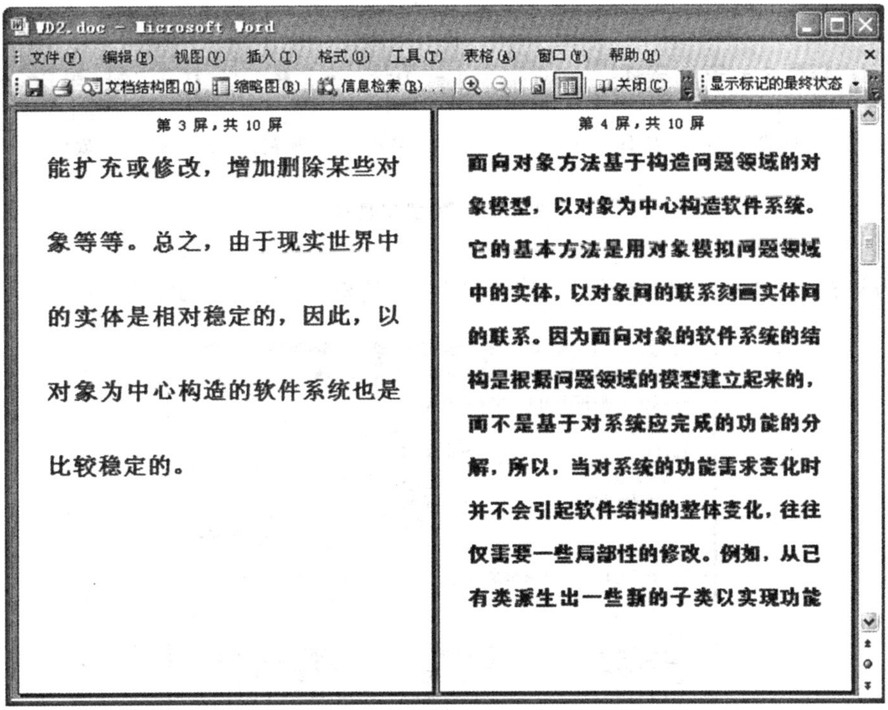

图 4.24　阅读版式视图效果

4.3　文本的排版

文档输入后，要打印出一篇整齐、美观和符合标准的文稿，还需要经行多种修饰，根据具体要求进行排版。例如字符的大小、字体、段落格式、页眉页脚等等。

4.3.1　设置字符格式

在一篇文档中，不同的内容使用不同的字体、字号甚至颜色，会使文档具有更直观的表现力，例如标题和正文等。为了操作方便，Word 2003 提供了各种方便的实用工具。其中格式工具栏主要是对文档字体、段落排版时使用的工具栏，如图 4.25 所示。

Word 还提供了字体对话框，单击菜单“格式”→“字体”选项，打开字体对话框，如图 4.26 所示。字体对话框设置更全面，功能更强大。工具栏和字体对话框

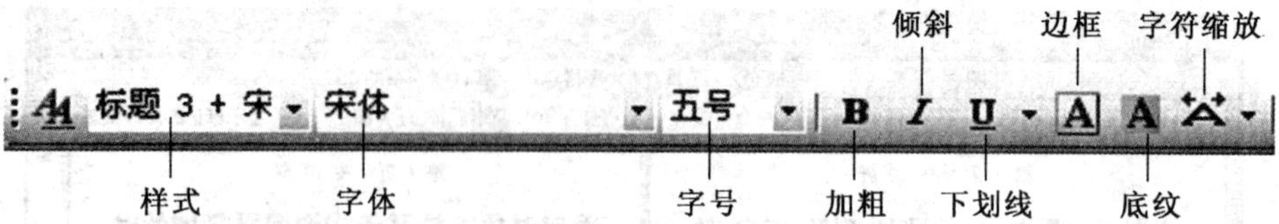

图 4.25 格式工具栏

互为补充，工具栏突出操作简便、快速，字体对话框突出全面，功能多。

图 4.26 字体对话框

在 Word 中对文字、段落和页面进行排版主要通过使用“格式”工具栏上的按钮或“格式”菜单中的命令。使用“格式”工具栏方便、快捷，但提供的按钮有限；使用“格式”菜单中的命令可以进行复杂的格式设置，能满足各种不同的排版需求。

1. 字体、字号、字形

(1)字体。字体是文字的一种书写风格。常用的中文字体有宋体、楷体、黑体、隶书等，常用的西文字体有 Times New Roman、Arial 等。在书籍、报刊的排版上，人们已形成了一种规范，例如：书的正文用宋体，显得正规；一些标题用黑体，起到强调作用；在一段文字中使用不同的字体是为了表示区分、强调。

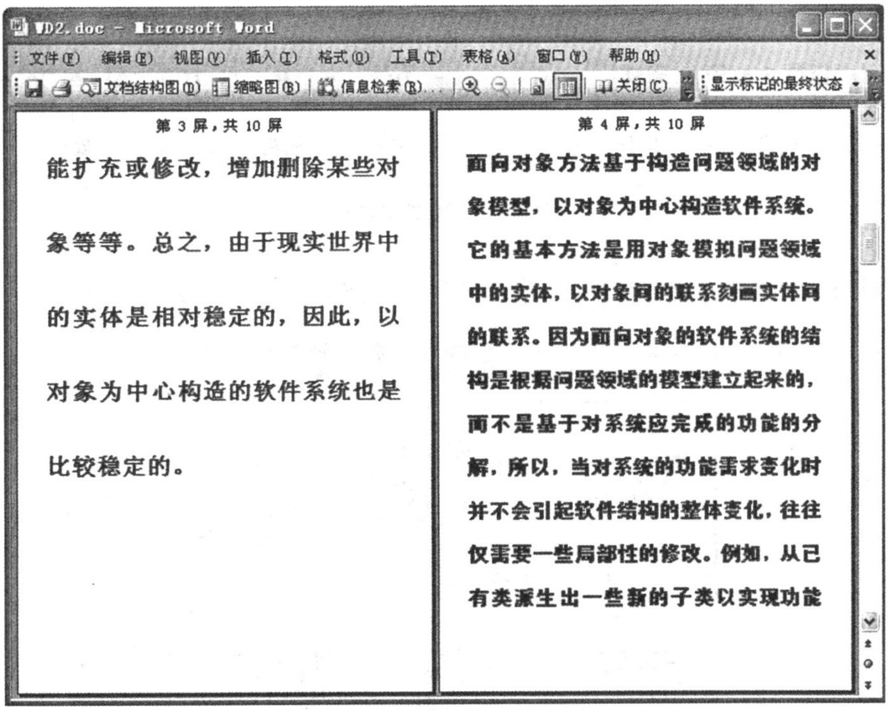

图 4.24　阅读版式视图效果

4.3　文本的排版

文档输入后，要打印出一篇整齐、美观和符合标准的文稿，还需要经行多种修饰，根据具体要求进行排版。例如字符的大小、字体、段落格式、页眉页脚等等。

4.3.1　设置字符格式

在一篇文档中，不同的内容使用不同的字体、字号甚至颜色，会使文档具有更直观的表现力，例如标题和正文等。为了操作方便，Word 2003 提供了各种方便的实用工具。其中格式工具栏主要是对文档字体、段落排版时使用的工具栏，如图 4.25 所示。

Word 还提供了字体对话框，单击菜单“格式”→“字体”选项，打开字体对话框，如图 4.26 所示。字体对话框设置更全面，功能更强大。工具栏和字体对话框

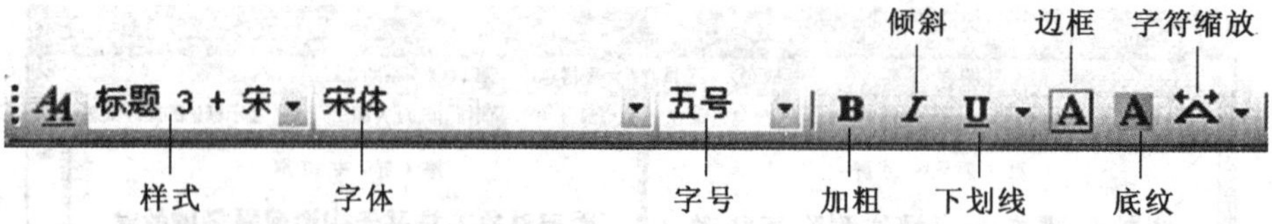

图 4.25 格式工具栏

互为补充,工具栏突出操作简便、快速,字体对话框突出全面,功能多。

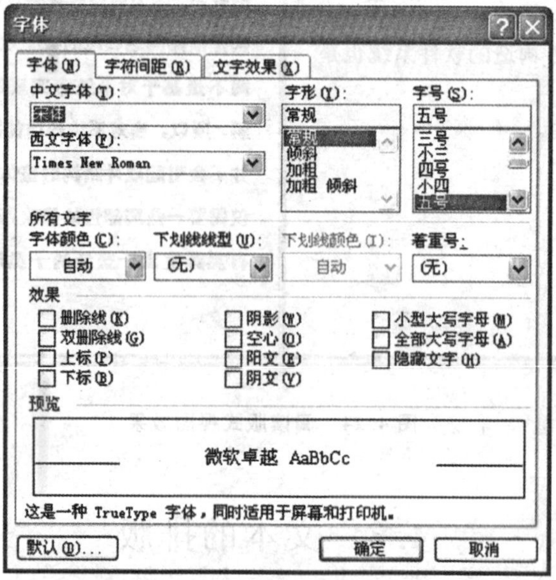

图 4.26 字体对话框

在 Word 中对文字、段落和页面进行排版主要通过使用“格式”工具栏上的按钮或“格式”菜单中的命令。使用“格式”工具栏方便、快捷,但提供的按钮有限;使用“格式”菜单中的命令可以进行复杂的格式设置,能满足各种不同的排版需求。

1. 字体、字号、字形

(1)字体。字体是文字的一种书写风格。常用的中文字体有宋体、楷体、黑体、隶书等,常用的西文字体有 Times New Roman、Arial 等。在书籍、报刊的排版上,人们已形成了一种规范,例如:书的正文用宋体,显得正规;一些标题用黑体,起到强调作用;在一段文字中使用不同的字体是为了表示区分、强调。

改变文本字体的步骤为：

①选定要设置或改变字体的文本。

②单击"格式"工具栏的"字体"下拉按钮，从列表中选择所需的字体名称，如图 4.27 所示。

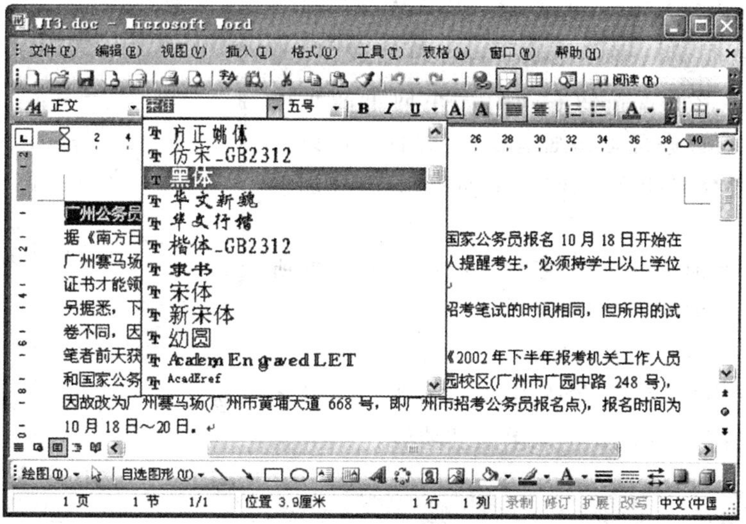

图 4.27　改变字体方式

技巧：还可以单击菜单"格式"→"字体"，如图 4.26 所示，单击"中文字体"下拉列表框，效果相同。"西文字体"主要是对英文字母进行排版时使用的字体，有时有些文档既有中文，又有西文，而且要求二者的字体格式不同，这时就必须要对中西文字体分别设置。

(2)字号。字号就是字符的大小。在字号下拉对话框中有两种表示方式，一种是中文的字号，例如"二号"、"五号"等；另一种是用阿拉伯数字表示的，阿拉伯数字表示的单位是"磅"(1 磅＝1/72 英寸)。以"号"为单位的数值越小文字越大，以"磅"为单位的数值越大文字越大，"磅"与"号"之间的关系是 10.5 磅＝五号。如图 4.28 所示，各种字号和不同磅值的文字比较。

改变字号的步骤为：

①选定要设置或改变字号的文本。

②单击格式工具栏的"字号"下拉按钮，从列表中选择所需的字号大小，如图 4.29 所示。

除此之外，还可以在“字体”对话框中，选择所需要的字号，如图 4.26 所示。

(3)字形。字形就是文字的形状或显示效果。这些字形设置均可在“格式”工具栏中找到对应的按钮，主要包括：常规、加粗 **B**、倾斜 *I*、下划线 U、字符边框 A、字符底纹 A、字符缩放等。有些字形设置按钮右边有一个向下箭头按钮，单击它可以进行更详细地设置，并且字形设置的效果可以叠加，即可以同时是加粗、倾斜和加下划线。

同样，字形也可以在“字体”对话框中，选择所需要的字形，如图 4.26 所示。

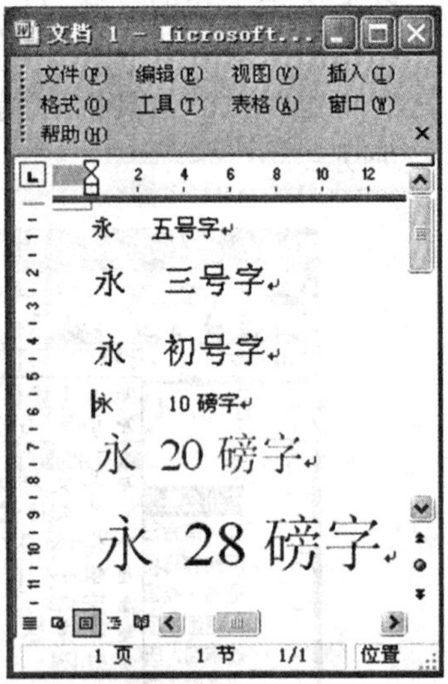

图 4.28 不同字号、磅值的字

2. 字体颜色、字符间距、文字效果

除了常用的字体、字号、字形设置外，Word 还提供了一些很强大的文本效果处理功能。

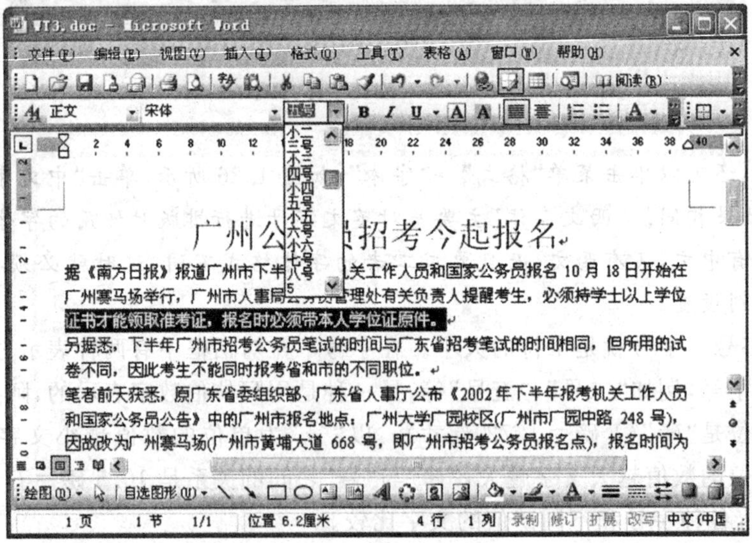

图 4.29 修改文字字号

(1)字体颜色。“字体颜色”即为选定的字符设置不同的颜色。如果用户要编辑一篇彩色的文档，可以使用字体颜色设置功能，具体步骤如下：

①选定要设定字体颜色的文本。

②单击“格式”工具栏的“字体颜色”按钮右侧的向下箭头，弹出如图 4.30 所示的“字体颜色”列表框。

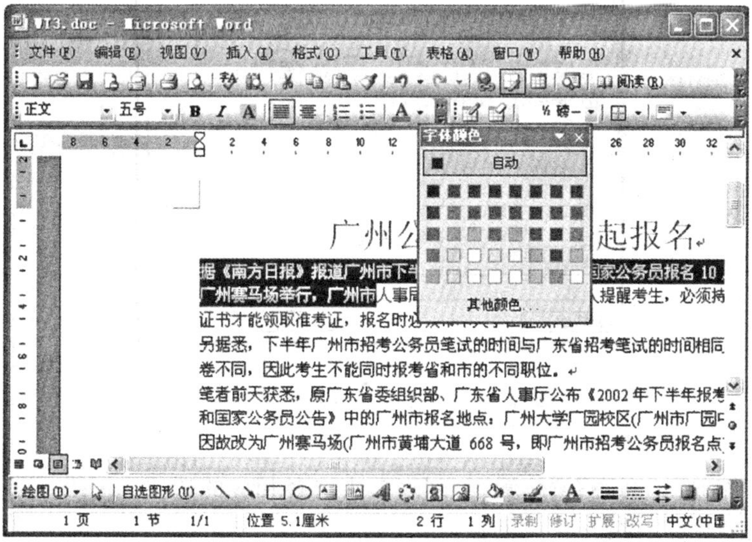

图 4.30　设置字体颜色

③单击所需的颜色，如果列表框中没有合适的颜色，则单击“其他颜色”选项，弹出“颜色”对话框，然后可在对话框中选择更多的颜色，单击“确定”按钮。

④此时会发现，所选的文本已经有了新的颜色了。

也可以在“字体”对话框中进行颜色设置。

(2)字符间距。“字符间距”中的“缩放”是指字符在屏幕上显示的大小与真实大小之间的比例，“间距”是指相邻字符间的距离，“位置”是指字符相对于基准线的位置。改变字符间距，可以使得同样长短的文档给人以不同的视觉效果。如通过增大字符间距分散页面上的空白，会使页面显得比较充实；而缩小字符间距会使页面显得比较紧凑。

设置字符间距的步骤为：

①选定要设置字符间距的文本。

②单击菜单“格式”→“字体”选项，弹出“字体”对话框。

③单击“字符间距”标签，如图 4.31 所示。

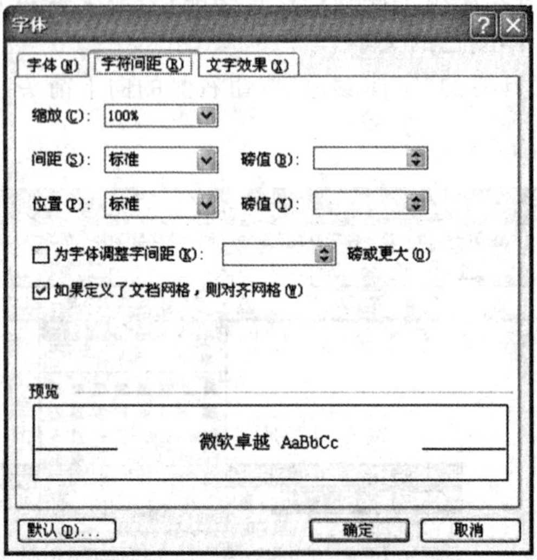

图 4.31 字体中字符间距对话框

④在"缩放"、"间距"、"位置"等列表框中选择相应的选项。

⑤单击"确定"按钮,完成设置。

(3)文字效果。"文字效果"是 Word 提供的一种文字修饰方法,用来给文档增加动感和美感,其中包括删除线、双删除线、上标、下标、阳文、阴文、阴影、空心、小型大写字母、全部大写字母、隐藏文字等。设置"文字效果"的步骤为:

①选定要设置文字效果的文本。

②单击菜单"格式"→"字体"选项,弹出"字体"对话框。

③在"效果"区域选择相应的选项,如图 4.32 所示。

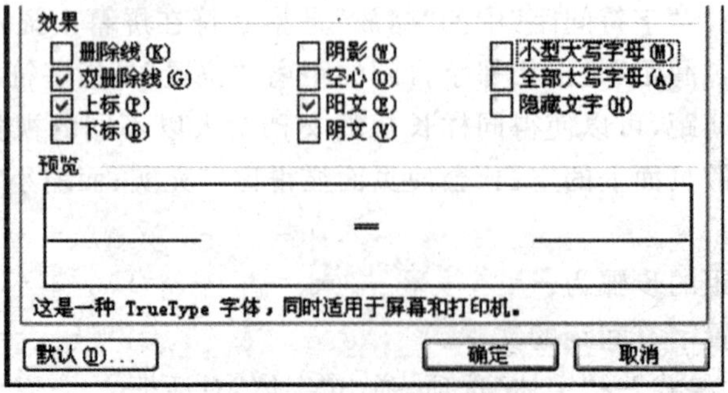

图 4.32 字体中的效果设置

④单击“确定”按钮，完成设置。

实例 4　输入如下文字：

科学是第一生产力。
科学是第一生产力。
科学是第一生产力。
科学是第一生产力。

要求将第一行文字加粗并倾斜，将第二行文字字号改成三号字，将第三行文字加下划线（单实线）并改成红色字，将第四行文字改成阴影隶书文字。

具体操作步骤如下：

(1)选中第一行文字，单击菜单“格式”→“字体”选项，打开字体对话框，在“字形”框中选择“加粗 倾斜”，单击确定。

(2)选中第二行文字，单击菜单“格式”→“字体”选项，打开字体对话框，在“字号”框中选择“三号”，单击确定。

(3)选中第三行文字，单击菜单“格式”→“字体”选项，打开字体对话框，在“字体颜色”列表框中选择第三行第一列红色图标，在“下划线线型”列表框中选择单实线，单击确定。

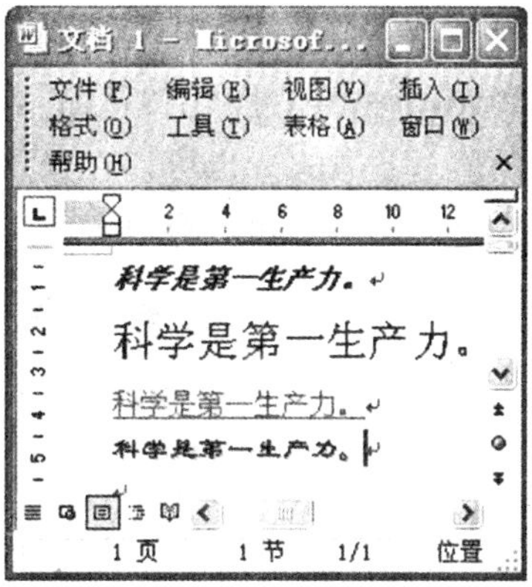

图 4.33　实例完成效果

(4)选中第四行文字，单击菜单“格式”→“字体”选项，打开字体对话框，在“效果”区域选择“阴影”，在“中文字体”列表框中选择“隶书”，单击确定。

最终的效果如图 4.33 所示。

4.3.2　设置段落格式

段落是文档的重要组成单位。Word 中的自然段落是指按 Enter 键结束的一段文本，即使没有加入任何文本，每次只要按下 Enter 键，一个新的段落就产生了。段落的结尾处有一个表示段落结束的段落标记↵，任何应用到段落中的格式信息都保存在段落标记中。在对段落进行格式设置时，应尽量将段落标记显示在屏幕上。它的格式设置主要包括设置段落对齐方式、段落缩进方式、段落间距和行距等。

如果新设置了段落格式，当开始新的一段时，将自动继承最新的设置。

1.段落对齐方式

Word有多种段落对齐方式：左对齐、居中对齐、右对齐、两端对齐、分散对齐等。

两端对齐是Word的默认设置；居中对齐常用于文章的标题、页眉、诗歌等的格式设置；右对齐适合于书信、通知等文稿落款，日期的格式设置；分散对齐可以使段落中的字符等距排列在左右边界之间，在编排英文文档时可以使左右边界对齐，使文档整齐、美观。

段落对齐方式的设置步骤：

(1)鼠标在段落中的任何位置单击，就可选定要进行设置的段落，也可以选定多段。

(2)单击菜单“格式”→“段落”选项，弹出“段落”对话框，如图4.34所示。

(3)单击“缩进和间距”标签，在“常规”选项区的“对齐方式”列表框中选择所需的段落对齐方式。也可以在选定了要设置对齐方式的段落后，通过单击“格式”工具栏上的相应按钮进行设置。

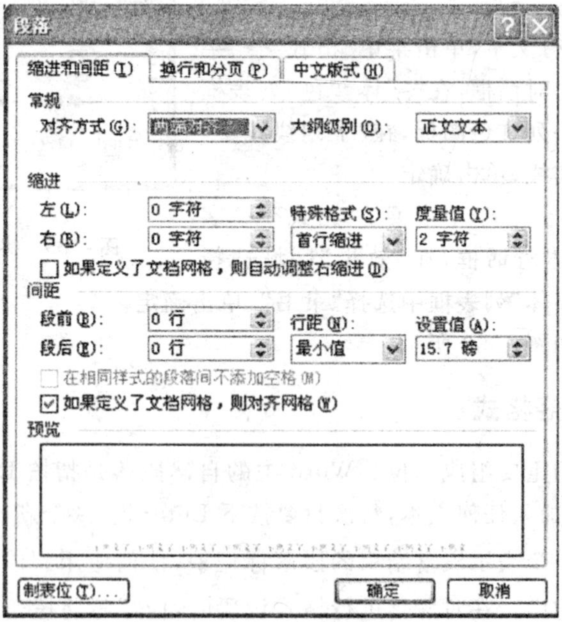

图4.34 段落对话框

2. 段落缩进方式

段落缩进是指文本与页边距之间的距离。段落缩进包括左缩进、右缩进、首行缩进、悬挂缩进。左缩进是控制段落左边界的位置；右缩进是控制段落右边界的位置；首行缩进是控制段落第一行第一个字的起始位置；悬挂缩进是控制段落第一行以外的其他行的起始位置。

3. 段落间距

段落间距包括行间距和段间距。行间距指段落中行与行之间的距离；段间距指一个段落与它相邻的前后段之间的距离。

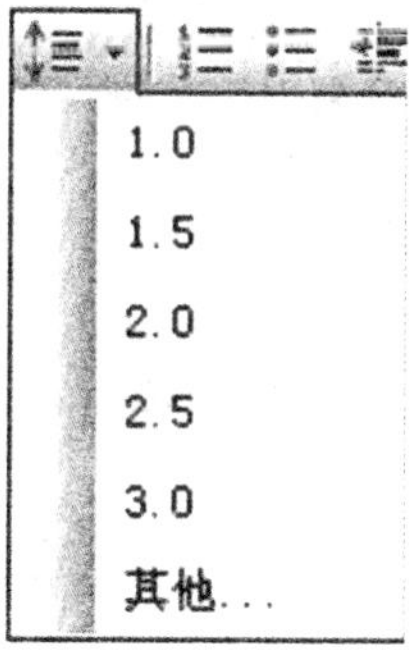

图 4.35　修改行距

Word 默认的行距是单倍行间距，相当于 15.6 磅的行距。单击“格式”工具栏中的“行距”按钮中的下三角，如图 4.35 所示，将弹出“行距选择”下拉列表，从中可选择所需的行距大小。如果在“行距选择”下拉列表中没有所需的行距，可单击“其他”选项，或选择菜单“格式”→“段落”选项，在弹出的“段落”对话框中单击“缩进和间距”标签如图 4.34 所示，在“间距”选项区的“行距”下拉列表框中选择所需的行距大小，在“段前”和“段后”两个微调框中设置段前间距和段后间距。

实例 5　输入如下文字：

本专业培养目标是计算机专业的技术应用型人才，他们应该掌握计算机软件、硬件及系统的基本理论、基本方法和基本技能。

要求复制三次，全文形成四段，将第一段右对齐；将第二段左、右各缩进 3 个字符，悬挂缩进 2 个字符；将第三段行间距设为 1.5 倍的行间距，段后间距 1 行；第四段首行缩进两个字符。

具体操作步骤如下：

(1)输入文字，输完后按 Enter，选中文字，单击常用工具栏的复制按钮，选择插入点，单击常用工具栏的粘贴按钮，重复三次，形成相同的四段文字。

(2)选中第一段文字，单击菜单“格式”→“段落”，打开段落对话框，单击对齐方式下拉列表框中的“右对齐”，单击确定按钮。

(3)选中第二段文字，单击菜单“格式”→“段落”，打开段落对话框，单击左、右缩进微调按钮 0 字符 ，调至“3 字符”，在特殊格式下拉列表框中选择“悬挂缩进”，单击确定按钮。

(4)选中第三段文字,单击菜单"格式"→"段落",打开段落对话框,单击段后间距微调按钮 0 行 ,调至"1 行",在行距下拉列表框中选择 1.5 倍的行距,单击确定按钮。

(5)选中第四段文字,单击菜单"格式"→"段落",打开段落对话框,在特殊格式下拉列表框中选择"首行缩进",单击确定按钮。

设置前的文档如图 4.36 所示,设置完成后的最终效果如图 4.37 所示,通过段落设置,文档的段落结构前后发生了明显的变化。

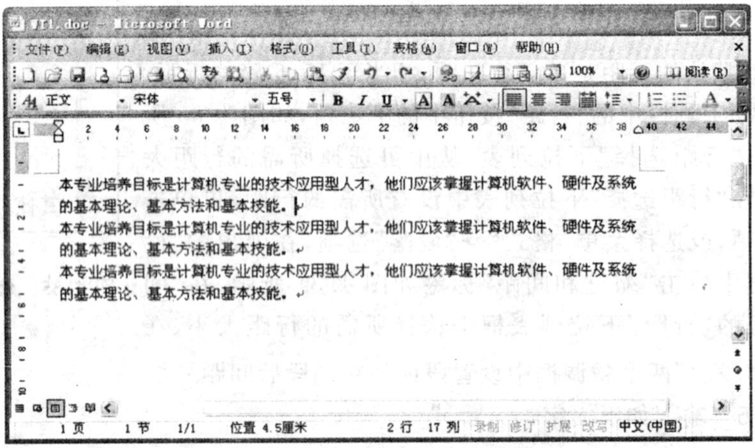

图 4.36 设置前的文档

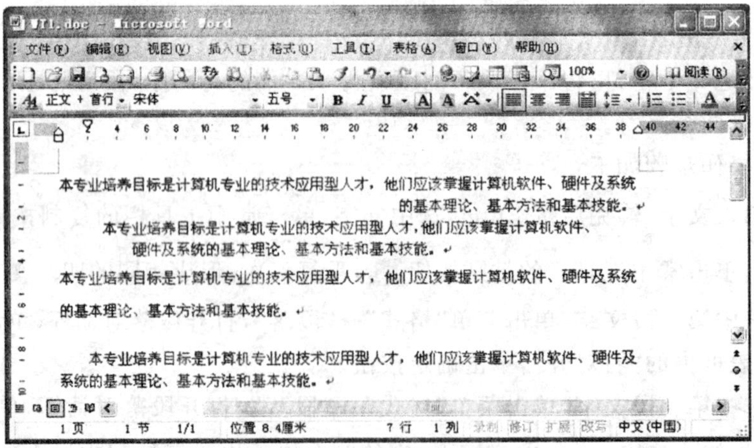

图 4.37 "段落"设置后的文档

4.3.3　项目符号和编号

根据文档的不同表述，为了更好地组织文档，使文档更有条理性，人们在编制文档时通常使用一些特定符号和编号，使文档层次更清晰、顺序分明，如图 4.38、图 4.39 所示。Word 为文字处理提供了项目符号和编号。

- 项目符号的作用。
- 项目编号的意义。
- 项目符号能体现文档的并列关系。
- 项目编号可以表述有先后关系的内容，更有层次感

图 4.38　项目符号

1. 项目符号的作用。
2. 项目编号的意义。
3. 项目符号能体现文档的并列关系。
4. 项目编号可以表述有先后关系的内容，更有层次感

图 4.39　项目编号

要使用项目符号和编号，应先选择要加项目符号或编号的内容，然后单击“格式”工具栏中的项目符号按钮或项目编号按钮。项目符号和编号的格式也可以修改，可单击菜单“格式”→“项目符号和编号”选项，打开项目符号和编号对话框进行设置，如图 4.40 所示。

实例 6　输入如下文字：

标尺：标尺分为水平和垂直标尺。

编辑区：编辑区是指水平标尺下方的空白区域。

滚动条：滚动条分为垂直滚动条和水平滚动条。

状态栏：状态栏用于显示页数、当前节等，进入某工作方式时，该标记显示为黑色。

要求将以上文字加上项目符号，项目符号为ⓘ符号。

具体操作步骤如下：

(1)输入文字。

(2)选中文字，单击菜单“格式”→“项目符号和编号”选项，打开项目符号和编号和编

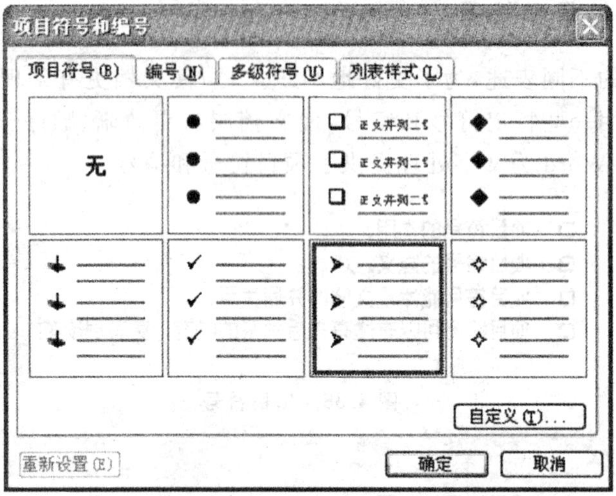

图 4.40 项目符号和编号对话框

号对话框,因为常规的项目符号中没有ⓘ符号,单击"自定义"按钮,弹出自定义项目符号列表对话框,如图 4.41 所示。

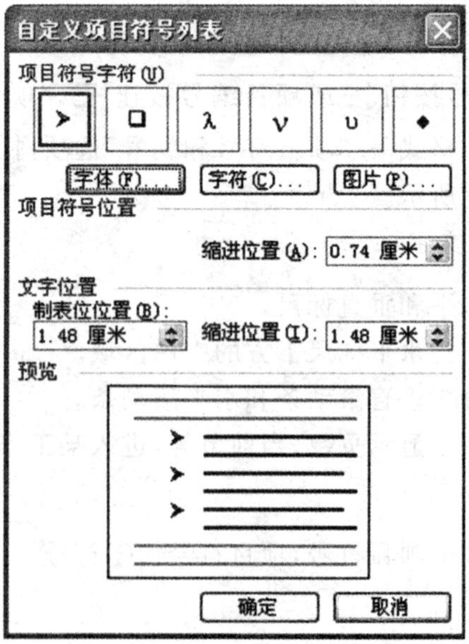

图 4.41 自定义项目符号列表

(3)单击“字符”按钮，弹出符号对话框，如图 4.42 所示。

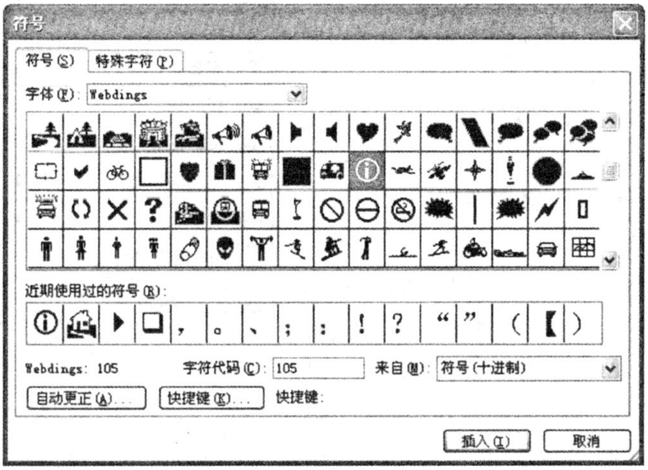

图 4.42　符号对话框

(4)找到要插入的项目符号，单击确定，完成项目符号的编辑。如图 4.43 所示。

- 标尺：标尺分为水平和垂直标尺。
- 编辑区：编辑区是指水平标尺下方的空白区域。
- 滚动条：滚动条分为垂直滚动条和水平滚动条。
- 状态栏：状态栏用于显示页数、当前节等，进入某工作方式时，该标记显示为黑色。

图 4.43　项目符号的编辑

4.3.4　图文混排

在 Word 2003 中，用户可以把图形对象与文字结合在一个版面上，实现图文混排，轻松地设计出图文并茂的文档。

1. 插入图片

插入图片在 Word 2003 中主要有三种方式，分别是手动绘制图片、插入剪贴库中的剪贴画、插入文件图片。

(1)手动绘制图片。只有在页面视图或打印预览方式显示时，才可以使用“绘图”工具栏中的工具绘制图形。具体操作步骤如下。

①选择“视图”→“工具栏”→“绘图”菜单，打开“绘图”工具栏。

②单击“绘图”工具栏中的直线、箭头、矩形、椭圆工具，或单击“自选图形”按钮，并从弹出的菜单中选择所需的图形类型，如图 4.44 所示。

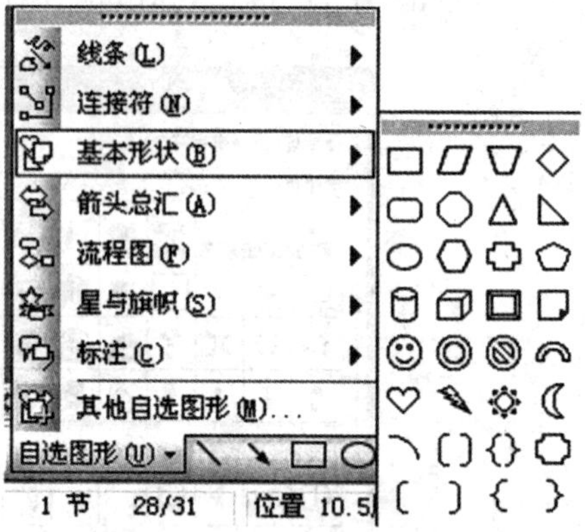

图 4.44 自选图形

③单击要插入图形的位置，即可按照默认设置插入一个图形，或单击拖动鼠标插入一个自定义尺寸的图形。其中，拖动鼠标时按住 Shift 键，可保持图形的宽、高比例不变，从而使图形不扭曲失真。要绘制对称图形，可在拖动时按住 Ctrl 键。绘制直线时，按住 Shift 键拖动鼠标，可限制此直线与水平线的夹角为 15°、30°、45°等。

用户还可在插入的图形中添加文字，可用鼠标右键单击需要添加文字的图形，并从弹出的快捷菜单中选择“添加文字”命令，即可在该图形中添加文字。在图形中添加文字后，用户可利用前面介绍的设置字符格式方法来设置图形中的文字。

(2)插入剪辑库中的剪贴画。在 Word 2003 的剪辑库中，提供了大量的剪贴画，例如有动物、食物、卡通等，用户可根据需要将其插入在文档中，以增加文档的可读性和趣味性。

在文档中插入剪贴画的操作步骤如下。

①将插入点移到需要插入剪贴画的位置。

②单击菜单“插入”→“图片”→“剪贴画”选项，打开“插入剪贴画”对话框。

③选择“图片”选项卡，并在下面的列表框中单击所需的类别，打开子集。

④在打开的子集中选择所需的图片后，会出现一个按钮式菜单。

⑤单击“插入剪辑”按钮，即可将选中的图片插入到文档中。

(3)插入图片文件。用户也可将位于其他程序文件中事先处理好的图片插入到 Word 文档中，如人物、动物、风景等图像文件。这些图像文件可以在本地磁盘上，也可以在网络驱动器或 Internet 上。

插入图片文件的操作步骤如下：

①将插入点移到要插入图片的位置。

②单击菜单“插入”→“图片”→“来自文件”菜单，打开如图 4.45 所示“插入图

片”对话框。

③在“查找范围”下拉列表框中选择图片文件所在的文件夹，然后在其列表框中选择所需的图片文件。

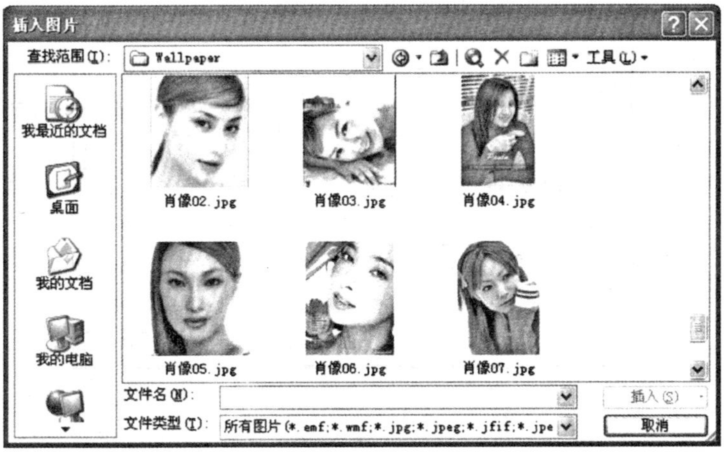

图 4.45　插入图片对话框

④单击“插入”按钮，将图片插入到文档中，同时关闭“插入图片”对话框。

2. 图文混排

在 Word 图文混排文档的编辑中，插入“来自文件”图片的操作占主要地位，本文将主要介绍插入图片的图文混排。图文混排的具体步骤如下：

(1)插入图片后单击图片，激活“图片”工具栏。如图 4.46 所示。

图 4.46　图片工具栏

(2)根据实际的需要，修改图片的大小，双击图片，弹出设置图片格式对话框，单击“大小”标签按钮，如图 4.47 所示，对图片进行缩放。

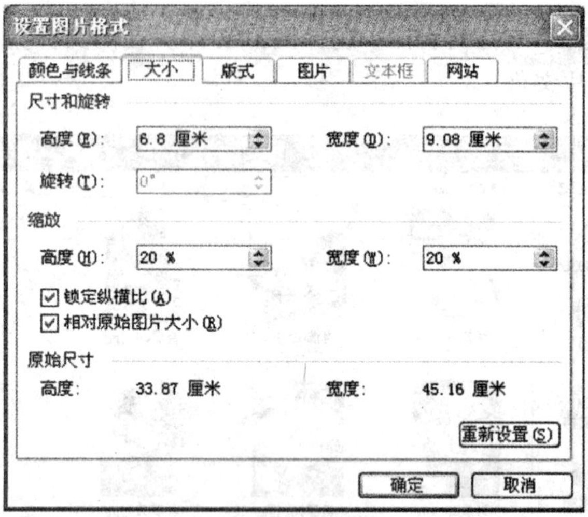

图 4.47　设置图片格式对话框

(3)根据需要编辑插入图片的尺寸，然后在“图片”工具栏中单击“文字环绕”按钮，从弹出的菜单中选择环绕类型，调整图片与周围文字的关系，如图 4.48 所示。

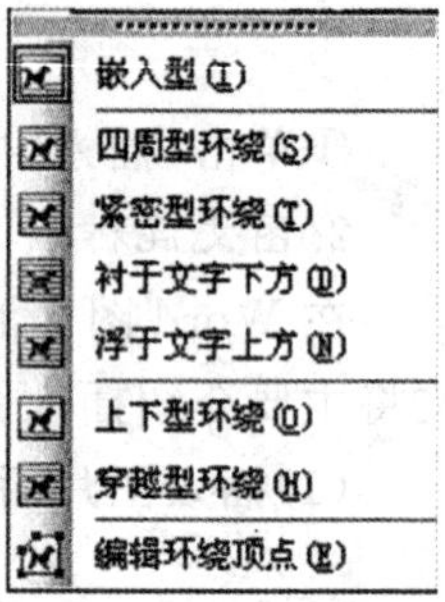

图 4.48　图片的各种环绕类型

(4)其他操作：

①设置透明效果，在“图片”工具栏中单击“设置透明色”按钮，在图片中的白色区域单击，将白色设置为透明色。

②增减亮度，在“图片”工具栏中单击“降低亮度”按钮或“增加亮度”按钮，图片将变亮或变暗。

③增减对比度，在“图片”工具栏中单击“增加对比度”按钮或“降低对比度”按钮，图片的对比度将增大和减小。图片工具栏，还有一些其他选项，因使用较少，在此略过，感兴趣的读者可参考其他相关图书。

实例 7　随意输入一些文字，插入图片文件，要求将图片大小设置成原图的 60%，文字环绕类型为“四周型环绕”。

具体操作步骤如下：

(1)输入文字。

(2)在需要插入图片的位置指定插入点。

(3)单击菜单“插入”→“图片”→“来自文件”菜单，打开如图 4.43 所示“插入图片”对话框，插入图片，如图 4.49 所示。

图 4.49　文档中插入图片

(4)双击图片，弹出设置图片格式对话框，如图 4.47 所示，对图片进行缩放，缩放比例输入 60%，缩小图形。

(5)选择图片，单击图片工具栏上的文字环绕按钮，文字环绕类型选择“四周型环绕”，设置后如图 4.50 所示。

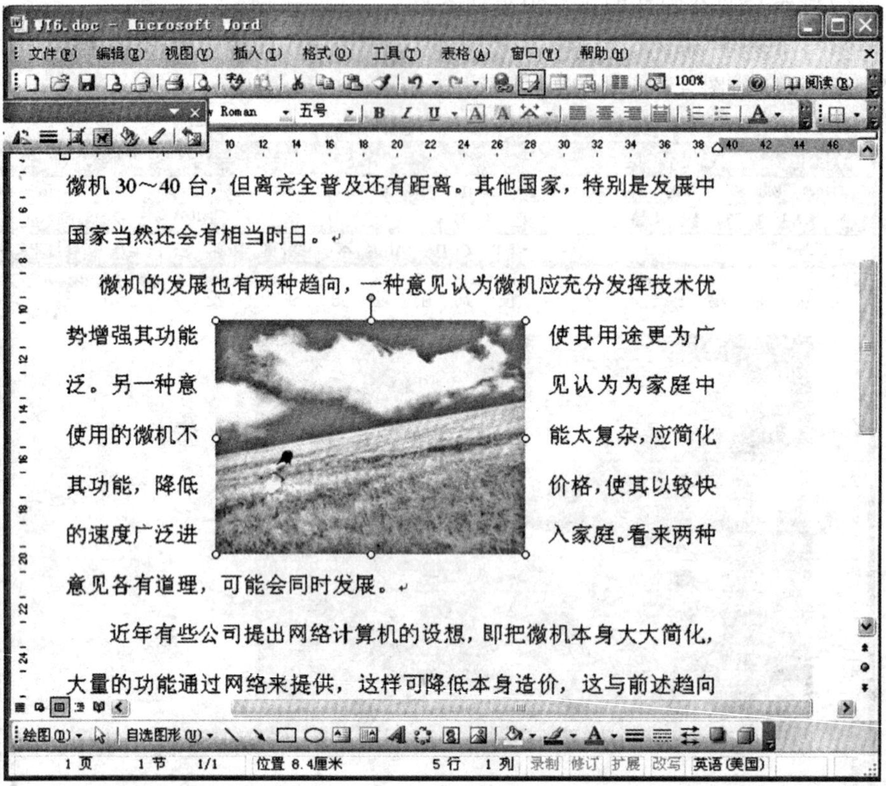

图 4.50　图片被文字环绕

4.3.5　边框和底纹

为了使文档更美观，可以对文字、段落、页面或整个文本设置边框和底纹。

单击菜单“格式”→“边框和底纹”选项，弹出“边框和底纹”对话框，如图 4.51 所示。该对话框中有“边框”、“页面边框”、“底纹”三个选项卡。

下面以“边框”的设置为例进行介绍。设置边框的具体步骤为：

(1)选中要添加边框的文本。

(2)在“边框和底纹”对话框中选择“边框”选项卡，分别在“设置”、“线型”、“颜色”、“宽度”、“应用于”等区域或下拉列表框进行设置。

(3)单击“确定”按钮。

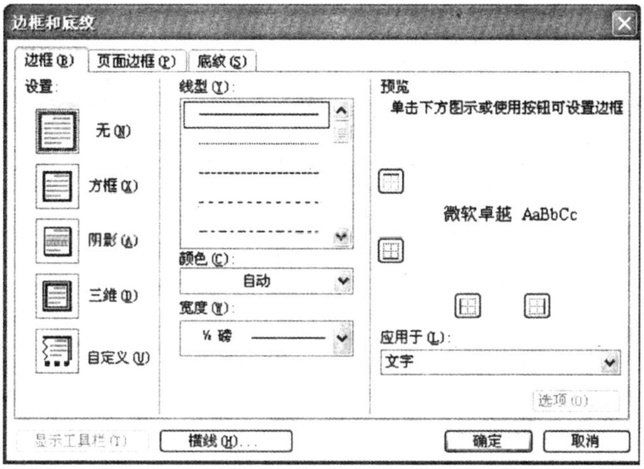

图 4.51　边框和底纹对话框

实例 8　输入"计算机改变生活"，将其字号设置成"三号"字，加上双实线阴影蓝色边框，其他缺省设置。

具体操作步骤如下：

(1)输入文字。

(2)选中输入的文字，单击菜单"格式"→"边框和底纹"选项，打开"边框和底纹"对话框，如图 4.51 所示。

(3)单击设置中的"阴影"，线型中的双实线，单击颜色下拉列表，选择三行一列，即红色，最后单击确定按钮。完成边框的添加，如图 4.52 所示。

图 4.52　添加边框的效果

技巧：添加边框时选择文字时要注意，是否选择了文字后的回车符号，与添加后的效果不同，如果选择了文字后的回车符号，边框设置将把整行添加上边框，如图 4.53 所示。

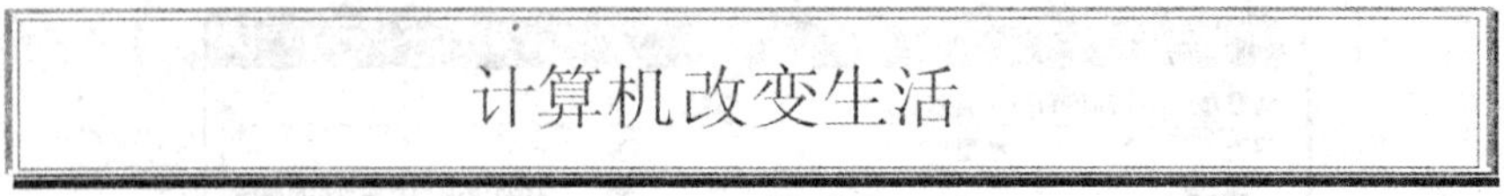

图 4.53 选择了回车符号后的边框效果

4.3.6 页眉和页脚

页眉和页脚是指在文档页的顶端和底端重复出现的信息，如单位名称、日期、页码等。

设置页眉和页脚的步骤为：

(1)单击菜单“视图”→“页眉和页脚”选项，这时 Word 将自动转换到页面视图模式，在页面上出现一个用虚线表明的“页眉”区和“页脚”区，同时显示“页眉和页脚”工具栏，如图 4.54 所示，并且插入点落在了“页眉”区，正文变灰。

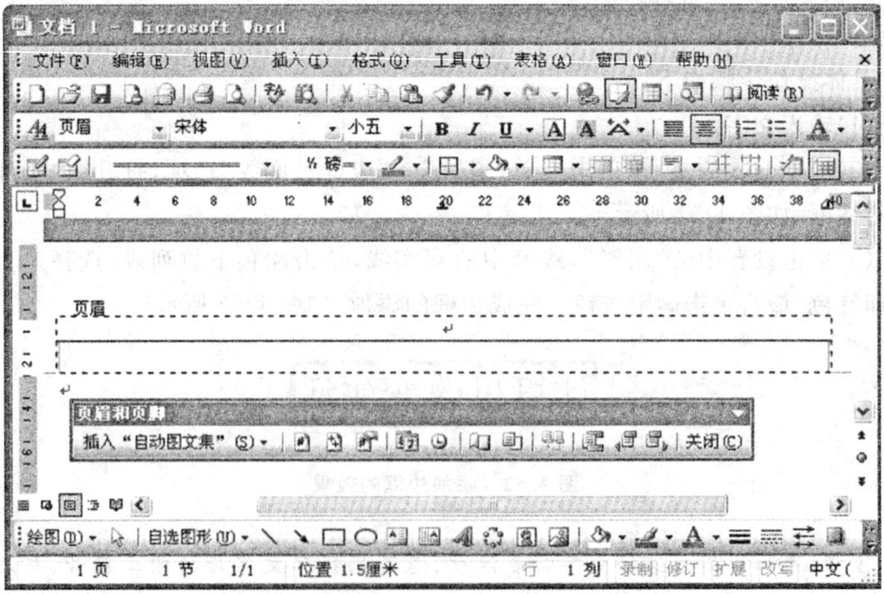

图 4.54 插入页眉和页脚

(2)在“页眉”区输入文字或图形，也可单击“页眉和页脚”工具栏上的“插入自动图文集”按钮插入页码、作者、文件名日期或时间。

(3)单击“页眉和页脚”工具栏上的“在页眉和页脚间切换”按钮，可将插入点移动到“页脚”区，继续编辑页脚。

(4)设置完成后，单击“页眉和页脚”工具栏上的“关闭”按钮，返回正文。

根据需要可以创建特殊的页眉和页脚，如创建首页不同的页眉或页脚、创建奇偶页不同的页眉或页脚等，这些都可以通过单击“页眉和页脚”工具栏上的“页面设置”按钮，在弹出的“页面设置”对话框中的“版式”选项卡下进行设置，图 4.55 所示。

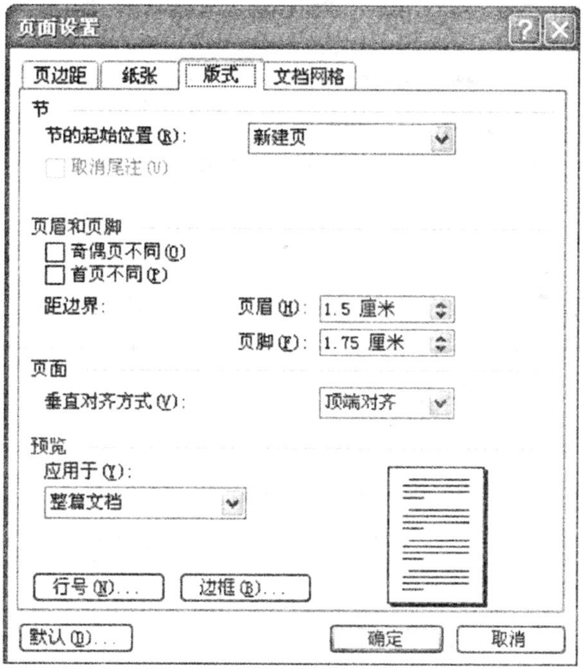

图 4.55　版式中页眉和页脚的设置

实例 9　将文档插入页脚，要求在页脚中输入“农产品调查”，并且有页码和页数，形式为“第 X 页，共 Y 页”，将所有内容水平居中。

具体步骤如下：

(1)单击菜单“视图”→“页眉和页脚”选项，单击页码和页脚工具栏上的页眉和页脚切换按钮，切换到页脚。

(2)输入“农产品调查”和“第页,共页”。

(3)将光标插入到“第”的后面,单击页码和页脚工具栏上的插入页码按钮,同理单击插入页数按钮,在“共”的后面插入页数。单击格式工具栏中的居中按钮,设置居中,单击页眉和页脚的关闭按钮,完成操作,如图 4.56 所示。

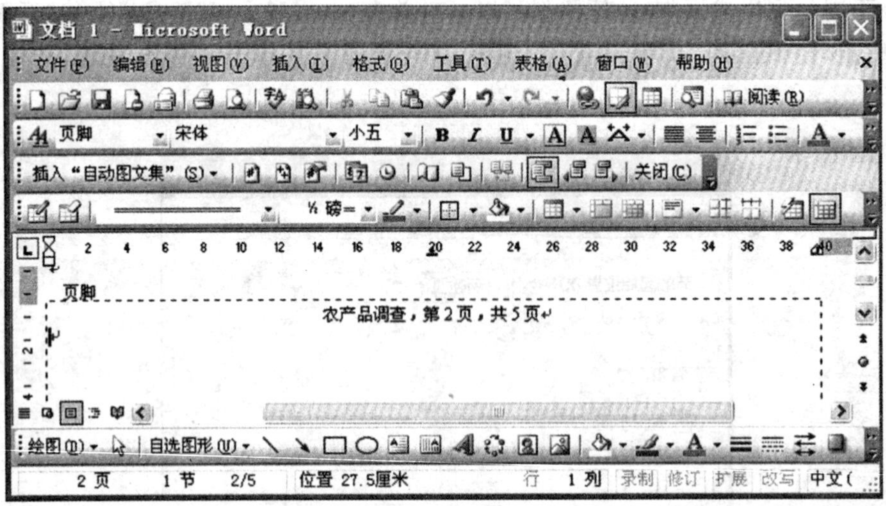

图 4.56 插入页脚后的文档

说明:页眉和页脚只有在页面视图模式下才能显示,页眉和页脚不需要每页都设置,一旦设置了页眉或页脚,通常所有的文档页都将被统一设置,除非对页眉和页脚进行了特殊的设置。

4.3.7 页面设置

单用户编辑好了文档,如果需要打印文档,这时要做的工作就是进行页面设置,主要包括页边距和纸张的设置。

(1)设置页边距,单击菜单“文件”→“页面设置”选项,弹出页面设置对话框,如图 4.57 所示,页边距主要包括:

①页边距:调整正文距打印纸张上、下、左、右的距离,以厘米为单位。

②方向:方向指正文打印时,内容在纸张上是纵向还是横向放置。

(2)单击页面设置对话框中的“纸张”标签按钮,打开纸张设置内容,如图 4.58

所示。主要设置为纸张大小，常用的纸张类型有 A4、B5 和 A3 等，单击纸张大小下拉按钮可选择。

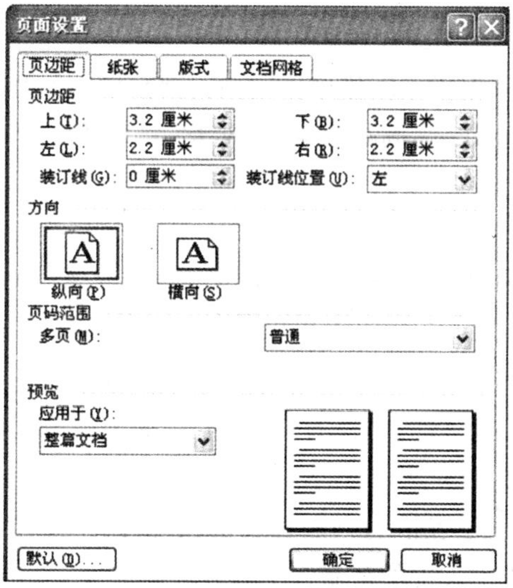

图 4.57　页面设置对话框中的页边距

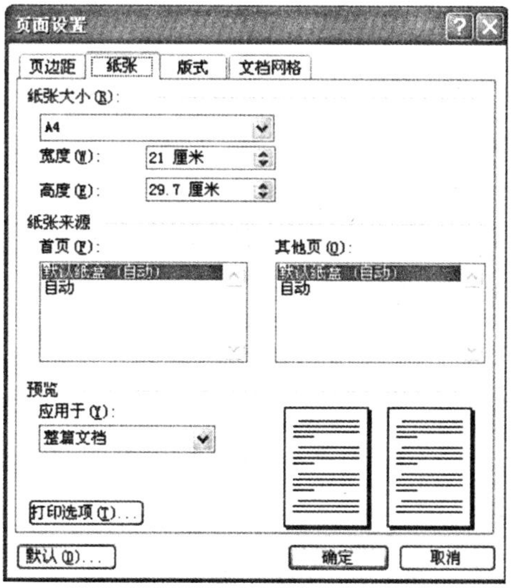

图 4.58　页面设置对话框中的纸张

4.4 表格编辑

在文字处理中，表格的应用十分广泛，如日程表、生产统计表、档案表、调查表等等。利用 Word 2003 提供的绘制表格功能，能轻松的制作各种表格，Word 还能对表格进行简单的统计处理，例如求和、求平均、排序等。

4.4.1 表格的创建

表格是由水平线和垂直线相交组成的一种文本格式，水平方向称为行，垂直方向称为列，而行和列组成的方格，称为单元格。在单元格内输入文本内容，单元格内的文本内容的编辑与文本窗口中编辑文档的方法相同，在本节中不再赘述，本节主要讲解表格的制作。表格的创建有多种方法，本节讲解其中最常用的两种方法。

1. 使用工具栏按钮创建表格

使用工具栏按钮创建表格的方法直观快速，具体步骤如下：

(1)移动光标到插入表格的位置。

(2)单击“常用”工具栏上的“插入表格”按钮。

(3)按住鼠标左键并拖动鼠标，拉出一个变黑的表格，此时方框在行列的方向上变化，其下方的行列数也相应地变化，如图 4.59 所示。

(4)释放鼠标左键，表格插入到文档中，创建了两行四列的表格，如图 4.60 所示。

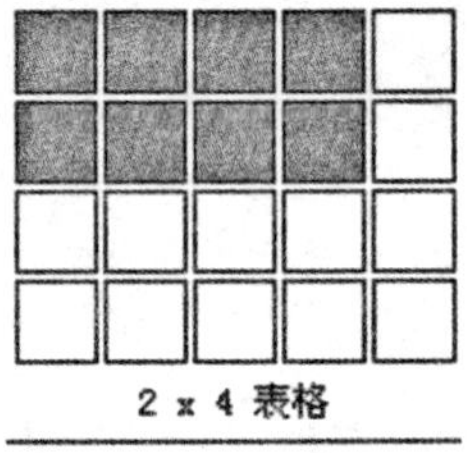

图 4.59 插入表格按钮创建表格

2. 使用工具栏按钮创建表格

用“插入表格”按钮建立表格虽然方便，但由于屏幕的宽度和高度有限，当拖动到一定的位置就不能再拖动了，所以用“插入表格”按钮无法建立行数或列数较多的表格。用

图 4.60 插入 2 行 4 列的表格

“插入表格”命令建立表格不受表格行、列数的限制，而且可以同时设置表格的列宽，具有更强的适应性，因此是最常用的建立表格的方法。具体操作步骤如下：

(1)将插入点移到要建立表格的位置。

(2)单击菜单“表格”→“插入”→“表格”选项，打开“插入表格”对话框，如图 4.61 所示。

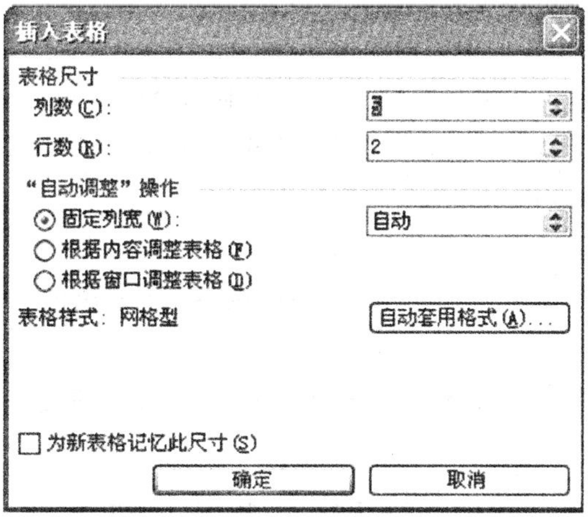

图 4.61　插入表格对话框

(3)在“列数”和“行数”编辑框中输入或选择表格的列数和行数。

(4)其他内容的设置为：

①选中“固定列宽”，并选择“自动”或选中“根据窗口调整表格”，则表格的宽度将与正文区宽度相同，列宽等于正文区宽度除以列数。

②选中“固定列宽”，并给列宽指定一个确切的值，Word 将按指定的列宽建立表格。

③选中“根据内容调整表格”，表格列宽将随每一列输入的内容多少而自动调整。

④如果选中“为新表格记忆此尺寸”复选框，此时对话框中的设置将成为以后新建表格的默认值。

⑤要使用内置的表格格式，可单击“自动套用格式”按钮。

(5)单击确定按钮，完成插入表格的操作。

4.4.2 表格的编辑

在实际工作中，有时需要设计一些复杂的表格，此时可通过调整单元格的宽度和高度，增加新的单元格，插入行或列，删除多余的单元格、行或列，合并或拆分单元格来完成。

1. 表格及行、列、单元格选取

要修改表格，首先要选中要修改的表格。在文档中选中文本的方法同样适用于选定表格中的内容。用鼠标拖动可以随意地选择一个单元格或多个单元格，甚至整个表格中的文字、段落。如果要对表格中的单元格或行(列)进行修改，则应选中相应的单元格或行(列)。

如果希望利用菜单选取表格或表格中的区域，应首先将插入点移到要选取的单元格中，然后选择“表格”菜单中的“选择”命令，从弹出的子菜单中选择适当的选项。

此外，Word 还提供了多种在表格中直接进行选取的方法，这些方法如表 4-1 所示。

表 4-1 表格及行、列、单元格选取方法

选择区域	操作方法
选中当前单元格	移动鼠标到单元格左边界与第一个字符之间，待指针变成⬆形状后，单击鼠标左键可选中该单元格，双击则选中该单元格所在的一整行
选中一整行	按住 Alt 键，同时单击该行中的任何位置，或将鼠标移到该行首部，待指针变成⇧形状后，单击鼠标左键
选中一整列	按住 Alt 键，同时单击该列中的任何位置，或将鼠标移到该列顶端，待指针变成⬇形状后，单击鼠标左键
选中多个单元格	单击要选择的第一个单元格，将鼠标的“I”型指针移至要选择的最后一个单元格，按下 Shift 键，同时单击鼠标左键
选中整个表格	按住 Alt 键的同时双击表格内的任何位置，或单击表格左上角的✥符号，都可以选中整个表格

2. 插入行或列

在 Word 中可以一次插入一行或一列，也可以同时插入几行或几列，其操作步骤如下：

(1)将光标置入要插入新行的位置。

(2)单击菜单"表格"→"插入"打开插入子菜单,如图 4.62 所示。

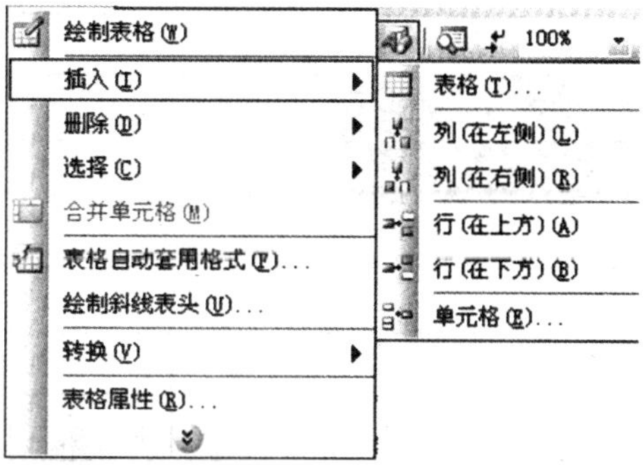

图 4.62　插入行(列)菜单

(3)根据需要选择相应的选项,如"(行)在上方"表示在光标所在行的上方插入一行。

说明:插入列的方法与插入行的方法类似,此处不再赘述。

3. 删除行或列

要删除表格中的行或列,可按如下步骤进行。

(1)将光标置入要删除行的位置。

(2)单击菜单"表格"→"删除",打开删除子菜单,如图 4.63 所示。

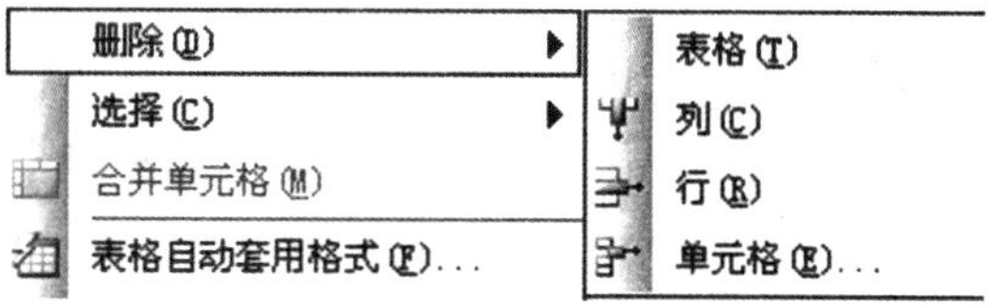

图 4.63　删除行(列)子菜单

(3)根据需要选择相应的选项,如"行"表示删除光标所在的行。

说明:删除列的方法与删除行的方法类似,此处不再赘述。

4. 合并和拆分单元格

用户可以将表格中的某一行或某一列中的多个单元格合并为一个单元格,也可以将选中的单元格拆分成等宽的多个单元格。

要将多个单元格合并为一个单元格,首先选中要进行合并的单元格,然后选择"表格"→"合并单元格"菜单,即可将选中的单元格合并为一个单元格,如图 4.64

所示。

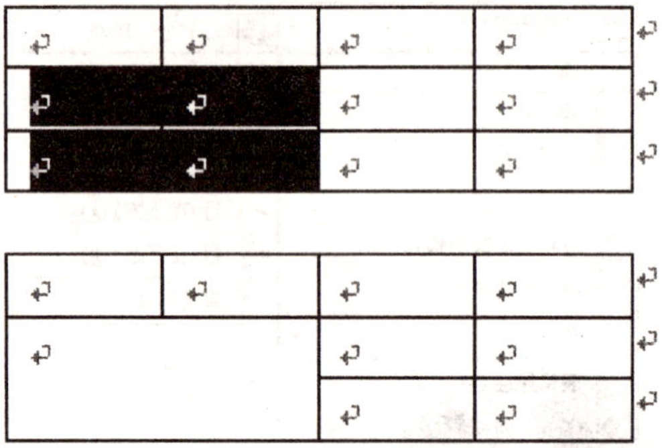

图 4.64　合并单元格

注意：如果表格内有文字内容，合并后各个单元格内的文字将显示在合并后的单元格中。

要将一个单元格拆分为几个单元格，可按如下步骤进行：

(1)将光标置入到要拆分的单元格中，或选中要拆分的单元格。

(2)选择“表格”→“拆分单元格”菜单，打开“拆分单元格”对话框，如图 4.65 所示。

(3)在“列数”和“行数”编辑框中分别输入或选择要拆分的列数和行数。

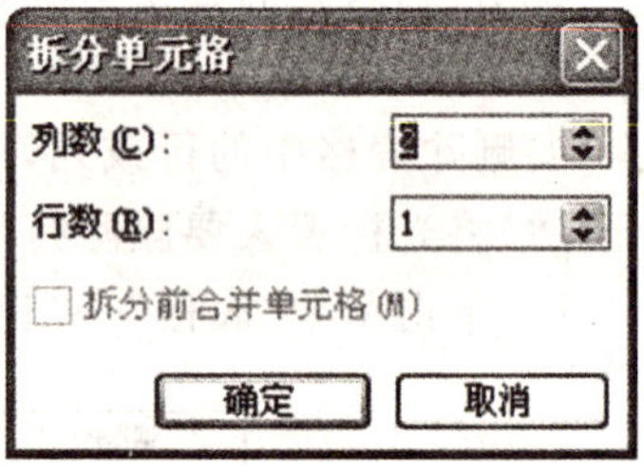

图 4.65　拆分单元格对话框

(4)单击“确定”按钮，即可将选中的单元格按设置的行、列数拆分为多个等宽的小单元格，如图 4.66 所示。

技巧：对两个以上单元格拆分，如果选中“拆分前合并单元格”复选框，Word 会首先将所有选中的单元格合并成一个单元格，然后再按指定的行、列数进行拆分。否则，Word 将对选中的每一个单元格按指定的列数进行拆分。如果用户选中的单元格中包含数据，选中“拆分前合并单元格”复选框时要慎重，否则会出现数据混乱现象。

5.改变表格的列宽或行高

在 Word 中，虽然不同的行可以有不同的高度，但一行中的所有单元格必须具有相同的高度。因此改变某一个单元格的高度实际上是改变该单元格所在行的高度。

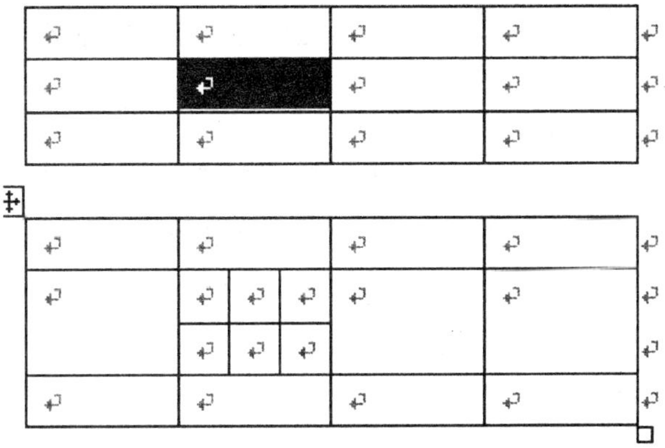

图 4.66　拆分单元格

改变表格的列宽或行高的方法有以下几种。

(1)利用鼠标手工拖动的方法改变列宽或行高。将光标移到要改变列宽或行高的边框线上,此时鼠标指针将变成或形状,按住鼠标左键左右或上下拖动边框线,即可改变该列的列宽或该行的行高。如果在拖动时按下 Alt 键,还可看到调整过程中列宽或行高尺寸的变化。

(2)利用“表格”菜单中的“表格属性”选项,可以精确设置表格的列宽或行高。首先选中要编辑的对象,例如选中某列,然后选择“表格”→“表格属性”菜单,打开“表格属性”对话框,在该对话框中选择“列”选项卡,如图 4.67 所示。在“列”选项卡中选中“指定宽度”复选框,并在后面的编辑框中输入或选择宽度值,然后单击“确定”按钮,即可改变选中列的列宽。

此外,要使表格中的列根据内容自动调整宽度,可以选择“表格”→“自动调整”→“根据内容调整表格”菜单。若想平均分布表格中多行或多列的尺寸,可先选定要平均分布的行或列,然后选择“表格”→“自动调整”→“平均分布各行”或“平均分布各列”菜单。

6. 调整单元格中文字的对齐方式

默认情况下,Word 根据单元格的左上方对齐表格中的文字,用户可以更改单元格中文字的对齐方式。单元格中文字的对齐方式有水平对齐和垂直对齐两种。水平对齐有两端对齐、居中对齐和右对齐,垂直对齐有顶端对齐、居中对齐和底端对齐。要更改单元格中文字的对齐方式,首先要根据更改的范围选定单元格或整个表格,然后单击鼠标右键,从弹出的快捷菜单中选择“单元格对齐方式”命令,再

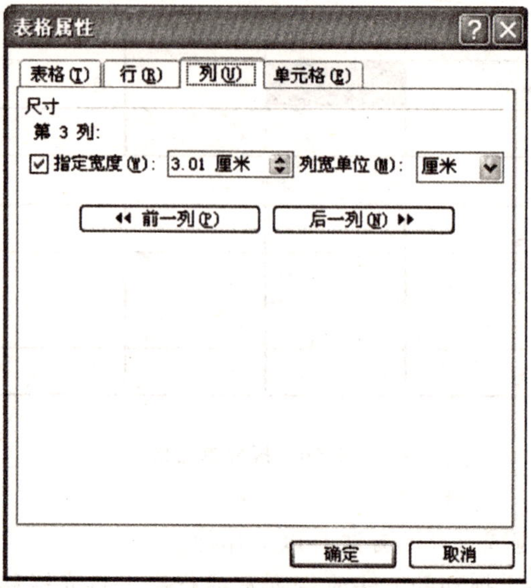

图 4.67 表格属性对话框

在对齐方式列表框中选择合适的选项即可。

此外，利用“表格属性”对话框中的“单元格”选项卡，也可以设置单元格中文字的垂直对齐方式。

实例 10 绘制表格，如图 4.68 所示，单元格宽度为 2 cm。

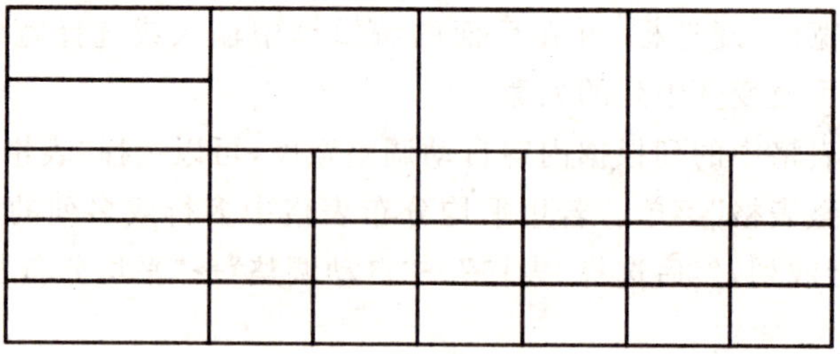

图 4.68 实例 10 表格

具体操作步骤如下：

(1)单击菜单“表格”→“插入”→“表格”，设置 4 行 4 列表格，宽度设置为 2 厘米，如图 4.69 所示。

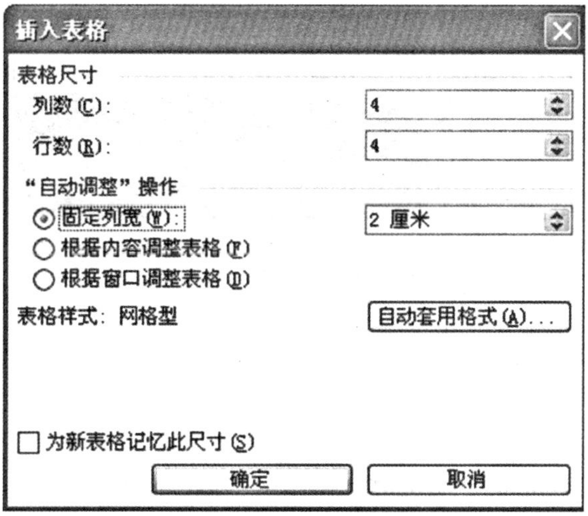

图 4.69　插入表格设置

(2)将光标置入第一个单元格,选择"表格"菜单中的"拆分单元格",设置成列数 1 行数 2,如图 4.70 所示。

(3)选中第 2 列第 2 行后的所有表格,如图 4.71 所示。

(4)选择"表格"菜单中的"拆分单元格",设置成列数 6 行数 3,选中"拆分前合并单元格"复选框,单击确定完成整个表格的绘制。

图 4.70　拆分单元格设置

*4.4.3　表格的数据计算

利用表格的计算功能,还可以对表格中的数据执行一些简单的运算,并可以方便、快捷地得到计算结果。例如求和、平均值、最大值等。

在表格中,可以通过输入带有加、减、乘、除(+、-、*、/)等运算符的公式进行计算,也可以使用 Word 附带的函数进行较为复杂的计算。在表格中,计算都以单元格或区域为单位进行的,为了方便在单元格之间进行运算,Word 中用英文字母"A,B,C…,"从左至右表示列,用正整数"1,2,3…"自上而下表示行,每一个单元格的名字则由它所在的行和列的编号组合而成的,如"C2"表示位于表格第二行与第二列交叉处的单元格。

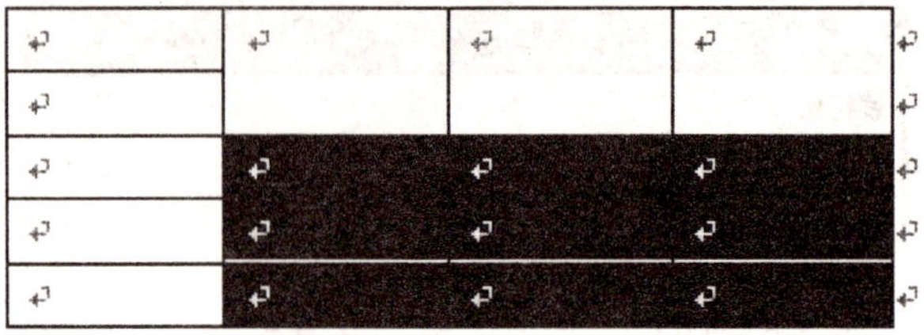

图 4.71 选中多个单元格

在 Word 中，可以对表格中的数字型数据进行计算，并填入表格中，其操作步骤如下。

(1)将插入点移入要放置结果的单元格中。

(2)选择“表格”→“公式”，打开“公式”对话框，如图 4.72 所示。

(3)如果不想用 Word 建议的公式，可在“公式”编辑框中删除该公式，然后在该编辑框中输入公式。例如，想求出 B2:B8(B2 到 B8 之间的所有单元格)单元格的平均值，可在该编辑框中输入“=AVERAGE(B2:B8)”。当然，也可以先在“公式”编辑框中输入一个等号，然后从“粘贴函数”下拉列表框中选择一个函数名，该函数名就会出现在“公式”编辑框中。

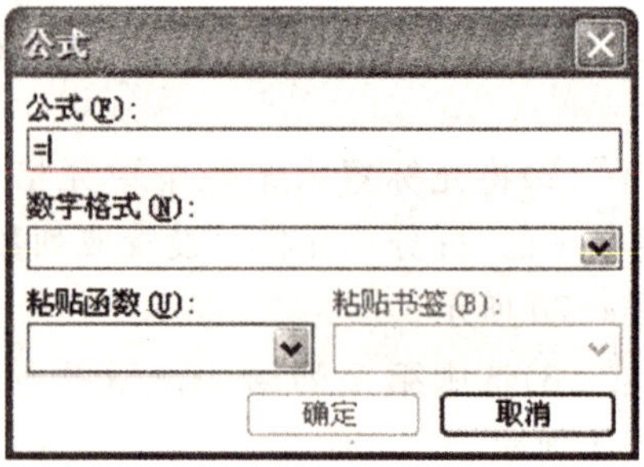

图 4.72 公式对话框

(4)如果要设置计算结果的数字格式，可在“数字格式”下拉列表框中选择所需的数字格式。

(5)单击“确定”按钮，即可在插入点得到计算的结果。

注意：如果所选单元格位于数字底部，Word 会建议用“=SUM(ABOVE)”公式，表示对该插入点上方的所有单元格中的数值进行求和；如果所选单元格位于所选行右边，Word 会建议用“=SUM(LEFT)”公式，表示对插入点左侧的所有单元格中的数值进行求和。

习　　题

1. 输入下列文字，并将全文字体设置成宋体，字号设置成五号，对“计算机”字符串的字体格式设置成加粗、倾斜和下划线，并以 WD1. doc 为文件名保存。

顾名思义，计算机是用来帮助人们计算的机器，也可以说，这是当初人们发明它的目的。这种机器随着人类社会的发展而出现并发展起来，从广义上来说，根据机器处理的对象不同，计算机可分为模拟式计算机、数字计算机以及模拟数字混合式计算机。

2. 输入下列文字，段落设置为左缩进 2 厘米、右缩进-0.4 厘米、首行缩进 2 厘米，按右对齐的格式进行排版，并以 WD2. doc 为文件名保存。

20 世纪三四十年代，计算机的研究发展进入了新的时期，即由过去采用的机电技术发展为采用电子技术，计算机科学的理论也有了突破性的进展。

3. 输入下列文字，按要求完成下列操作：第一段设置为小四号仿宋_GB2312 字体，左对齐；第二段设置为四号黑体、加粗、右对齐，存储为文件 WD3. doc。

新能源技术有太阳能技术、生物能技术、潮汐能技术、地热能技术、风能技术、氢能技术和受控热核聚变技术等多种。

新能源技术有太阳能技术、生物能技术、潮汐能技术、地热能技术、风能技术、氢能技术和受控热核聚变技术等多种。

4. 制作 3 行 4 列表格，列宽 3 厘米，行高 0.8 厘米。再做如下修改：均分第 1 列第 2、3 行单元格，并存储为文件 WD4. doc。

表 4-2　习题 4

<table>
<tr><td colspan="3"></td><td></td><td></td><td></td></tr>
<tr><td></td><td></td><td></td><td></td><td></td><td></td></tr>
<tr><td></td><td></td><td></td><td></td><td></td><td></td></tr>
</table>

5. 按要求完成下列操作：

(1)新建文档，输入文本，将标题设置为四号仿宋_GB2312 字体，加粗、居中。正文部分每句一段，设置为三号楷体_GB2312，文字倾斜，居中，存储为文件

WD5A. doc。

(2)新建文档,复制 WD5A. doc 的内容。将正文部分的倾斜撤消,正文第一段文字加下划线(单线),第二段文字设置字符边框,第三段文字加红色字符底纹,第四段文字设置为空心,存储为文件 WD5B. doc。

静夜思

床前明月光,疑是地上霜。举头望明月,低头思故乡。

6. 制作页眉,输入如下内容,要求居中显示,存储文件为 WD6. doc。

天城乡人民政府发文,第 X 页,日期:XXXX. XX. XX

7. 制作如下表格,完成操作。

表 4-3 习题 7

职工号	单位	姓名	基本工资	职务工资	岗位津贴
1031	销售一部	程东	800	200	150
2021	销售二部	林成国	750	200	250
3074	销售三部	王建平	850	200	350
1058	销售四部	江明	900	300	450

在表格最后一列的右边插入一列,列标题为"总计",计算各职工的工资总和,存储为文档 WD7. doc。

8. (1)按下列格式输入下列文字,并将字体设置成宋体、字号设置成五号字,以 WD8A. doc 为文件名保存。

高清晰度电视和显示器——是一种民用的清晰度更高的电视,图像质量可与电影媲美,音质接近激光唱片。

(2)将上面文件(WD8A. doc)的内容复制 4 次到一个新文件中,并按照居中格式排版。以 WD8B. doc 为文件名保存。

(3)按下列格式设置一个行高 0.8 厘米、列宽 2.5 厘米的表格,并在表格内输入相应的数字(要求使用半角字符),将其字体设置成宋体,字号设置成五号字,并求出表格中的合计填入相应的单元格中。以 WD8C. doc 为文件名保存。

表 4-4　习题 8

周一	周二	周三	周四	周五	合计
61.5	81.6	71.5	72.8	90.1	377.5
77.2	62.5	82.6	82.5	79.5	384.3

第 5 章　电子表格处理软件 Excel

电子表格处理软件 Excel 现在已成为人们日常办公的工具，对表格数据具有强大处理能力，其常用性仅排在 Word 之后。本章主要介绍 Excel 中数据的输入与编辑，公式及函数的使用，图表及 Excel 的数据库功能。

5.1　Excel 概述

Excel 是 Microsoft 公司出品的 office 办公系列软件的重要组成之一，Excel 常称为电子表格，主要是以表格的方式来完成数据的输入、计算、分析、制表、统计，并能生成各种统计图形，Excel 是一个功能强大的电子表格应用软件，数据处理系统和报表制作工具。

5.1.1　认识 Excel

我们通过学习 Excel 的窗口界面，来学习其主要的功能，对 Excel 软件有个初步的了解。

1. Excel 2003 的启动和退出

(1)Excel 的启动

Excel 的启动方法很多，常用以下两种方法：

①单击“开始”按钮→“程序”菜单→“Microsoft Office”菜单→“Microsoft Office Excel 2003”选项。

②用工作簿文件（带 xls 后缀）启动，双击已有工作簿文件。

(2)Excel 的退出

两种常用的退出方法：

①单击“文件”菜单→“退出”选项。

②单击 Excel 2003 窗口右上角的“关闭”按钮。

2. Excel 2003 的窗口

由图 5.1 我们可以看到，Microsoft Excel 窗口环境与 Word 类似，也有标题栏、菜单栏、工具栏（常用工具栏、格式工具栏）、工作区、滚动条和状态栏，除此以外还包括编辑栏和工作表标签。

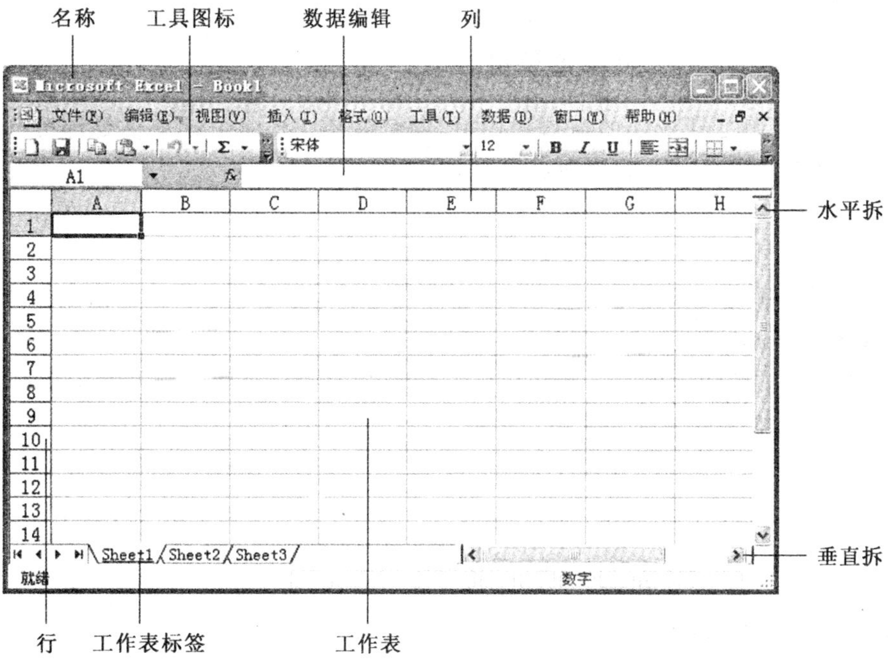

图 5.1　Excel 2003 的窗口

1. 编辑栏

(1)名称框:也可称作活动单元格地址框,用来显示当前活动单元格的位置。还可以利用名称框对单元格或区域进行命名,使操作更加简单。

(2)工具图标按钮:插入函数按钮“fx”,需要在单元格中输入函数时,点此按钮,调出“插入函数”对话框。当在工作表中输入或编辑数据时,显示取消按钮“☒”和输入按钮“☑”。单击取消按钮“☒”取消刚才的数据输入或编辑工作,单击输入按钮“☑”确认输入或编辑操作。

(3)数据编辑框:用来显示和编辑活动单元格中的数据和公式。选中某单元格后,就可以在编辑栏中对该单元格输入或编辑数据。

2. 工作表标签

工作表标签用于标识当前的工作表的位置和工作表名称。Excel 默认显示 3 个工作表标签,当工作表数量很多时,可以使用其左侧的浏览钮来查看。

3. 工作表区域

工作表区域占据屏幕面积最大,是用以记录数据的区域,所有数据都存放在这个区域中。

5.1.2 工作簿、工作表和单元格

在我们了解了 Excel 的窗口界面后，我们知道 Excel 中三个重要部分：工作簿、工作表和单元格。下面分别对它们进行介绍。

1. 工作簿

Excel 文档称为工作簿文件，由工作表和单元格组成。

(1)工作簿：首次启动 Excel 之后，它都会自动地创建一个新的空白工作簿，其默认名称是“Book1. xls”。

(2)工作簿的组成：Excel 提供的工作簿就像日常工作的文件夹，里面可以夹一张或若干张表格。即 Excel 的工作簿是由一张或若干张表格组成，每一张表格称为一个工作表。Excel 系统将每一个工作簿作为一个文件保存起来，其扩展名为 XLS。

2. 工作表

(1)工作表：一个工作簿是由若干张工作表组成，系统默认由 3 个工作表组成，工作表的默认名称是 Sheet1、Sheet2、Sheet3，用户可以根据需要增加或减少工作表的个数。

(2)工作表标签：在一个工作簿中所包含的工作表都以标签的形式排列在工作簿的底部，当需要进行工作表切换的时候，只要用鼠标单击相应的工作表名称即可。

(3)工作表的工作区：Excel 工作表是由行和列组成的一张表格。行用数字来表示，列用英文字母表示，称为行号、列标(也可称为列号)。列标开始用一个英文字母 A、B、C…表示，超过 26 列时用两个字母 AA、AB、…、AZ、BA、BB、…表示，一个工作表最多可以有 65536 行，256 列。

(4)当前工作表：当前正在使用的工作表为当前工作表，当前工作表的标签背景为白色，其他非当前工作表的背景为灰色。

(5)选定工作表：用鼠标单击工作表标签，即选定该工作表。

3. 单元格

(1)单元格：在工作表中，由行和列交叉的区域称为单元格。

(2)单元格的命名：是由它所在的列标和行号组成。单元格名列标在前，行号在后。例如 D 列 7 行交叉处的单元格名为 D7；A8 为第 8 行第 A 列交叉处的单元格。在引用单元格时(如公式中)，就必须使用单元格的引用地址。如果在不同工作表中引用单元格，为了加以区分，通常在单元格地址前加工作表名称，例如

Sheet3！E7 表示 Sheet3 工作表的 E7 单元格。如果在不同的工作簿之间引用单元格，则在单元格地址前加相应的工作簿和工作表名称，例如，[Book3]Sheet2！C3 表示 Book3 工作簿 Sheet2 工作表中的 C3 单元格。

(3)当前单元格：即当前正在使用的单元格，用鼠标单击某一单元格时，此单元格呈现黑色粗框，即为当前单元格，可对此单元格的数据进行操作。

说明：工作簿作为一个文档保存在磁盘中，工作表不是文档，只作为工作簿的组成部分而存在，工作表中的数据存储在单元格中，所以工作簿包含工作表，工作表包含单元格。

5.1.3 创建、保存和打开工作簿

对于以表格方式存在的数据，我们都可以建立工作簿文档进行保存，下面对如何创建、保存和打开工作簿文件进行介绍。

1. 建立新工作簿文件

Excel 启动后，会自动建立一个名为“book1”的空工作簿，并预置三张工作表(分别命名为 Sheet1、Sheet2、Sheet3)，其中将 Sheet1 置为当前工作表。

2. 保存工作簿文件

(1)单击“文件”→“保存”选项。

(2)单击“常用”工具栏上的“保存”按钮。如果是第一次保存工作簿，系统弹出“另存为”对话框。在“另存为”对话框中，选择要保存工作簿的文件夹，以及输入保存的文件名。最后单击“保存”按钮。

3. 打开已有的工作簿

(1)双击工作簿文件，即可启动 Excel 并打开该工作簿。

(2)若 Excel 已启动，则用鼠标单击 Excel 工具栏上的“打开”按钮或单击菜单栏中“文件”→“打开”选项，在弹出的对话框中选择要打开的工作簿文件即可。

5.2 数据输入与公式

本节主要练习不同类型数据的录入方法及如何快速实现数据的快速输入。在已有的工作表数据基础上，如何实现对表中数据用公式进行计算，掌握工作表中公式和函数引用的方法；公式的位置引用(单元格地址的引用、相对地址引用、绝对地址引用)；掌握一些公式中常见函数的应用。

5.2.1 数据的输入与修改

电子表格中的数据如同我们平常做的手工表格，它们是有规律的，在一列数据中数据类型是相同的，各类数据的输入是有要求的，各类数据均有默认的格式，如输入格式、对齐方式等。

1. 数据的类型

(1)数值数据：指数值常量等能进行数值运算的数据。

(2)文本数据：不能进行算术运算的任何字符。

(3)日期和时间数据：表示日期和时间的数据。

2. 数据的输入

在 Excel 2003 单元格中输入数据通常有 3 种方法。

(1)输入数值数据：选中单元格，直接输入即可，系统默认数据对齐方式为右对齐。输入分数，先输入整数部分，然后输入一个空格，再输分数部分。如输入 1/3，输入 0 1/3 即可。

(2)输入文本数据：选中单元格，直接输入文本即可，但是当数字作为字符串表示时，先输入英文标点的单引号“'”，再输入数字。这类文本数据如电话号码，学生编号等，虽用数字表示，但不参加算术运算，都作为文本处理，如输入学号 2008001 时，输入“'2008001”。文本数据系统默认对齐方式为左对齐。

(3)输入日期和时间数据：输入日期一般有三种格式：“年-月-日”格式，如：“2008-10-23”；“年/月/日”格式，如“99/12/25”；“日-月-年”格式，此格式中月必须用 3 个英文字母表示，如“26-Jan-88”，系统默认年-月-日时间格式，输入时间格式有“时:分”；“时:分:秒”等，系统默认的时间格式是时:分:秒。日期和时间都可进行加减运算。日期和时间数据系统默认对齐方式为右对齐。默认格式可在“格式”菜单中“单元格”命令中进行修改。

说明：按“Ctrl＋;”组合键，可在当前单元格中输入系统日期；按“Ctrl＋Shift＋;”组合键，可在当前单元格中输入系统时间。若输入数据后单元格出现“#”，说明列宽不够，单击“格式”菜单，单击“列”选项，再单击“最适合列宽”。

实例 1 新建一个名为“学生”的工作簿文件，在 Sheet1 工作表中输入下列数据如图 5.2，将 Sheet1 工作表改名为 2008 级新生情况表，在 Sheet3 前插入一个新工作表，命名为“2008 级学生成绩”。

图 5.2　工作表数据输入

具体操作步骤如下：

(1)新建一个工作簿文件。

(2)在工作表 Sheet1 的单元格 A1 中输入标题。

(3)在 A2 单元格中输入“学生编号”，前加英文单引号“'”，按 Tab 键，到 B2 单元格中，输入“姓名”，依次完成第 2 行数据的输入。

(4)将光标连选移到 A2 单元格右下角，当光标变成实心“十”字时，向下拖动到 A10 单元格，完成 A3 到 A10 单元格数据的快速输入。

(5)以列为单位输入其他各列的数据。

(6)鼠标右击 Sheet1 工作表标签，选择“重命名”命令，输入工作表名“2008 级新生情况表”后，回车确认输入。

注意：工作表标签重命名后，别忘了按回车键确认，否则改名无效。

(7)单击 Sheet3 工作表标签，切换到 Sheet3 工作表，在 Sheet3 工作表标签单击鼠标右键，选择“插入”菜单，单击“工作表”选项，单击“确定”按钮，用鼠标右击新插入的 Sheet1 工作表标签，选择“重命名”命令，输入工作表名“2008 级学生成绩”后，回车确认输入。

(8)单击“文件”菜单，使用“另存为”命令，出现“另存为”对话框，在“保存位置”下拉列表框中选择所存文件的路径，在“文件名”文本框中输入“2008 级学生”，在

“保存类型”下拉列表框中选择“Microsoft Office Excel 工作簿”，单击“保存”按钮即可。

3. 数据的修改

(1)单元格及单元格区域的选定。在 Excel 中，要输入数据或对数据进行操作，必须先选中该单元格或单元格区域。

选定单个单元格：单击某个单元格就可选定它，该单元格就被粗黑边框包围，表示选中了该单元格。该单元格被称为活动(或当前)单元格。并且对应的单元格名称会出现在名称框中。

选中连续单元格区域：若想选中工作表中的单元格区域，除了使用鼠标拖动以外，我们还可以用鼠标单击所选区域的左上角单元格，然后按住 Shift 键，用鼠标单击该区域对角线上的单元格后松开鼠标。

选中不连续单元格区域：用鼠标拖动选中第一个单元格区域，按住 Ctrl 键，用鼠标拖动选中其他区域。

选定整行或整列：单击某行或某列所在的行号或列号即可完成。若此时用鼠标拖曳，可选择连续的整行或整列单元格。

选定工作表：单击工作表左上角的“全选”按钮，可以选中整个工作表。

(2)全部修改。单击单元格，当鼠标指针变成空心的“十”字时，在该单元格中输入数据，新输入的内容全部覆盖原来单元格中的内容，然后按 Enter 键、Tab 键或选择方向键定位到其他单元格继续输入数据。

(3)局部修改。双击单元格，光标形状变为“Ⅰ”型时，就可以进行数据的编辑了，用 Backspace 键或 Del 键删除要去掉的内容，在要增加内容的地方输入新的数据。

5.2.2 公式的输入与编辑

表格中的数据免不了要进行计算处理，输入公式可以将一个单元格中的计算瞬间完成，而复制公式可使工作表中一列单元格中的数据的计算完成，而不必再重新输入公式，这不能不说是电子表格的巨大优势。

1. 公式的输入

公式是同数据、单元格地址、函数以及运算符等组成的表达式，输入公式时必须以等号“＝”开头，“＝”号后面的字符串为表达式，常见的表达式有常量表达式，使用单元格地址的表达式及使用函数的表达式。例如：常量表达式：“＝16＋100/5”；单元格地址的表达式：“＝＄A＄6＊B2”；函数的表达式：“＝SUM(B3:B7)”。

公式中的运算符号：主要有算术、字符、比较运算符号。算术运算符：加＋、减一、乘 *、除/、求百分数%、乘方^；字符运算符号 &，表示字符串连接，＝“张大宝”&“三好生”，运算结果为，张大宝三好生；比较运算符，等于＝、小于＜、大于＞、小于等于＜＝、大于等于＞、不等于＜＞，如＝5＋3＝10、＝5＋3＜10、＝5＞3、＝5＜＞3 运算结果分别为 FALSE(假)、TRUE、TRUE、TRUE。

运算顺序：先乘方^，其次乘除，再次加减，&，比较运算符。

2. 单元格地址

在公式中，我们用单元格地址代表该单元格中的数据。单元格地址分为相对地址、绝对地址和混合地址。

(1)相对地址。用列标和行号来表示一个单元格的地址叫相对地址，如 C3。当把一个公式复制到新的位置时，公式中相对地址会随之改变。

(2)绝对地址。在列标和行号前都加一个 $，如 $C$3。当公式复制到一个新的位置时，公式中的绝对地址不会发生变化。

(3)混合地址。在列标前或在行号前加一个 $，如 $C3 或 C$3。混合地址 $ 在列标前，在复制公式时，则列不变，行变；混合地址 $ 在行号前，在复制公式时，则行不变，列变。

3. 公式的复制

在 Excel 中，公式和函数是可以复制的，这样可以减少不必要的重复操作，根据单元格地址被复制到其他单元格时是否会改变，可分为相对引用、绝对引用和混合引用 3 种。

(1)相对引用。把一个含有单元格相对地址的公式复制到一个新的位置或者用一个公式填入一个区域时，公式中的单元格地址会随着改变。

(2)绝对引用。把公式复制或填入到新位置时，绝对地址使单元格地址保持不变。

(3)混合引用。在复制公式时，混合地址保持行或列的地址不变，这就是混合引用。

实例 2　在图 5.3 中，已知几种蔬菜的单价和数量，在 D 列求出各种蔬菜金额。

具体操作步骤如下：

(1)在 D2 单元格中输入“＝B2 * C2”，如图 5.3 所示。

(2)将光标移到 D2 单元格右下角，当光标变成“十”字时，向下拖动到 D6 单元格。

因为 B2 和 C2 都是相对地址，所以当鼠标指针指向 D3 单元格时，数据编辑框中内容相应变为“＝B3 * C3”，当鼠标指针指向 D4 单元格时，数据编辑框中内容相应变为“＝B4 * C4”，如图 5.4 所示。

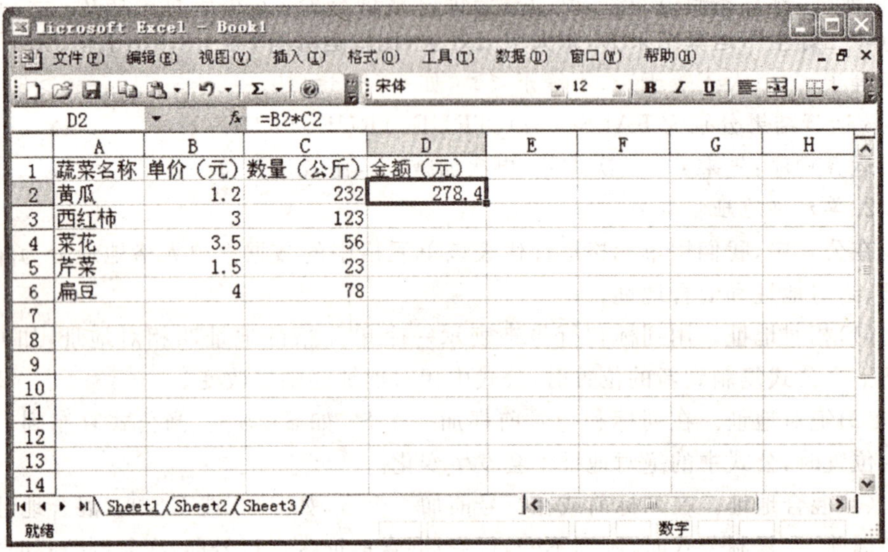

图 5.3 相对地址的引用

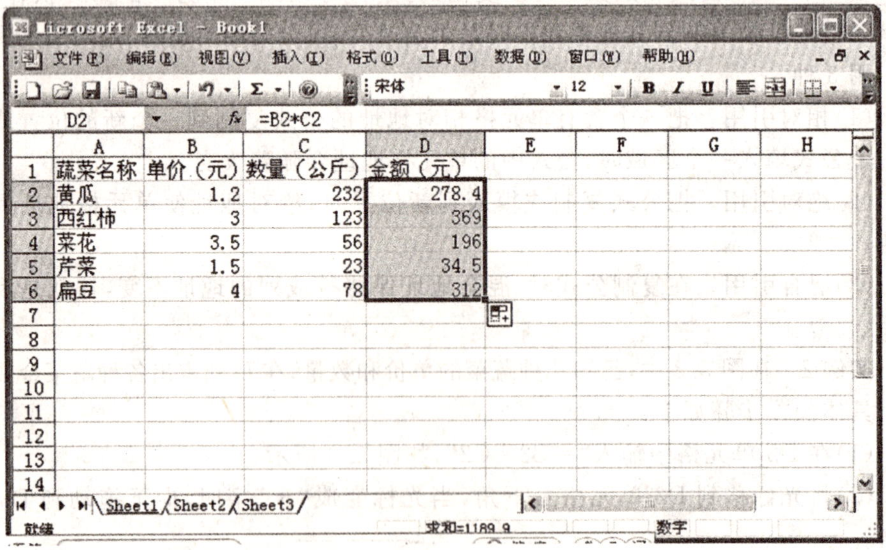

图 5.4 用填充柄复制公式

实例 3　创建一个工作簿，Sheet1 工作表的数据如图 5.5 所示，并按要求完成下列操作：

(1)利用 SUM 函数计算总人数；

(2)计算各类学生占总学生人数的比例。

具体操作步骤如下：

(1)单击 B6 单元格，单击常用工具栏上的“自动求和”按钮 Σ，回车或在 B6 单元格中输入“=B2+B3+B4+B5”，回车，求出总和，如图 5.5 所示。

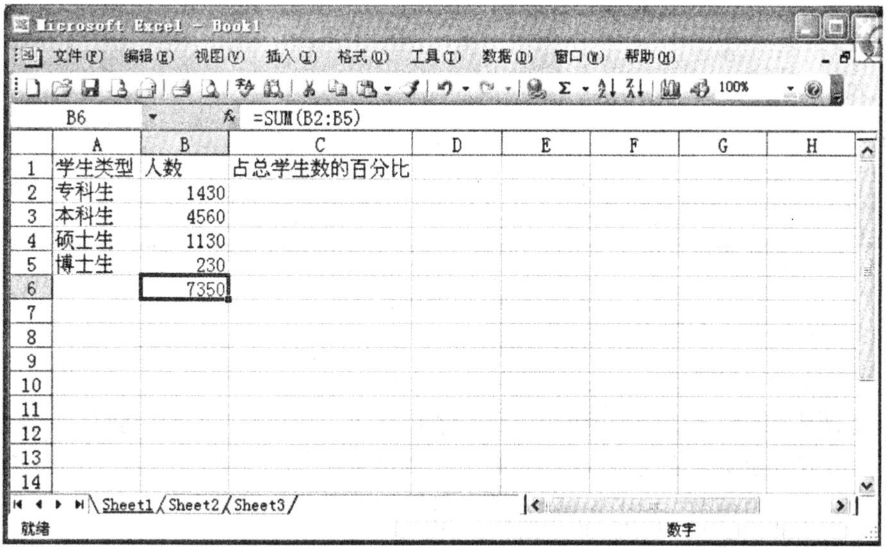

图 5.5　绝对地址的引用

(2)单击 C2 单元格，输入“=B2/$B$6”，如图 5.6 所示。

(3)将光标移到 C2 单元格右下角，当光标变成“十”字时，向下拖动到 C5。

因为是 $B$6 是绝对地址，其行、列都不变，相当于乘以一个常量，所以当鼠标指针指向 C3 单元格时，数据编辑框中内容相应变为“=B3/$B$6”，绝对地址 $B$6 没有发生变化。

5.2.3　使用函数计算

使用函数进行计算，简化了公式的输入，电子表格中函数的应用满足了日常人们对表格数据进行大量处理的要求。

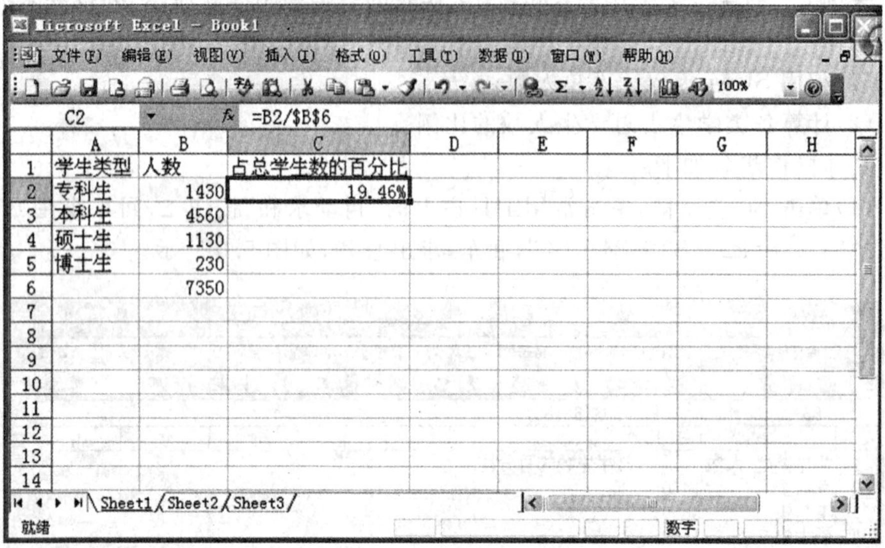

图 5.6　绝对地址引用

1. 函数的定义

函数是 Excel 自带的一些已经定义好的公式，是公式的一种形式。函数处理数据的方式和公式的处理方式是相似的。例如使用公式“＝D4＋D5＋D6＋D7＋D8＋D9”与使用函数“＝SUM(D4:D9)”，其结果是相同的。

使用函数不但可以减少计算的工作量，而且可以减少出错的概率。

2. 函数的类型

按功能将函数分为财务、日期与时间、数学与三角函数、统计、查找与引用、数据库、文本、逻辑、信息。另外为了便于用户使用经常用的一些函数，Excel 将它们以常用函数列出，从而方便用户引用函数。

3. 函数的书写格式

函数的基本格式为：函数名(参数 1，参数 2，…)

(1)“函数名”代表了该函数的功能，例如常用的 SUM 函数实现数值相加功能；AVERAGE 函数计算平均数；MAX 函数计算最大值；MIN 函数计算最小值。

(2)不同类型的函数要求不同类型的参数，可以是数值、文本、单元格地址等。

两个地址之间用“:”表示参加运算的一个区域范围，用“,”表示单个单元格。

实例 4　请按照下面要求利用函数进行计算，如图 5.7 所示。求出每个同学的总分、平均分、总分名次、总评(平均分＞＝90，显示“优”；平均分＞＝80，显示

“良”；平均分>=70，显示“中”；平均分>=60，显示“及格”；平均分<60，显示“不及格”），在 L2 中统计得优的人数，在 L3 中统计得良的人数。

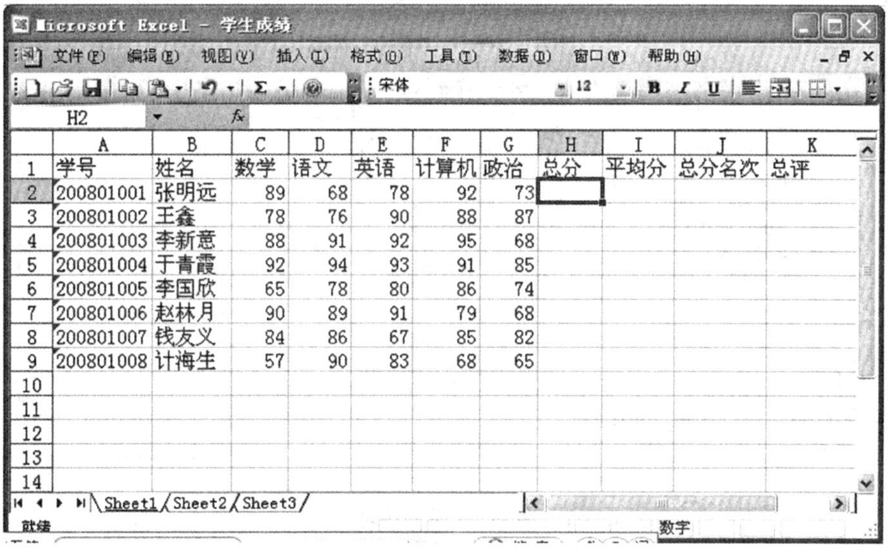

	A	B	C	D	E	F	G	H	I	J	K
1	学号	姓名	数学	语文	英语	计算机	政治	总分	平均分	总分名次	总评
2	200801001	张明远	89	68	78	92	73				
3	200801002	王鑫	78	76	90	88	87				
4	200801003	李新意	88	91	92	95	68				
5	200801004	于青霞	92	94	93	91	85				
6	200801005	李国欣	65	78	80	86	74				
7	200801006	赵林月	90	89	91	79	68				
8	200801007	钱友义	84	86	67	85	82				
9	200801008	计海生	57	90	83	68	65				

图 5.7　实例 4 工作表数据

具体操作步骤如下：

（1）按照图 5.7 输入工作表中的数据。选中 H2 单元格，单击插入函数按钮，在函数类型框中选择“常用函数”，在“选择函数”框中选择 SUM 函数，单击“确定”命令按钮，在 Number1 框中单击右侧的按钮指定求值区域（C2:G2），再单击右侧的按钮展开对话框，单击“确定”命令按钮即可。如图 5.8 所示，将鼠标指针移到 H2 单元格的右下角，出现黑色“十”字时，向下拖动到 H9 单元格，如图 5.9 所示。

（2）选中 I2 单元格，单击插入函数按钮，在函数类型框中选择“常用函数”，在“选择函数”框中选择 AVERAGE 函数，单击“确定”命令按钮，在 Number1 框中单击右侧的按钮指定求值区域（C2:G2），再单击右侧的按钮展开对话框，单击“确定”命令按钮即可。如图 5.9 所示。将鼠标指针移到 I2 单元格的右下角，出现黑色“十”字时，向下拖动到 I9 单元格，如图 5.10 所示。

（3）选中 J2 单元格，单击插入函数按钮，在函数类型框中选择“全部”，在“选择函数”框中选择 RANK 函数，单击“确定”命令按钮，在 Number1 框中，单击右侧的按钮指定要排的单元格 H2，再单击右侧的按钮展开对话框，在 ref 框中单击其右侧的按钮指定排名的范围“H2:H9”，在 order 框中指定排位的方式，此处不填。单

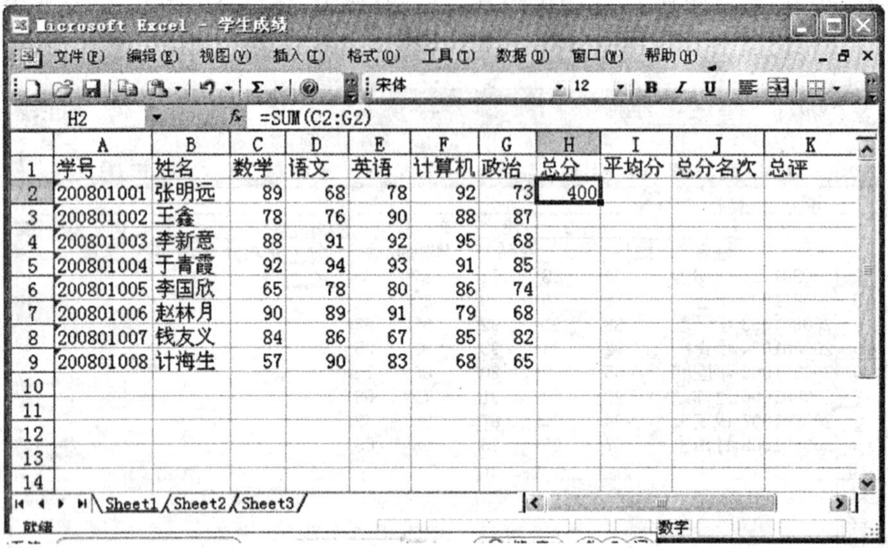

Microsoft Excel - 学生成绩

H2 =SUM(C2:G2)

	A	B	C	D	E	F	G	H	I	J	K
1	学号	姓名	数学	语文	英语	计算机	政治	总分	平均分	总分名次	总评
2	200801001	张明远	89	68	78	92	73	400			
3	200801002	王鑫	78	76	90	88	87				
4	200801003	李新意	88	91	92	95	68				
5	200801004	于青霞	92	94	93	91	85				
6	200801005	李国欣	65	78	80	86	74				
7	200801006	赵林月	90	89	91	79	68				
8	200801007	钱友义	84	86	67	85	82				
9	200801008	计海生	57	90	83	68	65				

图 5.8 求和函数

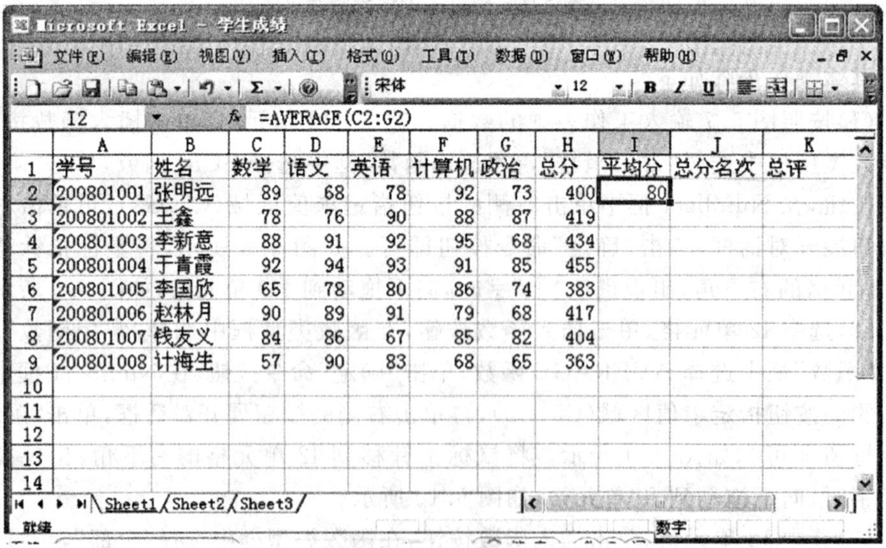

Microsoft Excel - 学生成绩

I2 =AVERAGE(C2:G2)

	A	B	C	D	E	F	G	H	I	J	K
1	学号	姓名	数学	语文	英语	计算机	政治	总分	平均分	总分名次	总评
2	200801001	张明远	89	68	78	92	73	400	80		
3	200801002	王鑫	78	76	90	88	87	419			
4	200801003	李新意	88	91	92	95	68	434			
5	200801004	于青霞	92	94	93	91	85	455			
6	200801005	李国欣	65	78	80	86	74	383			
7	200801006	赵林月	90	89	91	79	68	417			
8	200801007	钱友义	84	86	67	85	82	404			
9	200801008	计海生	57	90	83	68	65	363			

图 5.9 求平均值函数

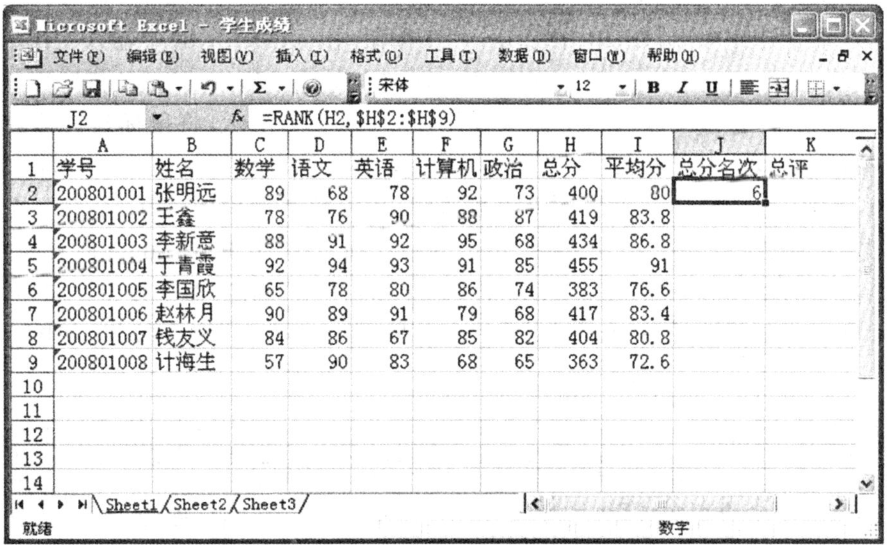

图 5.10　计算排名的函数

击“确定”按钮。如图 5.10 所示。将鼠标指针移到 J2 单元格的右下角，出现黑色“十”字时，向下拖动到 J9 单元格，如图 5.11 所示。

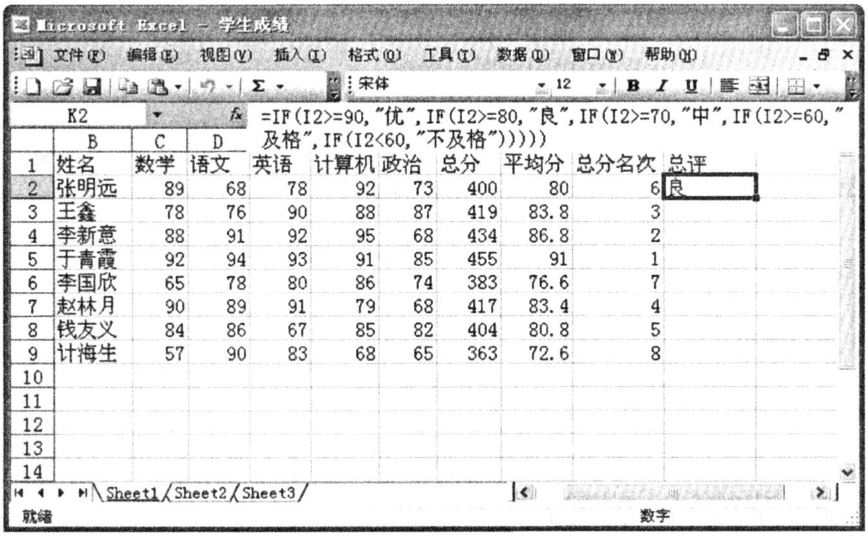

图 5.11　使用 IF 函数

(4)选中 K2 单元格，单击插入函数按钮，在函数类型框中选择“全部”，在“选择函数”框中选择 IF 函数，单击“确定”命令按钮，在 logical_test 中输入=IF(I2>=90,"优",IF(I2>=80,"良",IF(I2>=70,"中",IF(I2>=60,"及格",IF(I2<60,"不及格"))))),单击“确定”命令按钮。如图 5.11 所示，将鼠标指针移到 K2 单元格的右下角，出现黑色“十”字时，向下拖动到 K9 单元格，如图 5.11 所示。

(5)选中 L2 单元格，单击插入函数按钮，在函数类型框中选择“全部”，在“选择函数”框中选择 COUNTIF 函数，单击“确定”命令按钮，单击 range 框右侧的按钮，指定参加运算的范围，在 criteria 框中输入优，单击“确定”命令按钮。同样方法在 L3 单元格的操作中在 criteria 框中输入良，单击“确定”命令按钮，如图 5.12 所示。

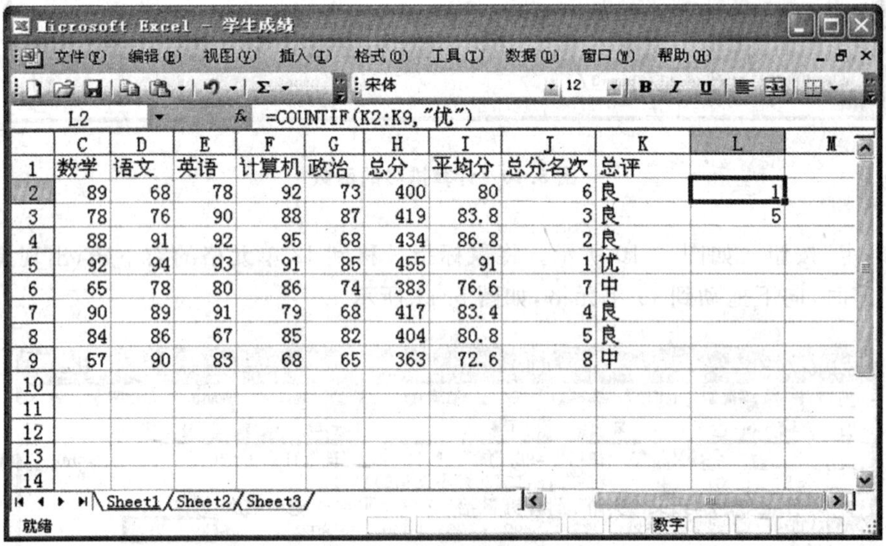

图 5.12　使用 COUNTIF 函数

4. 常用函数

(1)SUM 函数：数据求和函数。

格式：SUM(number1,number2,…)

功能：完成连续或不连续区域的数值之和。连续区域如 SUM(A3:A8)。不连续区域如 SUM(C3,C5,D4)。

(2)AVERAGE 函数：求平均函数。

格式：AVERAGE(number1,number2,…)

功能:完成连续或不连续区域的数值的平均值。

(3)COUNT 函数:计算区域中数字个数函数。

格式:COUNT(number1,number2,…)

功能:计算连续或不连续区域的数字的个数。

(4)MAX 函数:最大值函数。

格式:MAX(number1,number2,…)

功能:找出连续或不连续区域的数值的最大值。

(5)MIN 函数:最小值函数。

格式:MIN(number1,number2,…)

功能:找出连续或不连续区域的数值的最小值。

(6)IF 函数:逻辑真/假判断函数。

格式:IF(logical_test, value_if_true,value_if_false)

功能:逻辑表达式为真,返回 value_if_true 的值,否则,返回 value_if_false 的值。

(7)COUNTIF 函数:逻辑真/假判断的计数函数。

格式:COUNTIF(logical_test, value_if_true,)

功能:统计符合条件的数据个数。

(8)RANK 函数:排名函数。

格式:RANK(number, range)

功能:对一列或一行数据进行排名。

5.自动求和

Excel 在工具栏中给用户提供了一个"自动求和"按钮(Σ),它可以快速的求出行和列的和。

(1)单行或单列数据求和。单击行右侧的空白列,或单击列下面的空白行,然后单击工具栏上的"自动求和"按钮。

(2)单元格矩形区域求和。

①首先选择求和的单元格区域。注意,在选取的单元格区域右边多选一列(行求和),下边多选一行(列求和)。

②用鼠标单击工具栏上的"自动求和"按钮。此时各行列数据之和分别显示在选择的单元格区域最右边一列和最下面一行内。

5.3 编辑工作表

工作表的编辑,主要是对单元格,行或列、工作表的操作。

对单元格主要是拆分、合并单元格；复制、移动、插入、删除单元格；清除单元格中的数据；内容的复制与粘贴。

对行或列的操作主要是行与列的插入、删除、移动、选定操作、行高列宽的改变。

对工作表的编辑主要是工作表的命名、选定、插入、移动、复制、切换、重命名操作。

在对工作表编辑完成的基础上，还要对工作表进行格式化。设置单元格格式；条件格式；数据格式化；字体格式化；格式化对齐方式；设置边框与底纹；自动套用格式。

5.3.1 单元格的合并与取消

我们一般将表的标题处在表格上方居中的位置，例如我们在 A1 单元格中输入表的标题，如何把标题放在表格上方居中的地方呢？这时我们需要合并单元格并使标题文字居中。

1. 单元格的合并

合并单元格的方法有两种，一是用格式工具上的“合并及居中”按钮，一是用菜单选项。

(1)格式工具栏。选中需要合并的单元格区域，然后单击“格式”工具栏中的“合并及居中”按钮，即可使所选区域的单元格合并，同时将所选区域内的文字居中。

(2)菜单命令。选中需要合并的单元格区域，单击菜单“格式”→“单元格”选项，在弹出的“单元格格式”对话框中单击“对齐”选项卡、选中“文本控制”框下的“合并单元格”复选框，然后单击“确定”按钮。

2. 取消单元格

选中已合并的单元格区域，单击菜单“格式”→“单元格”选项，在弹出的“单元格格式”对话框中单击“对齐”选项卡、取消“文本控制”框下的“合并单元格”复选框，然后单击“确定”按钮。

实例 5 打开“2008 级学生”工作簿，对 Sheet1 工作表 A1 到 F1 单元格合并居中，将“2008 级新生情况表”工作表名重命名为“2008 级新生入学情况表”。

具体操作步骤如下：

(1)选中“A1:F1”单元格，单击格式工具栏上的用小写字母 a 表示的“合并及居中”按钮。

(2)单击“2008 级新生情况表”工作表的标签，双击该标签，输入新的名称回车即可。或单击鼠标右键，在弹出的快捷菜单中单击“重命名”选项，然后输入新的名称回车即可，如图 5.13 所示。

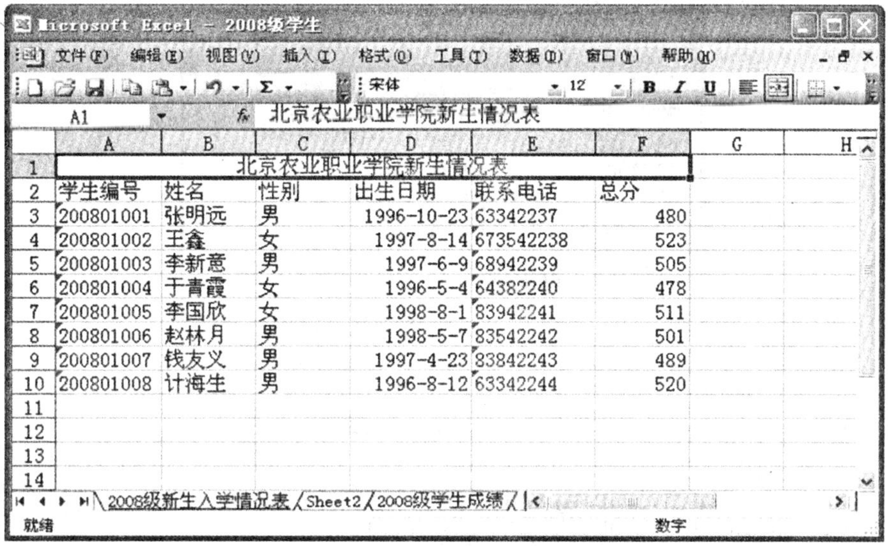

图 5.13　单元格合并居中、工作表重命名

5.3.2　填充柄的使用

在实现表格数据快速录入及进行公式复制时，我们常常使用填充柄这个工具来完成，下面介绍填充柄的使用方法。

1. 填充柄

输入相同的数据或有规律的序列数据，可以用填充柄进行快速输入。在当前单元格或选定的区域的右下角有一个黑色的方块，就是填充柄，当鼠标指针移到填充柄上时，指针变成黑色的“十”字，上面的例题中已多次用到。

(1)数据类型为数值型时，直接拖动填充柄为复制数据，按住“Ctrl”键拖动填充柄为填充序列数据；

(2)数据类型为文本或日期和时间型时，直接拖动填充柄为填充序列数据，按住“Ctrl”键拖动填充柄为复制数据。

2. 使用序列对话框填充

用填充柄进行数据填充，方便快捷，但是填充的数值及日期、时间数据序列的步长只能是 1，若步长值大于 1 时，可以单击菜单“编辑”→“填充”→“序列”选项，自动完成填充。

在当前单元格输入一个数值或日期时间数据后，单击菜单"编辑"→"填充"→"序列"选项，出现如下对话框，如图 5.14 所示。

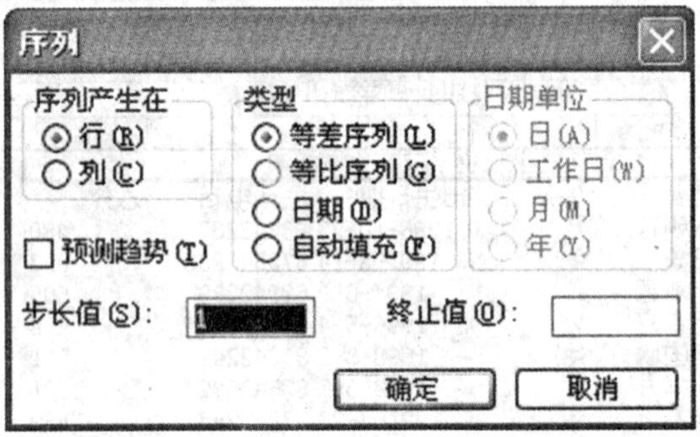

图 5.14 "序列"对话框

在"序列"对话框中，可以选择"序列产生在"行或列；"类型"是等差序列，等比序列，日期，自动填充；"步长值"及"终止值"。

实例 6 新建一个工作簿，按照下面要求进行数据填充。用填充柄填充 A 列到 D 列数据，用"序列"对话框填充 E 列到 G 列数据。

具体操作步骤如下：

(1)新建一个工作簿，单击 A1 单元格，输入数值型数据"13"，如图 5.15 所示，直接向下拖动 A1 单元格的填充柄到 A10，完成了数据的复制功能，如图 5.16 所示。

(2)单击 B1 单元格，输入数值型数据"13"，如图 5.15 所示，按 Ctrl 键向下拖动 B1 单元格的填充柄到 B10，完成了数据的序列填充功能，如图 5.17 所示。

(3)选中 C1 单元格，输入文本型数据"一月"如图 5.18 所示，直接拖动 C1 单元格的填充柄到 C10，以序列方式填充。

说明：对已定义序列的文本数据有效，无定义序列的文本，直接拖动填充柄，完成复制功能。

(4)选中 D1 单元格，输入文本型数据"一月"，按 Ctrl 键拖动填充柄到 D10，完成数据的复制功能，如图 5.19 所示。

(5)选中 E1 单元格，输入数值型数据"3"，单击菜单"编辑"→"填充"→"序列"选项，在"序列"对话框中选择"序列产生在"为"列"，选择"类型"为"等差数列"，设置"步长值"为"3"，"终止值"为"30"，如图 5.20 所示。

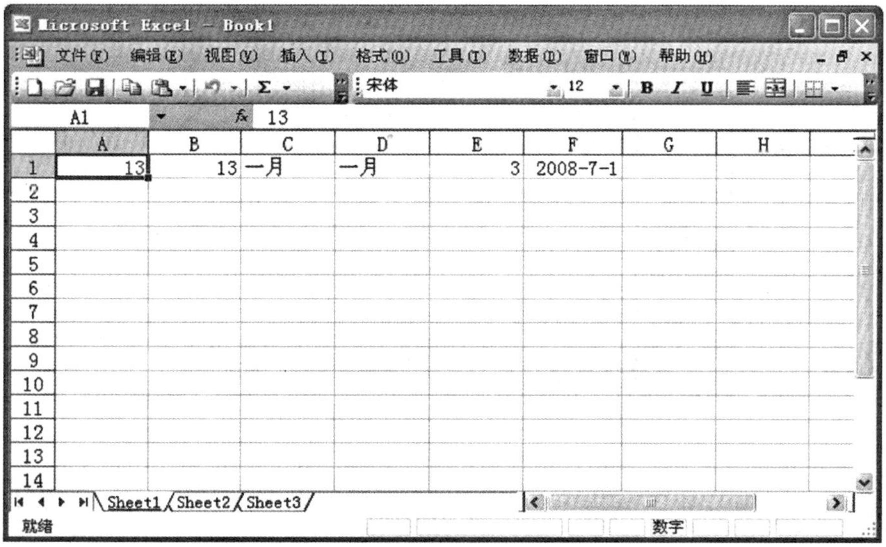

图 5.15　数据填充

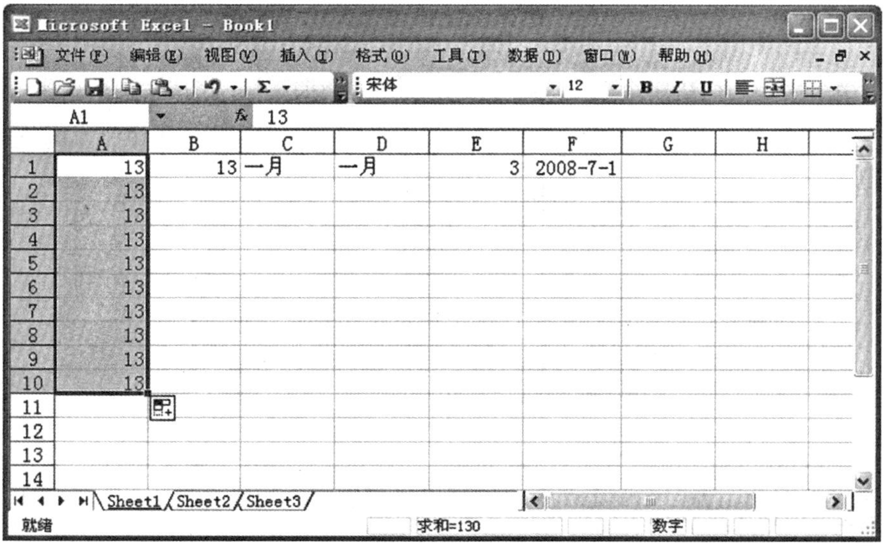

图 5.16　数值数据复制填充

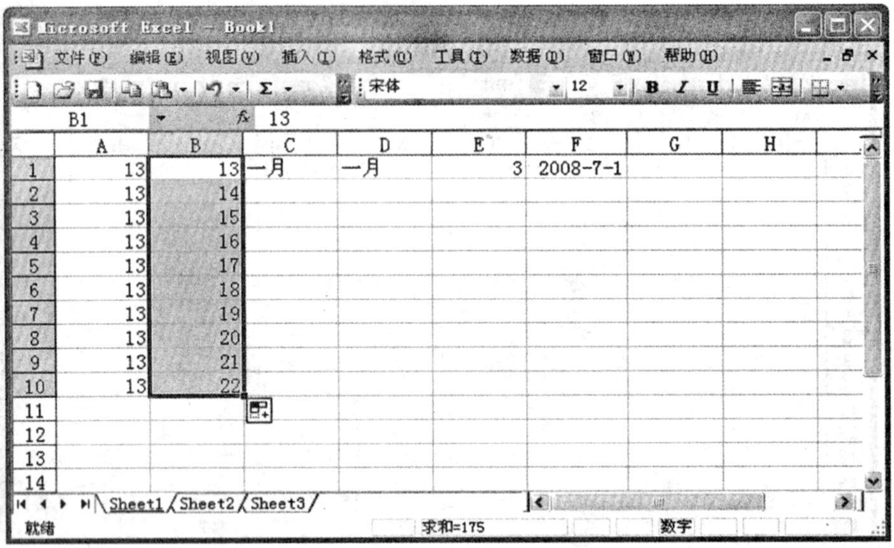

图 5.17 数值数据序列填充

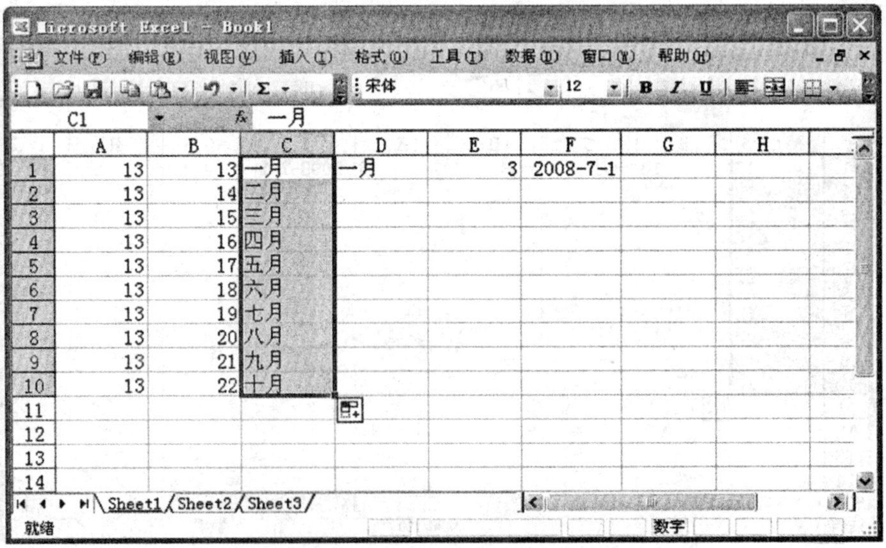

图 5.18 已定义序列的文本数据序列填充

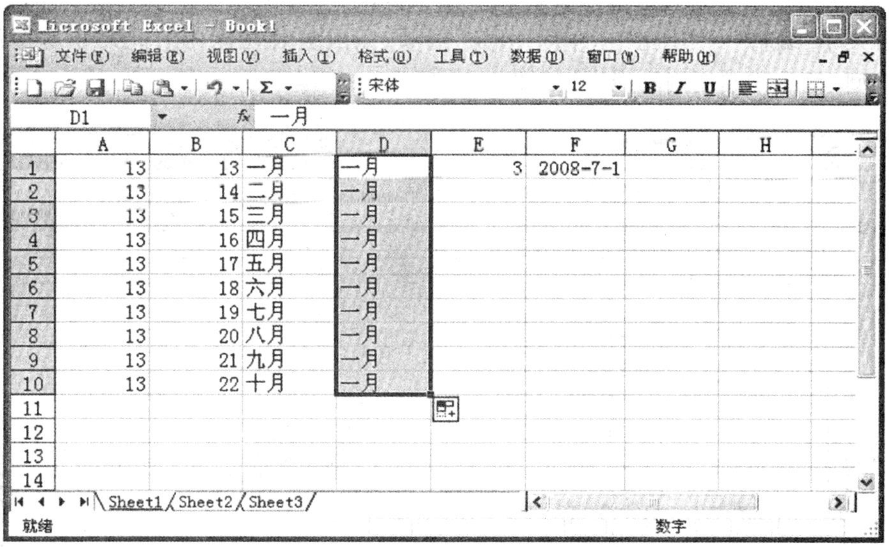

图 5.19　无定义序列的文本数据复制填充

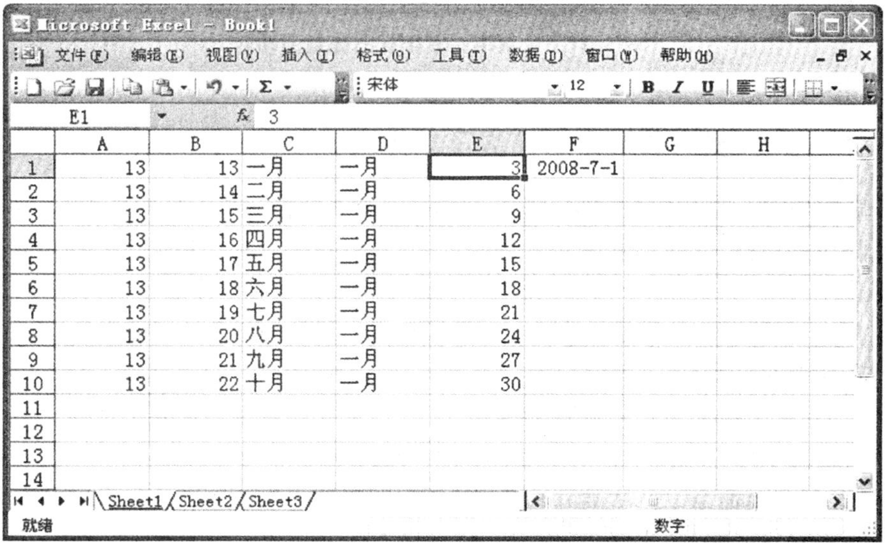

图 5.20　利用菜单进行等差数列填充

(6)选中 F1 单元格,输入日期型数据“2008-7-1”,选中“F1:F10”单元格区域,单击菜单“编辑”→“填充”→“向下填充”选项,完成复制功能(注:此命令对任何数据类型,都是完成复制功能)。如图 5.21 所示。

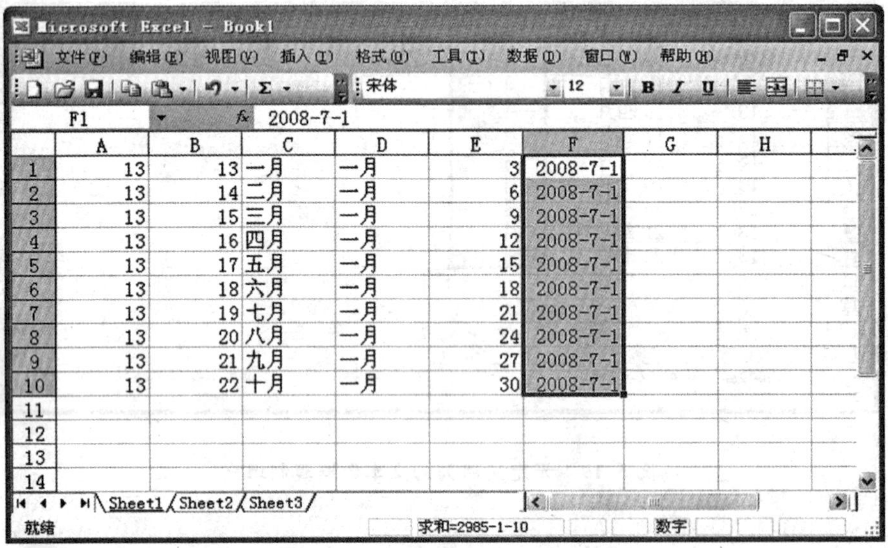

图 5.21 用菜单完成数据的复制的功能

5.3.3 移动、复制和粘贴单元格及工作表

若想将单元格中的数据移到另一个位置,要进行移动单元格的操作;若想复制单元格中的数据,要执行复制单元格命令。同理,我们有时想将工作表的位置从一个工作簿移动到另一个工作簿,或在一个工作簿中移动工作表到不同的位置,就进行工作表的移动操作;需要复制工作表时,则要进行复制工作表的操作。

1. 移动单元格

(1)用鼠标拖动。选中要移动的单元格,当鼠标光标变成向左上的空心箭头和四个方向箭头时,拖动单元格到目标位置单元格。

(2)用菜单命令。选中要移动的单元格,单击菜单“编辑”→“剪切”选项,将光标移到目标单元格,单击菜单“编辑”→“粘贴”选项。

2. 复制单元格

(1)用鼠标拖动。选中要移动的单元格,当鼠标光标变成向左上的空心箭头和四个方向箭头时,按住 Ctrl 键拖动单元格到目标位置单元格。

(2)用菜单命令。选中要移动的单元格,单击菜单“编辑”→“复制”选项,选定目标单元格,单击菜单“编辑”→“粘贴”选项。

3. 粘贴单元格

复制过的单元格或单元格区域,可以多次粘贴。

4. 移动或复制工作表

单击工作表标签,若在同一工作簿中移动工作表,拖到工作表标签到目标位置即可;按住 Ctrl 键拖动工作表标签,完成复制功能。

移动或复制工作表在不同工作簿中,则要在操作前,打开另一工作簿,单击菜单“编辑” →“移动或复制工作表”选项,在弹出的对话框中,选择工作簿名称及工作表的位置,如果选中“副本”前的复选框,进行复制操作,否则,进行的是移动操作。

5.3.4 删除与清除行、列、单元格

删除与清除不同,删除如同被剪掉,数据不存在,位置也没了,清除如同被橡皮擦除,无论是擦除数据还是擦除格式,或是数据、格式全部擦除,其位置都还存在。

1. 删除行、列、单元格

(1)选中要删除的行或列,单击菜单“编辑”→“删除”选项,删除行或列,若删除的是行,则下面的行上移,若删除的列,右边的列左移。

(2)选中要删除的单元格,使用菜单“编辑”→“删除”选项,则出现如下图的对话框,这时有四个选项,删除后,是右侧单元格左移,还是下方单元格上移,也可选是删除整行,还是删除整列,如图 5.22 所示。

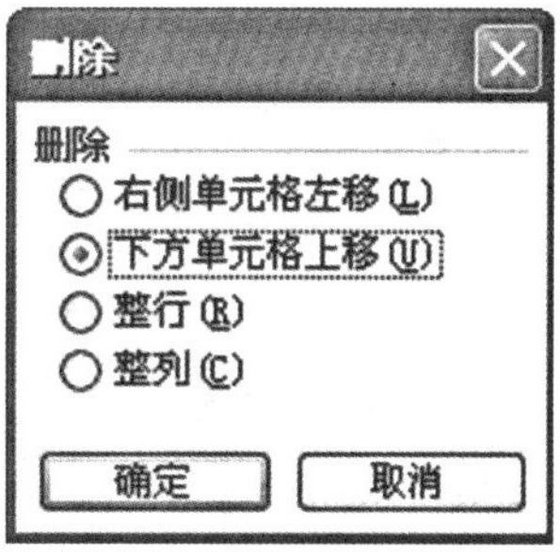

图 5.22　删除单元格对话框

2. 清除行、列、单元格

清除操作与删除操作不同,删除行、列、单元格的操作是彻底删除了,被删除的行、列、单元格的位置被相邻的行、列、单元格所补充;清除操作则不同,清除操作虽然清除了内容或格式等,但行、列、单元格的位置还在。

(1)选中要清除的行或列或单元格,单击菜单“编辑”→“清除”→“全部”选项,则删除所选中的行或列中的数据及其格式,只剩下空行或空列;

(2)选中要清除的行或列或单元格,单击菜单“编辑”→“清除”→“格式”选项,则只删除所选中的行或列中的数据的格式设置,数据本身不被删除,如图 5.23 所示;

(3)选中要清除的行或列或单元格,单击菜单“编辑”→“清除”→“内容”选项,则只删除所选中的行或列中的数据,保留其格式设置;

(4)选中要清除的行或列或单元格,单击菜单“编辑”→“清除”→“批注”选项,则只删除所选中的行或列中的数据的批注部分,保留数据及其格式。

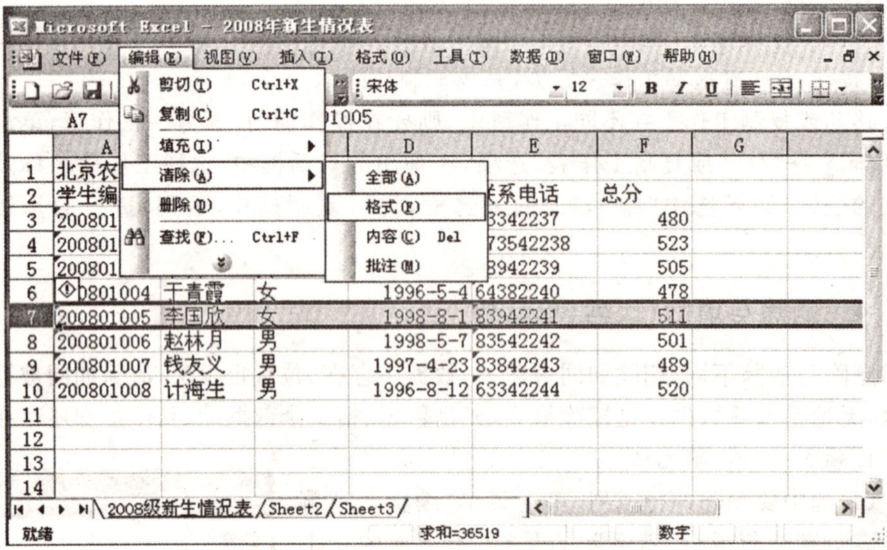

图 5.23 清除行、列、单元格

3. 删除工作表

选中工作表标签,单击鼠标右键,在弹出的快捷菜单中,单击“删除”选项。

5.3.5 单元格菜单的使用

在日常工作中,我们常常需要对工作表中的数据进行字体、字号、数据类型、对齐等进行格式化设置,电子表格若不进行边框设置,打印出来的数据没有边框,我们习惯了有边框的表格数据,这时都需要对工作表中的数据进行格式化设置。

1. 单元格格式对话框

单击“格式”菜单“单元格”命令,出现“单元格格式”对话框,在此对话框中有六个选项卡,分别为“数字”、“对齐”、“字体”、“边框”、“图案”、“保护”。

2.“数字”选项卡

主要用来设置数据的格式,在分类列表中,设置所需的数据格式类型,对数值、货币、会计专用、百分比、科学计数类数据,在其右侧可设置小数位数,如图 5.24 所示。

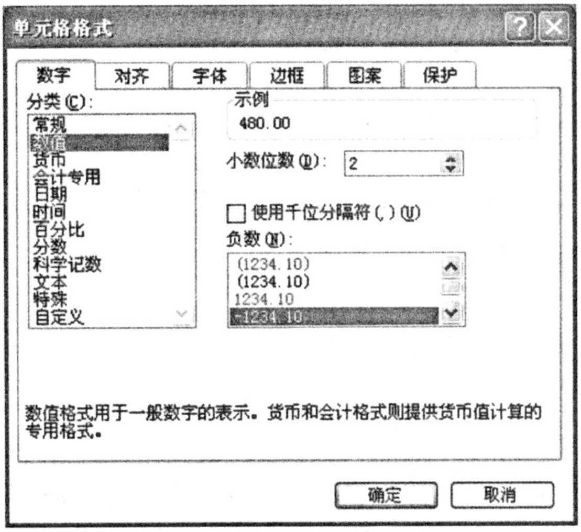

图 5.24 “数字”选项卡

3.“对齐”选项卡

设置工作表中数据的对齐方式，水平对齐和垂直对齐；自动换行和单元格的合并；设置文本及文字的方向。如图 5.25 所示。

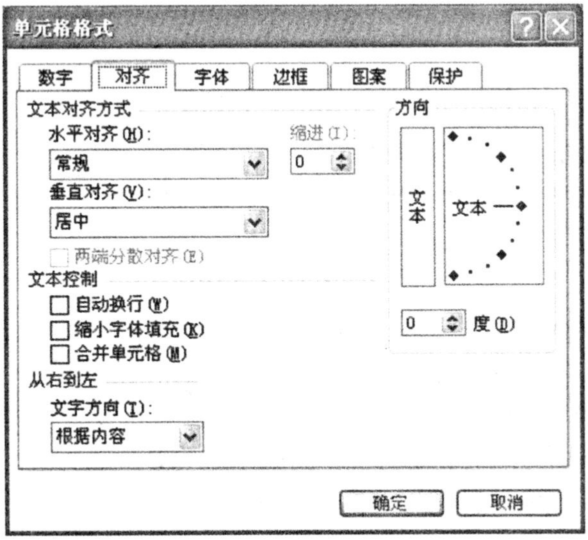

图 5.25 “对齐”选项卡

4.“字体”选项卡

设置字体、字形、字号、下划线、颜色及一些特殊设置。

5.“边框”选项卡

设置表格的边框和底纹，若不进行设置，打印出的 Excel 表格没有边框线。

6.“图案”选项卡

设置表格背景上的图案。

实例 7 按照要求进行下列设置操作：(1)新建一个工作簿文件，文件名为“职工”，输入下列数据，如图 5.26 所示；(2)命名工作表名为“职工情况表”；(3)调整各列列宽；(4)将列标题字体设置加粗；(5)表格中的数据水平、垂直居中；(6)为表格蓝色外框，红色内框。

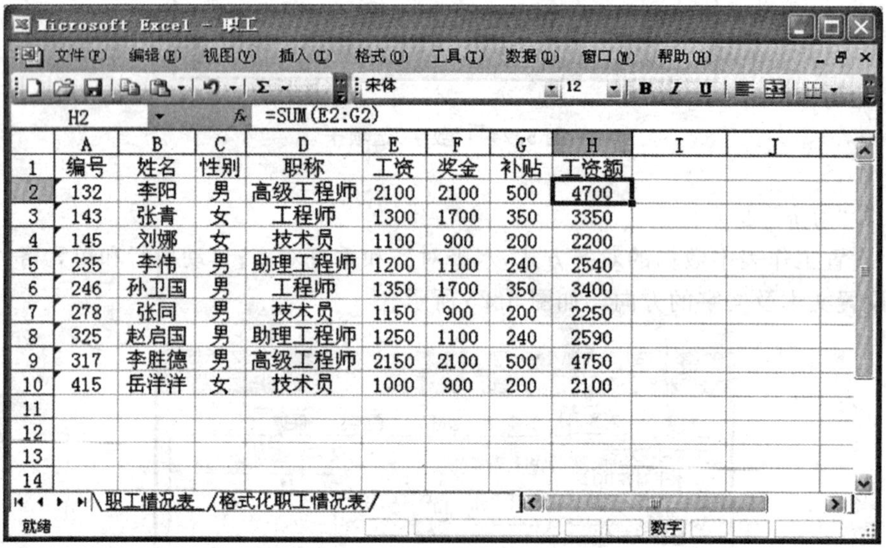

	A	B	C	D	E	F	G	H
1	编号	姓名	性别	职称	工资	奖金	补贴	工资额
2	132	李阳	男	高级工程师	2100	2100	500	4700
3	143	张青	女	工程师	1300	1700	350	3350
4	145	刘娜	女	技术员	1100	900	200	2200
5	235	李伟	男	助理工程师	1200	1100	240	2540
6	246	孙卫国	男	工程师	1350	1700	350	3400
7	278	张同	男	技术员	1150	900	200	2250
8	325	赵启国	男	助理工程师	1250	1100	240	2590
9	317	李胜德	男	高级工程师	2150	2100	500	4750
10	415	岳洋洋	女	技术员	1000	900	200	2100

图 5.26 编辑格式化工作表

具体操作步骤如下：

(1)启动 Excel，就创建了一个新工作簿，在 sheet1 工作表中输入数据如图 5.26 所示，单击菜单“文件”→“另存为”选项，出现“另存为”对话框，选择存放的文件路径后，在“文件名”文本框中输入工作簿名称“职工”。

(2)将鼠标光标移到 Sheet1 工作表标签处，右击鼠标，选择“重命名”命令，输入工作表名称“职工情况表”，如图 5.26 所示。

(3)将鼠标光标移到 A 列与 B 列的分隔线上，当光标变成移动的箭头时，拖动分隔线到合适位置即可。或者单击菜单“格式”→“列”→“最适合的列宽”选项，如图 5.26 所示。

(4)单击 A1 单元格，拖动鼠标到 H1 单元格，单击常用工具栏上的“加粗”按钮，如图 5.27 所示。

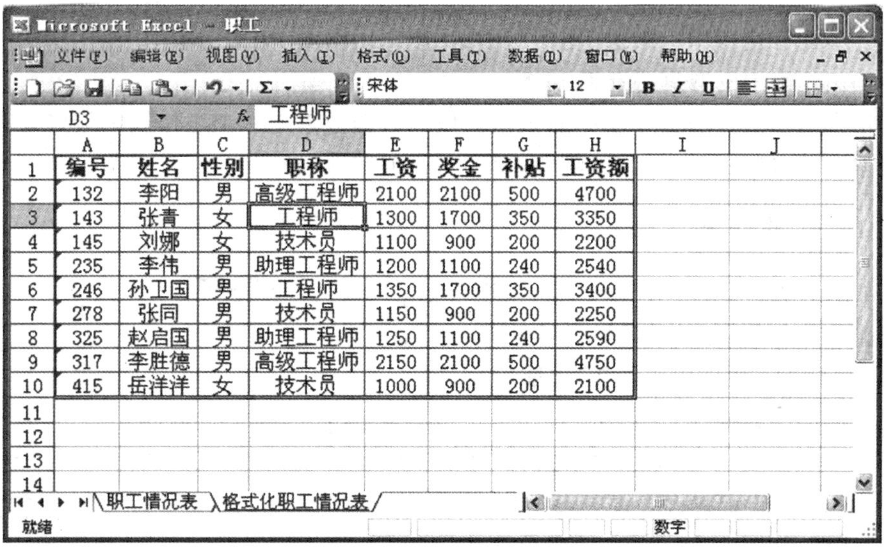

图 5.27　格式化工作表

(5)单击 A1 单元格，按住 Shift 键，单击 H10 单元格，选中整个工作表，也可以用鼠标拖动，选中工作表，单击菜单“格式”→“单元格”选项，出现“单元格格式”对话框，单击“对齐”选项卡，设置工作表中的数据水平居中和垂直居中，如图 5.27 所示。

(6)选中表格，单击菜单“格式”→“单元格”选项，出现“单元格格式”对话框，选中“边框”选项卡，在“线条样式”里选择“双线”，在“颜色”里选“蓝色”，单击左边的方框，同样，在“线条样式”中选择“单线”、在“颜色”里选“红色”后，单击十字框，表格框线设置完毕。如图 5.27 所示。

5.4　数据的分析与统计

Excel 具有强大的数据库管理功能，可以方便地组织、管理和分析大量的数据信息。可以对数据库的数据进行排序、筛选、分类汇总等操作。列标题作为数据库中表的字段名称，行作为库中表的记录。

在 Excel 中，要使用工作表中的数据具有数据库功能，应遵守以下原则：

①工作表中的第一行为表格的列标题，表格的列标题名称是唯一的，不能重复。

②表格中每列数据类型相同。

③不能有空行和空列。

④工作表中的数据不能有空格。

符合上述条件的工作表中的数据区域叫数据清单。一个工作表中最好只有一个数据清单，如果有多个数据清单，要用空行或空列隔开。

5.4.1　数据浏览

如果数据清单中的记录、字段数很多，那么查找或编辑某些记录是比较麻烦的。这时，我们可以使用“记录单”功能完成对数据清单的编辑操作。

选中数据清单中的任一单元格；单击菜单“数据”→“记录单”命令，打开“记录单”对话框，如图 5.28 所示，记录单左边第一列为数据清单中的字段名，右边显示的是当前记录与总记录数及一些命令按钮；“记录单”对话框中从第一条记录开始显示，单击“新建”按钮添加或插入一条记录，单击“删除”按钮，可以删除当前记录，通过拖动滚动框或单击“上一条”和“下一条”按钮来显示其他的记录内容。单击“删除”按钮可以按条件查询符合条件的记录。

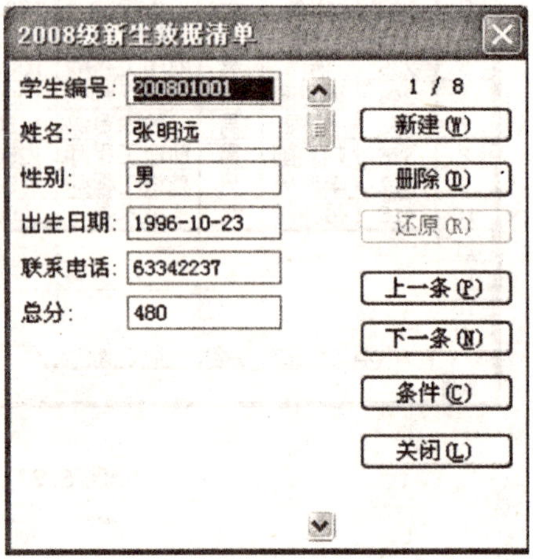

图 5.28　记录单

5.4.2　数据排序

Excel 通过排序将表格中的数据按一定的顺序进行升序或降序重新排列，如按字母顺序、数值大小、时间顺序进行排列、是否区分大小写等方式排序。

1. 快速排序

如果仅仅需要对数据清单中的某列数据进行排序，只需要单击此列中的任一单元格，再单击“常用”工具栏中的“升序”按钮或“降序”按钮即可。

2. 菜单命令排序

如果表中的一列数据有相同的值，再按另一列数据排序时，要用菜单命令排序，这样可以根据多列数据进行排序。

单击数据清单中任一单元格，单击菜单“数据”→“排序”选项，打开“排序”对话框。在此对话框中最多可以设置三个层次的排序标准：“主要关键字”、“次要关键字”、“第三关键字”。

例如，我们将“主要关键字”设置为“性别”（升序），“次要关键字”设置为“总分”（降序），在“性别”相同的情况下，会自动按照“总分”排序。

实例 8　用快速方法对图 5.13 中的工作表中“总分”列数据按照降序排序；用菜单命令排序，按“性别”为男生，年龄由大到小顺序的排序。

具体操作步骤如下：

(1)移动鼠标单击 F 列的数据区域任意一个单元格，单击格式工具栏是降序按钮 ZA↓，“总分”列从高分到低分进行排列。如图 5.29 所示。

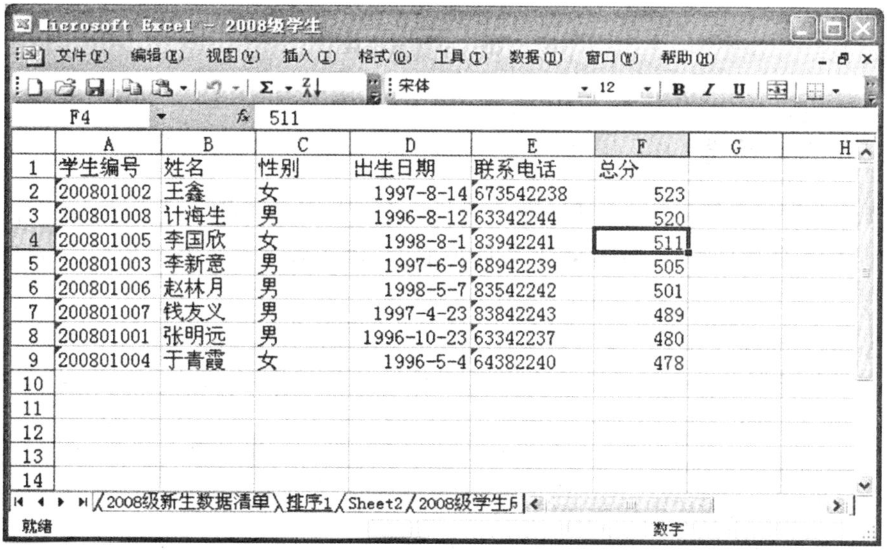

图 5.29　快速排序

(2)单击数据区域的任一单元格，单击菜单“数据”→“排序”命令，出现“排序”对话框，主要关键字为“性别”升序，次要关键字为“出生日期”降序排序。如图 5.30 所示。

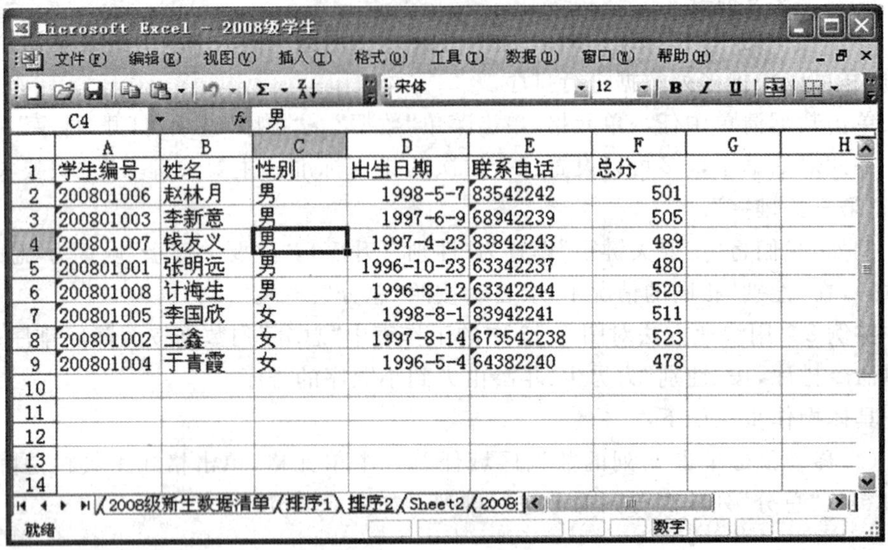

图 5.30　用菜单排序

5.4.3　自动筛选

数据筛选，就是将符合条件的记录筛选出来，不符合条件的记录隐藏起来，这些数据并未真正被删除；一旦筛选条件被取消，这些数据又重新出现。Excel 系统提供了“自动筛选”和“高级筛选”两种条件筛选方式。

1. 自动筛选

按照选定的某一值或自定义的筛选条件进行筛选，一次只能对一个字段进行筛选，它适合简单条件的筛选。

2. 自动筛选的步骤

(1)选中数据清单中任意一个单元格。

(2)单击菜单“数据”→“筛选”→“自动筛选”命令，此时在数据清单中，每一列的列标题右侧都会出现“自动筛选箭头”按钮。

(3)用鼠标单击筛选箭头，在打开的下拉列表中显示了该列的所有信息，在其中按需要选择一个值或自定义，就会在数据清单中只显示符合条件的数据，而其他数据将被隐藏起来。

如果要取消某一筛选条件，只需选择下拉列表中的“全部”选项即可。如果要退出筛选操作可再单击菜单“数据”→“筛选”→“自动筛选”选项，取消“自动筛选”

命令前的筛选标识。

实例 9　对实例 7 工作表中的数据按要求进行自动筛选操作。(1)显示所有高级工程师的记录;(2)显示工资额 4000 元以上和小于 3000 元的记录。

具体操作步骤如下:

(1)打开实例 7 中的“职工”工作簿,按住 Ctrl 键,拖动“职工情况表”复制成一个新工作表,工作表标签为“自动筛选 1”,单击“自动筛选 1”中的任一单元格;单击菜单“数据”→“筛选”→“自动筛选”选项,在各列标题右侧出现筛选箭头;将鼠标移动到“职称”列,单击其筛选箭头,在下拉的列表中选择“高级工程师”即可。如图 5.31 所示。

说明:符合条件的记录显示出来,隐藏了不符合条件的记录。要显示全部数据,单击该列筛选箭头,选择“全部”。

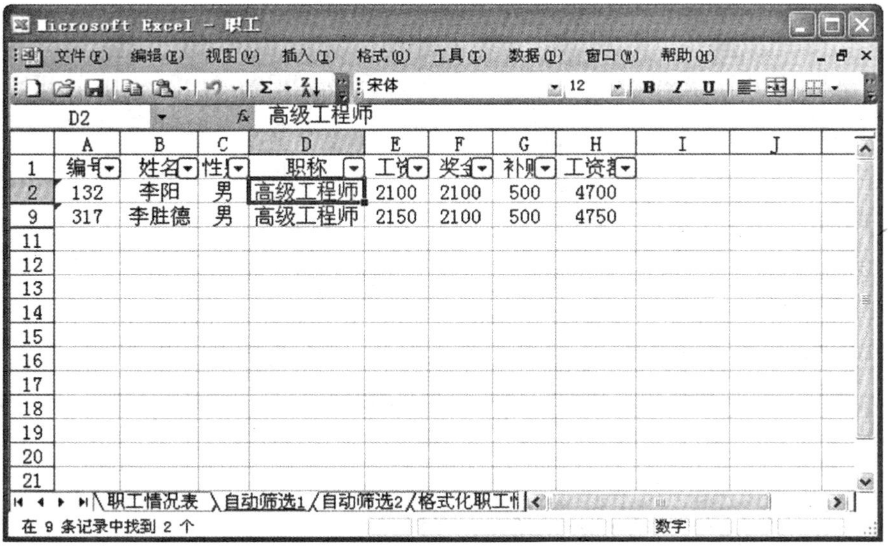

图 5.31　自动筛选

(2)复制工作表“职工情况表”,新工作表名为“自动筛选 2”,进行下面的练习,单击“工资额”列的筛选箭头,在下拉列表中选“自定义”,出现“自定义自动筛选方式”对话框,在“工资额”下拉列表框中选择“大于或等于”,其右边的下拉列表框中输入“4000”,第二行选“或”运算,在下拉列表框中选“小于”,在右边的下拉列表框中输入“3000”,如图 5.32 所示,单击“确定”按钮。筛选结果如图 5.33 所示。

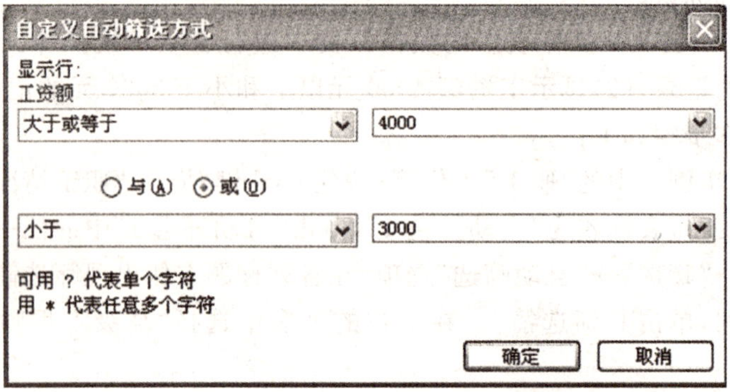

图 5.32　“自定义自动筛选方式”对话框

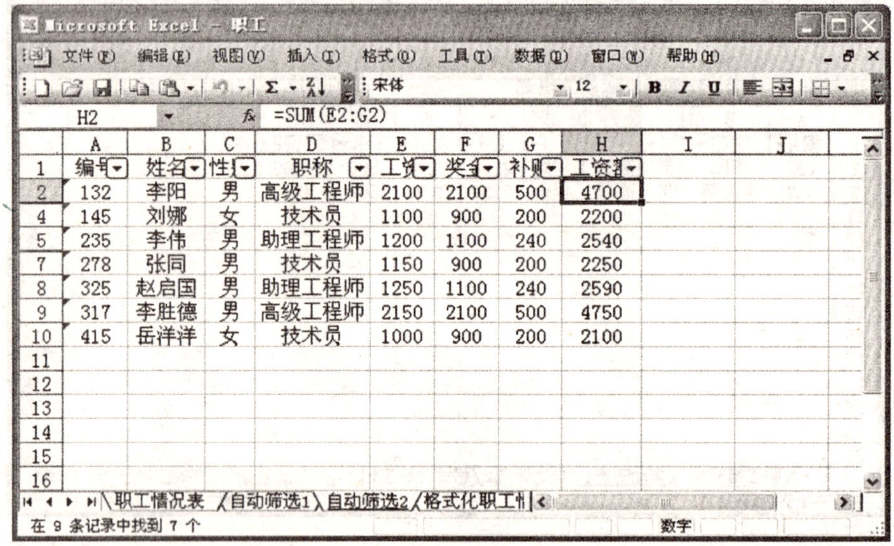

图 5.33　自定义自动筛选结果

*5.4.4　高级筛选

自动筛选一次只能筛选一个字段，要实现多字段的筛选，必须多次执行自动筛选；而高级筛选解决了这个问题。

1. 高级筛选

一次可进行多字段的同时筛选，适合复杂条件筛选。例如我们要筛选出性别为男，总分在 500 分以上的学生信息。

2. 高级筛选的操作步骤

(1)找一个空白区作为条件区域，在当前工作表的空白区域键入筛选条件。

(2)选中工作表中任意一个单元格，单击菜单“数据”→“筛选”→“高级筛选”选项，打开“高级筛选”对话框。“方式”选择默认选项，表示在原数据清单中显示筛选结果；“列表区域”和“条件区域”都可以通过拾取按钮，在数据清单中选定相应的数据区域。

(3)设置完成，单击“确定”按钮。单击菜单“数据”→“筛选”→“全部显示”命令，即可恢复显示所有数据。

实例 10　显示职工情况表中职称是高级工程师或工程师，高级工程师工资额大于 4700 元，工程师工资大于 3350 元的职工。

具体操作步骤如下：

(1)在数据区域以外，至少空一行或空一列，建一个条件区域，此例中在条件区域为“A12:D12”，同行的是“与”关系，即同行的几个条件都满足时才可以，不同行的是“或”的关系，即只要有一个条件满足就可以了。输入条件如图 5.34 所示。

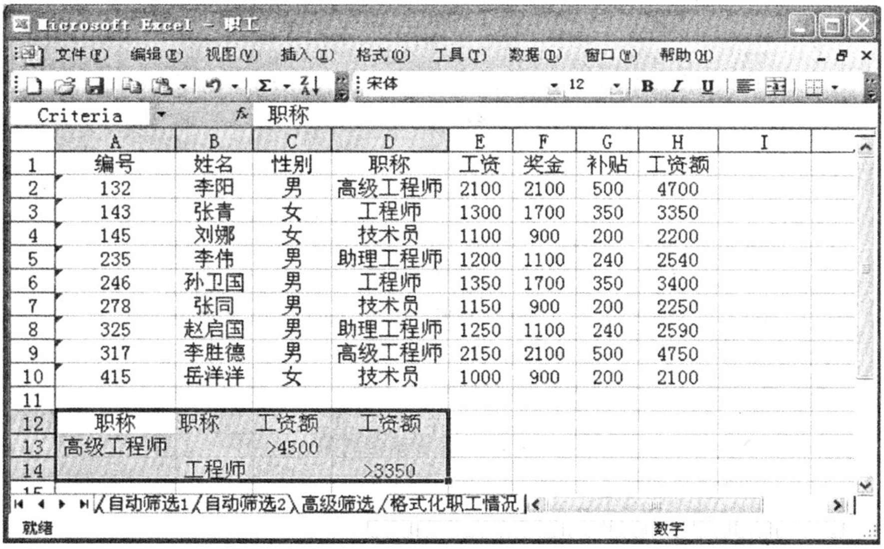

	A	B	C	D	E	F	G	H
1	编号	姓名	性别	职称	工资	奖金	补贴	工资额
2	132	李阳	男	高级工程师	2100	2100	500	4700
3	143	张青	女	工程师	1300	1700	350	3350
4	145	刘娜	女	技术员	1100	900	200	2200
5	235	李伟	男	助理工程师	1200	1100	240	2540
6	246	孙卫国	男	工程师	1350	1700	350	3400
7	278	张同	男	技术员	1150	900	200	2250
8	325	赵启国	男	助理工程师	1250	1100	240	2590
9	317	李胜德	男	高级工程师	2150	2100	500	4750
10	415	岳洋洋	女	技术员	1000	900	200	2100
11								
12	职称	职称	工资额	工资额				
13	高级工程师		>4500					
14		工程师		>3350				

图 5.34　高级筛选条件区

(2)将光标放在数据区域任一单元格,使用菜单"数据"→"筛选"→"高级筛选"命令,显示"高级筛选"对话框,见图5.35。

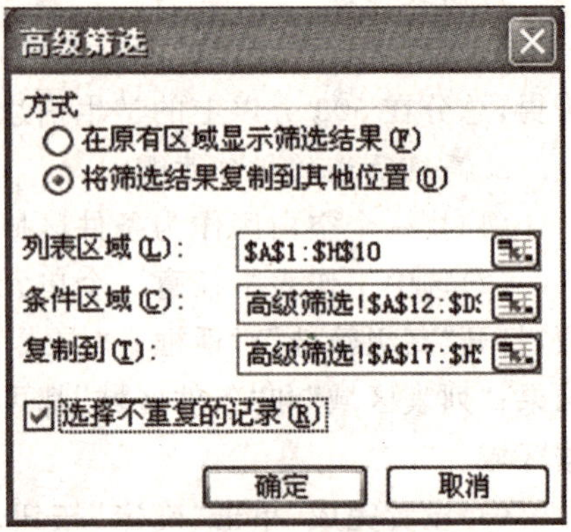

图 5.35 "高级筛选"对话框

(3)在"高级筛选"对话框中,"方式"有两个选项,"在原有区域显示筛选结果",将隐藏原有的数据,"将筛选结果复制到其他位置",原有数据不被隐藏。"列表区域"是参加高级筛选的数据区域,"条件区域"是我们在数据表空白处输入的条件区,当选择将筛选结果复制到其他位置,则"复制到"框可用,单击右边箭头按钮,选择"A17:H27"区域,用于存放筛选结果。

(4)单击"确定"命令按钮。高级筛选的结果如图5.36所示。

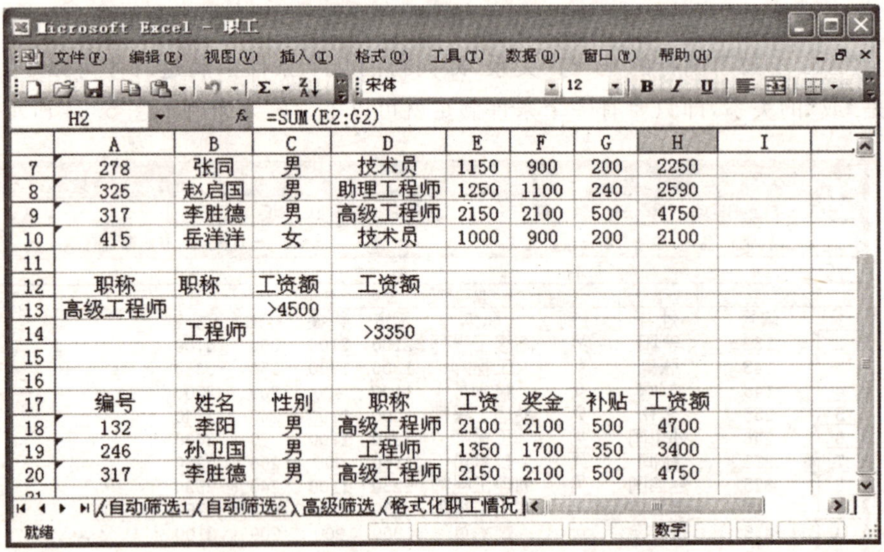

图 5.36 高级筛选结果

*5.4.5 分类汇总

在 Excel 中,可以通过分类汇总对数据进行分析和统计,对数据清单中数据行

(相当于数据库中表的记录)按照某一字段分类,将此字段中字段值相同的汇总在一起,对数值数据进行求和、求均值等,称为分类汇总。

1. 分类汇总

对某一字段进行分类,将其他字段进行汇总,用于在分类汇总中进行分类的字段,在汇总前,先对该字段进行排序。

2. 分类汇总的步骤

(1)对分类字段进行排序。

(2)使用菜单"数据"→"分类汇总"选项,出现"分类汇总"对话框,选择"分类字段","汇总方式","选定汇总项",下面有三个复选框,"替换当前分类汇总"、"每组数据分页"、"汇总结果显示在数据下方"。选中复选框,则所选项有效。

实例 11　复制"职工"工作簿中的"职工情况表"表名为"分类汇总",以"职称"为分类字段,对"奖金"及"工资额"以平均值方式进行分类汇总。

具体操作步骤如下:

(1)打开"职工"工作簿文件,复制"职工情况表"在同一工作簿,工作表名称为"分类汇总"。

(2)将鼠标指针放在"职称"列的任意一个单元格中,单击工具栏上"降序"排序按钮,如图 5.37 所示。

图 5.37　分类汇总对分类字段排序

(3)使用菜单“数据”→“分类汇总”选项，出现“分类汇总”对话框，在“分类字段”中，单击下拉按钮，选择“职称”字段；在“汇总方式”的下拉列表中选择“平均值”；在“选定汇总项”中选择“奖金”和“工资额”，选中下面的2个复选框，如图5.38所示，单击“确定”按钮。

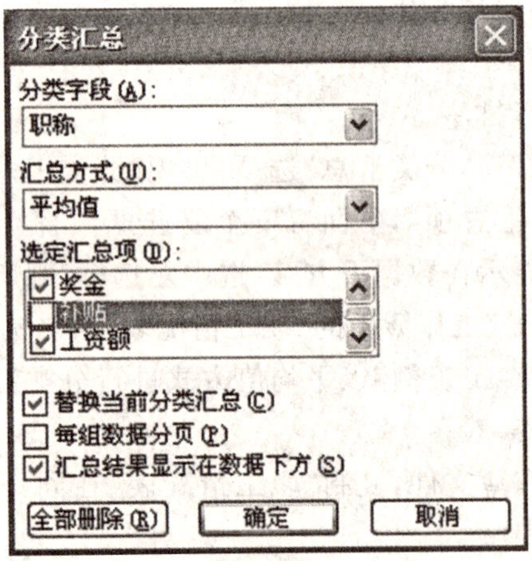

图5.38　“分类汇总”对话框

(4)分类汇总结果如图5.39所示。单击窗口左上角的数字“2”，是隐藏每个分类中的具体项；单击数字“3”，显示每一分类中的具体项；单击数字“1”，隐藏所有分类项，显示整体汇总方式值。

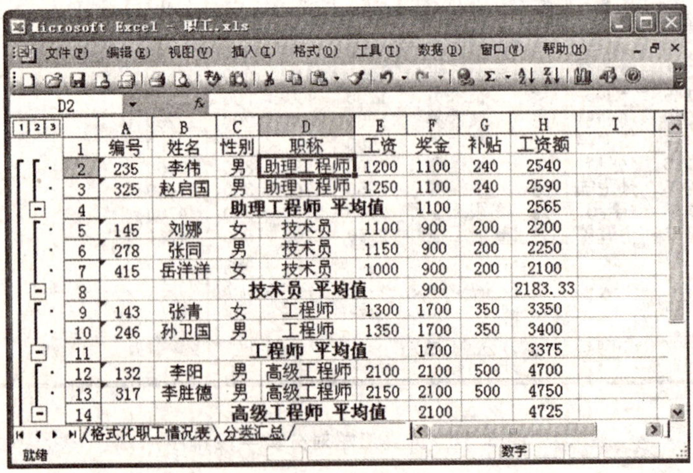

图5.39　分类汇总结果

5.5 图表的建立

为了直观地表达 Excel 工作表中的数据，在 Excel 中，图表将工作表中的行、列数据转换成各种形式且有意义的图像。用图形的形式来描述工作表中的数据，它很容易帮助人们辨认数据变化的趋势，当工作表中的数据源发生变化时，图表中对应项的数据也自动更新。数据的图表化是 Excel 的主要功能之一。

5.5.1 图表的创建

为工作表的数据创建图表，选择图表类型很重要，要根据数据分析的需要，选择合适的图表类型，通过修改图表选项，可以达到图表更符合直观显示的要求。

1. 图表的概念

(1)图表的类型。Excel 中共有 14 类图表，每类中还有子类型图表。又分嵌入式图表和独立式图表。

(2)图表的数据源。用来作图的数据。

(3)图表选项。图表标题、坐标轴、网格线、图表区、图形区、图例等。

①Y 轴(值轴)：通常是垂直，为图表中数据标记提供计量的参考轴。

②X 轴(类型轴)：标识数据标记对应的数值数据所在的单元格位置。

③数据标记：一个数据标记对应于工作表中一个单元格中的具体数据。

④数据系列：数据系列来源于工作表中的一行或一列数据。图表中的每一组数据系列都以相同的形状、图案和颜色表示。

⑤图例：每个数据系列的名字都将出现在图例区域中，称为图例的一个标题。

⑥绘图区：在二维图表中，绘图区是以两条坐标轴为界并包含全部数据系列的矩形区域。

(4)图表位置。嵌入在工作表内，称为嵌入式图表；一张独立的图表占一个工作表，称为独立式图表。

2. 图表的创建

具体操作步骤如下：

(1)选择图表类型及子类型。

(2)选中数据源区域。

(3)设置图表选项。

(4)选择图表位置。

实例 12 为实例 7 中的“职工”工作簿文件“职工情况表”中的“姓名”、“奖金”、“补贴”和“工资额”创建一个三维簇状柱形图，放在“A12:H26”区域。

具体操作步骤如下：

(1)打开已有的“职工.xls”工作簿文件，复制工作表“职工情况表”，新工作表名为“图表”，选取“姓名”列，按住 Ctrl 键选取“工资”、“奖金”、“补贴”、“工资额”列，如图 5.40 所示。用常用工具栏中的“图表向导”按钮，或单击菜单“插入”→“图表”选项，选择图表类型为“三维簇状柱形图”，单击“下一步”按钮，如图 5.41 所示。

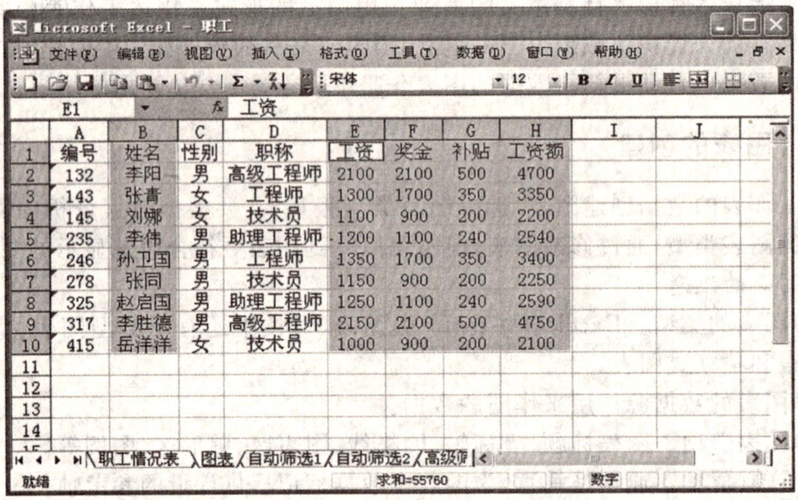

图 5.40 不连接列数据的选择

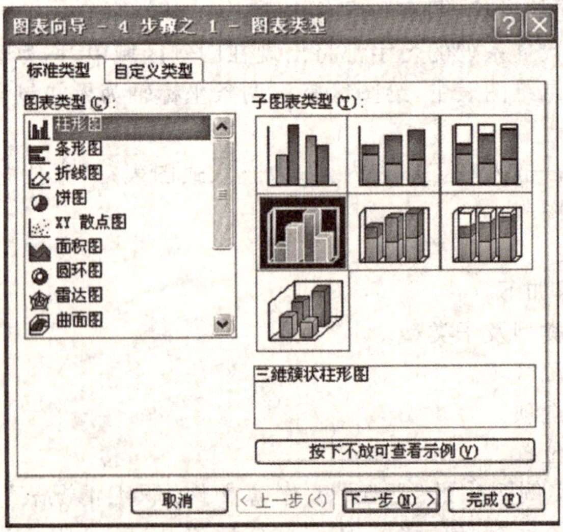

图 5.41 图表类型

(2)选取图表的“源数据”所在的数据区域，这步已做，选择系列产生在“行”还是在“列”，此处选“列”。单击“下一步”按钮，如图 5.42 所示。

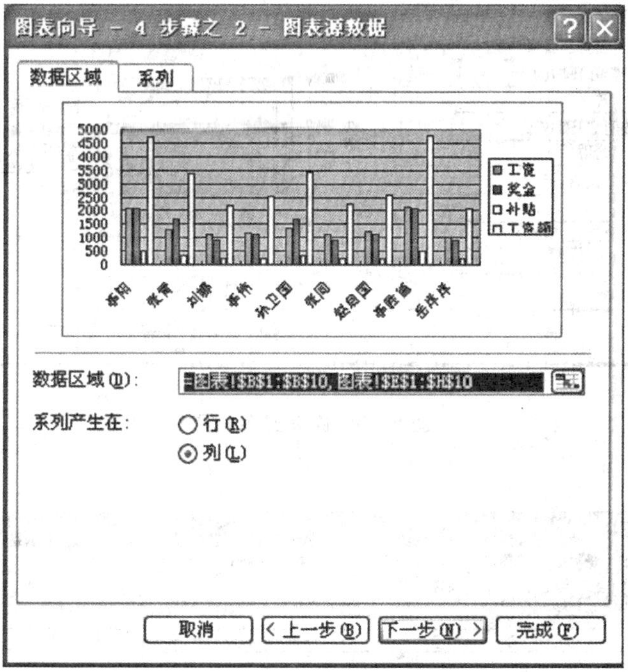

图 5.42　数据源区域及系列产生在列

(3)在图表选项中，输入图表标题“公司工资情况图”，“分类(X)轴”为“姓名”，“数值(Y)轴”为“金额”，单击“下一步”按钮，如图 5.43 所示。

(4)选择图表位置，是“作为新工作表插入”，还是“作为其中的对象插入”，选择后者。单击“完成”按钮。拖动图表到“A12:H26”区域，如图 5.44 所示。

5.5.2　图表的编辑与修改

当图表创建完成后，可以对图表中各个内容进行修改编辑。要修改图表，首先要选中图表。单击图表，屏幕上出现“图表”工具栏，可以根据需要选择不同的按钮对图表进行编辑。

1. 编辑图表的类型

在图表上单击鼠标右键，单击“图表类型”命令。可重新选定图表的类型及其子图表类型。有 14 种可供选择的图表类型，用鼠标单击进行选择，图表的外观会

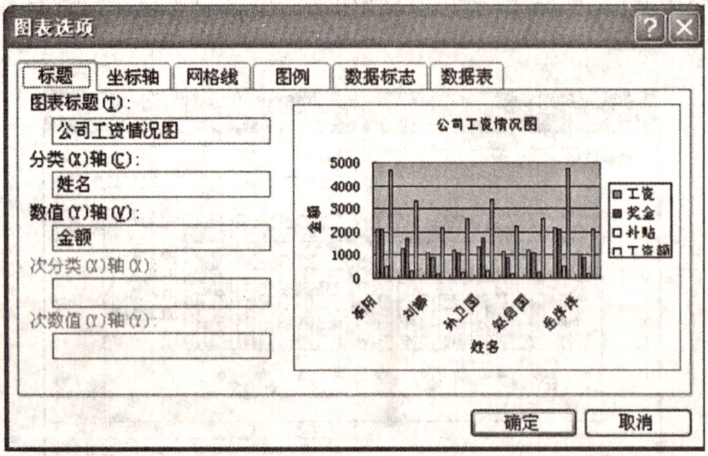

图 5.43 图表选项设置

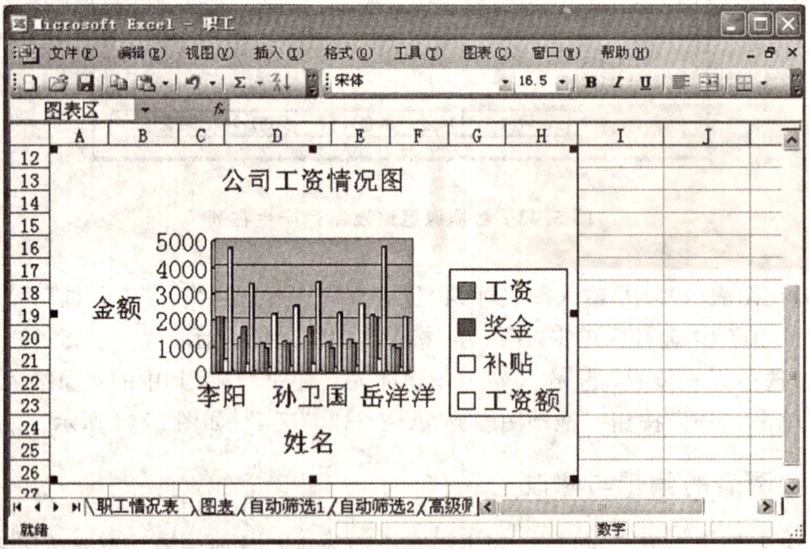

图 5.44 三维簇状柱形图

自动发生改变。

同一组数据可以用不同的图表类型来表示，所以，在选择图表类型时可以选择最适合表达数据内容的图表类型。例如，表示各部分数据的对比情况，可以用直方图;表示数据的发展趋势,可以用折线图;表示比例关系,可以用饼图。

2. 编辑数据源

如果要重新选择源数据,右键单击绘图区,在弹出的快捷菜单中选择“源数据”命令,打开“源数据”对话框,然后选定正确的数据区域即可。

3. 编辑图表选项

添加/删除图表中的项目　如果在创建图表中没有设置某些图表项目,可以在图表生成后再进行补充。右键单击绘图区,在弹出的快捷菜单中选择“图表选项”命令,在打开的“图表选项”的对话框中进行项目编辑,可以对图表标题,分类轴,图例等做出修改。也可以直接单击图表标题、图例等进行修改。

4. 编辑图表位置

是作为独立的工作表,还是作为对象插入到数据源工作表中。

5.5.3　图表对象的格式化设置

当生成一个图表后,图表上的信息都是按默认的格式显示的。为了获得更理想的显示效果,就需要对图表中的各个对象格式化,以改变它们的外观。对图表对象的格式化,首先要选中设置的对象,例如“标题”、“图例”、“数据系统”等,然后双击鼠标,打开相应的格式设置对话框。由于不同对象格式化的内容不同,所以对话框的组成也不相同。以下介绍几种常用的格式化工作。

1. 格式化字体

如果希望改变“图例”的字体格式,可以鼠标双击图表区的空白处,然后在“图表区格式”对话框中做相应设置。

2. 边框与填充

如果改变某个区域的填充效果,可以双击该区域,打开相应的格式对话框,在右边“区域”框中单击“填充效果”按钮,打开“填充效果”对话框,可以选择填充的类型,如“渐变色”、“纹理”、“图案”等,对区域进行填充。

实例 13　将实例 12 中“图表区”填充预设颜色“雨后初晴”,将“绘图区”填充“白色大理石”纹理。

具体操作步骤如下:

(1)双击图表区,出现“图表区格式”对话框,在右边“区域”框中单击“填充效果”按钮,打开“填充效果”对话框,在“颜色”框中选择“预设”,在其右侧选择“雨后初晴”,如图 5.45 所示,单击填充效果对话框中的“确定”按钮,再单击“图表区格式”对话框中的“确定”按钮。填充的效果如图 5.46 所示。

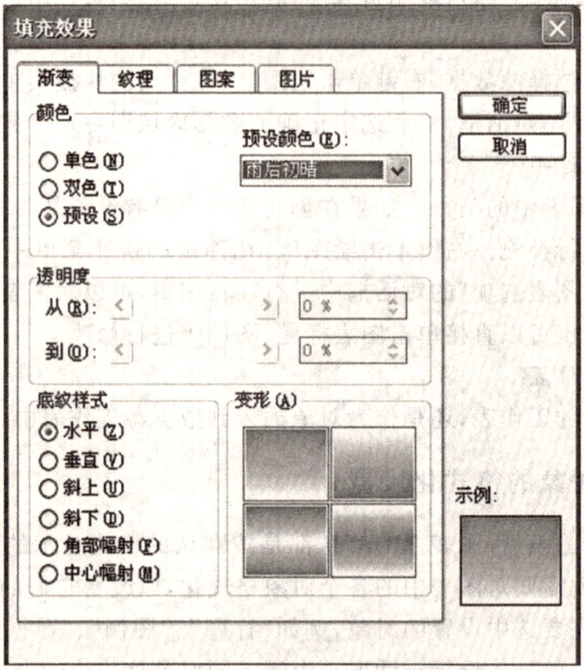

图 5.45 图表区填充设置

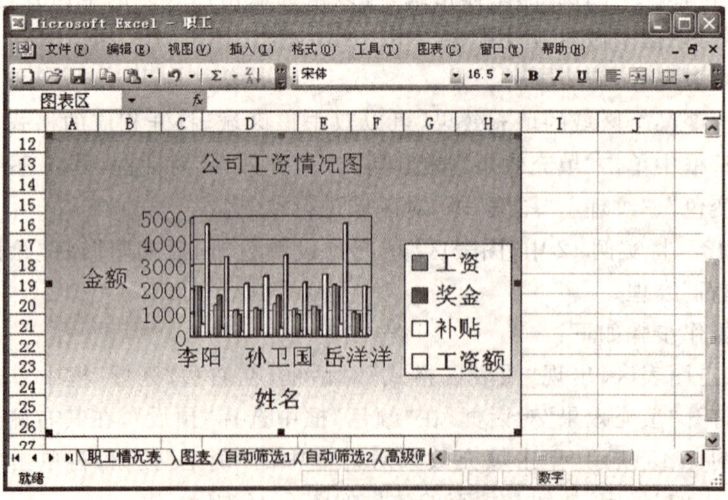

图 5.46 图表区填充效果

(2)双击绘图区,出现“背景墙格式”对话框,在右边“区域”框中单击“填充效果”按钮,打开“填充效果”对话框,单击“纹理”选项卡,选择“白色大理石”纹理,如图 5.47 所示,单击填充效果对话框中的“确定”按钮,再单击“背景墙格式”对话框中的“确定”按钮。填充的效果如图 5.48 所示。

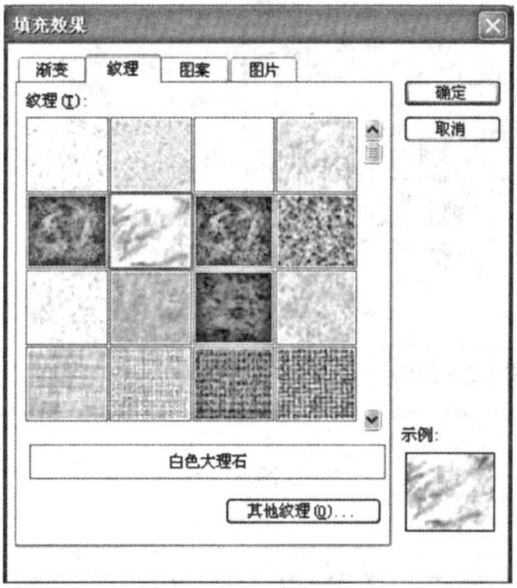

图 5.47 绘图区填充效果设置

3. 对齐方式

对于包含文字的对象内容,如“标题”、“坐标轴”等,其格式对话框中都包含有“对齐”选项卡,在“对齐”选项卡下可以设置文字的显示方向、旋转角度等。

实例 14 将 X 坐标轴上的名字竖排,字号设置为 9 磅。将图例字号设置为 9 磅,并移动图例到合适的位置。

具体操作步骤如下:

(1)用鼠标双击 X 坐标轴标题,打开“坐标轴格式”对话框,单击“对齐”选项卡,设置文字方向垂直,单击“字体”选项卡,设置字号为 9 磅,单击“确定”按钮,这样每个人的名字都显示出来。

(2)用鼠标双击图例,打开“图例格式”对话框,单击“字体”选项卡,设置字号为 9 磅,单击“确定”按钮,拖动图例移到合适的位置,如图 5.49 所示。

4. 图案

在 Excel 环境中,图表中不同的数据系列都是以不同颜色区分的,但最终需要

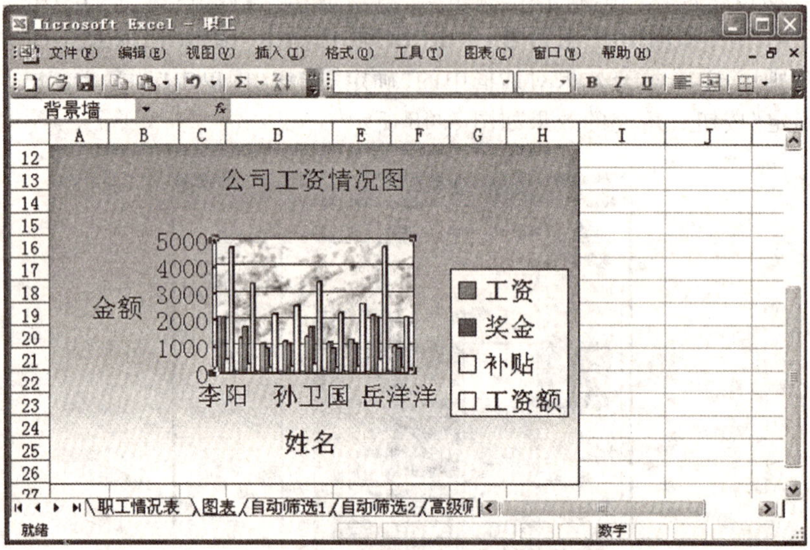

图 5.48 绘图区域填充效果

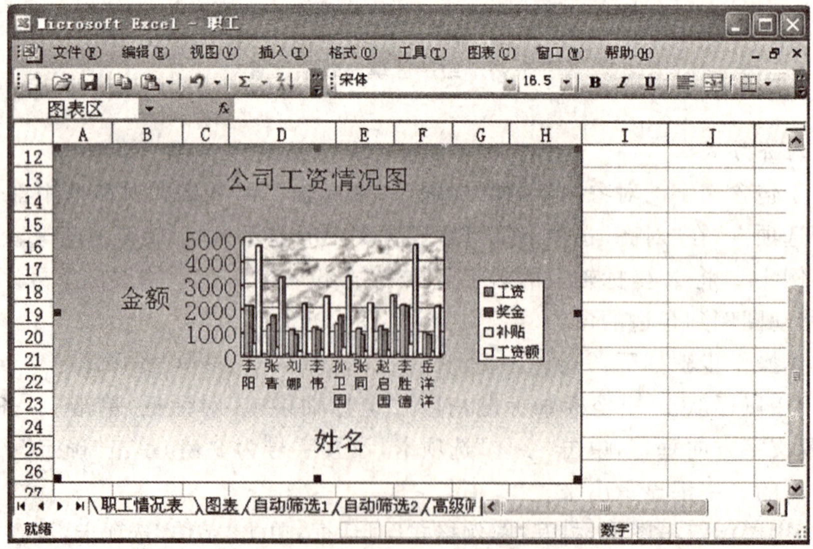

图 5.49 坐标轴文字方向设置

将图表打印输出。如果是用黑白打印机，那么在输出图表时原有的色彩将按黑白灰度输出，这就有可能使原有的色彩不能明显区分。解决这一问题的方法就是为各个数据系列填充不同的填充图案。用鼠标双击某个数据系列，打开“数据系列格式”对话框，单击“内部”框中的“填充颜色”按钮，在“图案”选项卡下选择一种填充图案，然后依次单击“确定”按钮。可以用同样的方法改变其他数据系列的填充图案，这样在经过黑白打印机输出后，就可以根据不同的图案来区分各数据系列了。

5.5.4　打印工作表

当创建一张工作表，并对其进行相应的修饰后，就可以通过打印机打印输出了。在工作表打印之前，还需要做一些必要的设置，如设置页面、页边距、添加页眉和页脚、设置打印区域等。

1. 页面设置

单击菜单“文件”→“页面设置”选项，打开“页面设置”对话框，如图 5.50 所示。其中包括“页边距”、“页眉/页脚”、“页面”、“工作表”4 个选项卡。

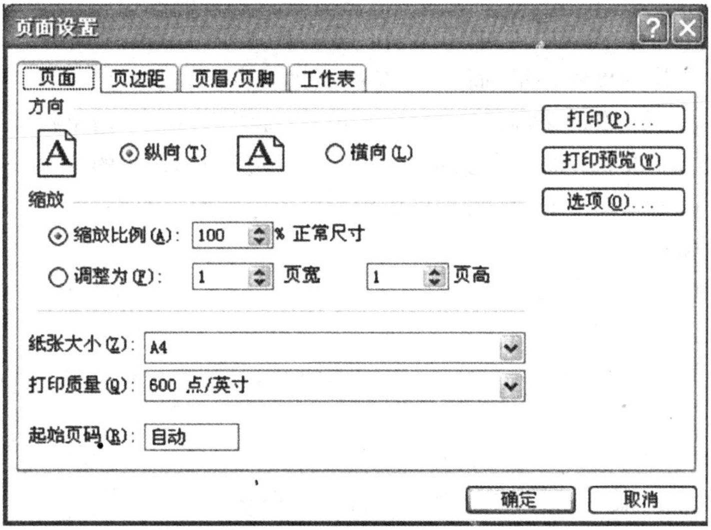

图 5.50　“页面设置”对话框

(1)“页面”选项卡：可以设置打印方向、纸张大小、缩放比例、打印起始页码等参数。

(2)“页边距”选项卡：可以设置工作表距打印纸边界“上”、“下”、“左”、“右”的距离，还可以设置工作表的居中方式以及“页眉/页脚”距边界的距离。

(3)“页眉/页脚”选项卡：可以编辑页眉和页脚的内容以及插入位置。通常情况下，Excel页面中只显示工作表内容，所以不能像Word那样直接在页面上编辑页眉和页脚，只能通过页面设置来完成。

(4)“工作表”选项卡：可以重新定义打印区域，编辑打印标题，实现在每一页中都打印相同的行或列作为表格标题，设置打印顺序等。

2. 打印预览

在打印工作表之前通过打印预览查看打印效果。单击“文件”→“打印预览”命令，启动打印预览功能。

“下一页”与“上一页”按钮：Excel的打印预览和Word稍有不同，默认情况下，用户一次只能预览一页的打印效果。单击“下一页”或“上一页”按钮，可显示当前页的“下一页”或“上一页”内容，如果按钮呈灰色，则表示为最后一页或第一页。

“缩放”按钮：可用来放大或缩小显示内容，缩放功能并不影响实际打印效果。

“打印”按钮：单击“打印”按钮，打开“打印内容”对话框，如图5-51所示。

“设置”按钮：单击“设置”按钮，即可打开“设置”对话框，对页面进行设置。

“页边距”按钮：单击“页边距”按钮，即可看到如图所示的效果：当前页的上、下、左、右边距均用虚线表示，而上、下各两条虚线依次表示页眉边界、上边界、下边界和页脚边界，左、右两条虚线表示左、右边界，虚线的位置可用鼠标进行调节。

“分页预览”按钮：单击“分页预览”按钮，可以发现工作表的分页处有一条蓝色的虚线，此为分页符。用户可以通过拖动分页符来调整各页的大小。

3. 打印输出

工作表格式设置完成后就可以打印了，单击“打印预览”窗口中的“打印”按钮，即可打开“打印内容”对话框图5.51所示。

用户可以设定打印的页码范围、打印的份数、打印内容等，在“打印内容”区域有以下几项：

(1)选定区域：只打印选定的区域。

(2)整个工作簿：按顺序打印工作簿中的工作表。

(3)选定工作表：这是默认选项，打印当前的工作表。

设置完成后单击“确定”按钮，完成工作表的打印输出。

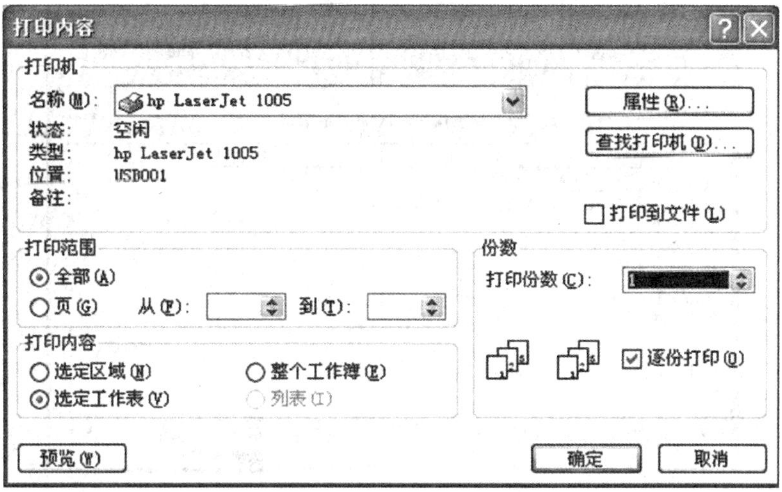

图 5.51　“打印内容”对话框

习　　题

1. 创建工作簿文件 LX1.xls，如图 5.52 所示，按要求在 LX1.xls 中完成以下操作。

(1)将工作表 Sheet1 的“A1:C1”单元格合并为一个单元格，内容居中，计算“数量”列的“总计”项及“所占比例”列的内容(所占比例＝数量/总计)，将工作表命名为“学校人力资源情况表”。

(2)取“学校人力资源情况表”的“人员类型”列和“所占比例”列的单元格内容(不包括“总计”行)，建立“分离型饼图”，数据标志为“显示百分比”，标题为“学校人力资源情况图”，插入到表的“A9:E29”单元格区域内。

2. 创建工作簿文件 LX2.xls，如图 5.53 所示，按要求在 LX2.xls 中完成以下操作。

(1)在 Sheet1 工作表中建立如下内容工作表，将 A1:F1 单元格合并居中，并用函数求出每人的全年工资，表格数据全部为紫色、19 磅、居中放置，并自动调整行高和列宽，数值数据加美元货币符号，表格标题为绿色，合并居中，工作表命名为“企业工资表”。

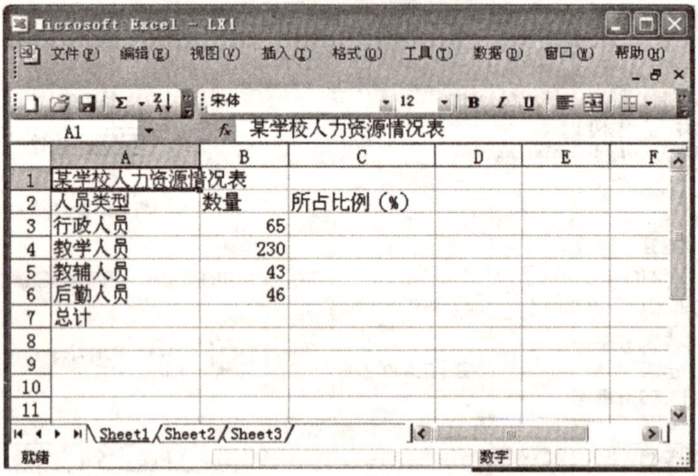

	A	B	C	D	E	F
1	某学校人力资源情况表					
2	人员类型	数量	所占比例（%）			
3	行政人员	65				
4	教学人员	230				
5	教辅人员	43				
6	后勤人员	46				
7	总计					
8						
9						
10						
11						

图 5.52　上机练习 1

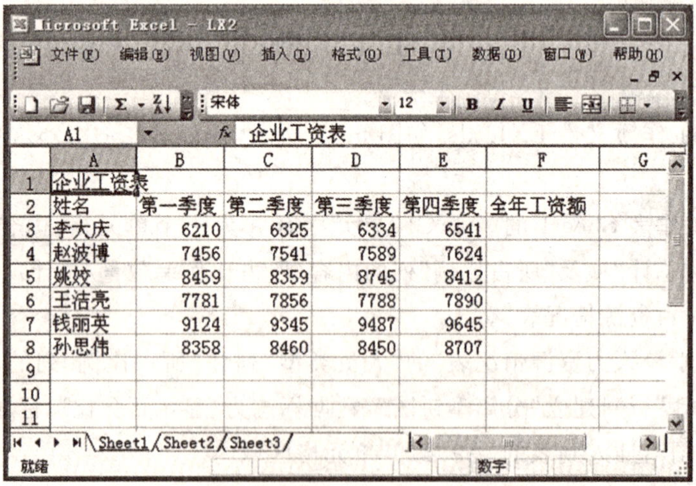

	A	B	C	D	E	F	G
1	企业工资表						
2	姓名	第一季度	第二季度	第三季度	第四季度	全年工资额	
3	李大庆	6210	6325	6334	6541		
4	赵波博	7456	7541	7589	7624		
5	姚姣	8459	8359	8745	8412		
6	王洁亮	7781	7856	7788	7890		
7	钱丽英	9124	9345	9487	9645		
8	孙思伟	8358	8460	8450	8707		
9							
10							
11							

图 5.53　上机练习 2

(2)将“企业工资表”复制为一个名为“工资表排序”的新工作表，在“工资表排序”工作表中，按“全年工资额”从高到低排序，全年工资相同时按“第四季度”排序，结果保存在 LX2. xls 中。

(3)将“企业工资表”复制为一张新工作表,并为此表数据创建“簇状柱形图”,横坐标为“各季度”,图例显示为“姓名”列,工作表名为“图表”,图表标题为“企业工资图表”。结果保存在 LX2. xls 中。

3. 创建工作簿文件 LX3. xls,如图 5. 54 所示,按要求在 LX3. xls 中完成以下操作。

(1)在 Sheet1 工作表中建立如下内容的工作表,并用公式求出每人的“年平均工资”,并为其添加人民币符号,全表中数据 18 磅、居中,行高 22,列宽 15。标题倾斜加下划线、合并居中,工作表命名为“工资表”。

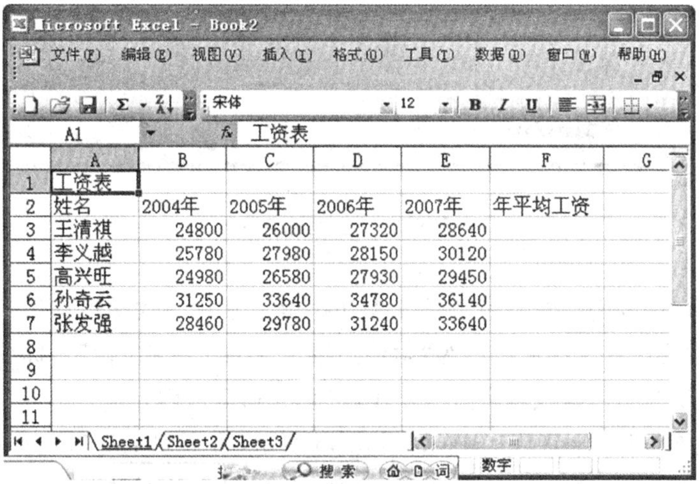

	A	B	C	D	E	F	G
1	工资表						
2	姓名	2004年	2005年	2006年	2007年	年平均工资	
3	王清祺	24800	26000	27320	28640		
4	李义越	25780	27980	28150	30120		
5	高兴旺	24980	26580	27930	29450		
6	孙奇云	31250	33640	34780	36140		
7	张发强	28460	29780	31240	33640		
8							
9							
10							
11							

图 5. 54　上机练习 3

(2)将“工资表”复制为一个名为“筛选”的新工作表,在“筛选”工作表中,将年平均工资在 30 000 元以下的筛选出来,结果保存在 LX3. xls 中。

(3)将“工资表”复制为一张新工作表,将表中第 6 列删除,并在第 4 行添加一行,姓名为李小峰,表格中外框为蓝色双实线,内线为红色单实线,工作表命名为“编辑后工作表”,结果保存在 LX3. xls 中。

4. 创建工作簿文件 LX4. xls(内容如下),如图 5. 55 所示。按要求在 LX4. xls 中完成以下操作。

(1)将工作表 Sheet1 的“A1:D1”单元格合并为一个单元格,内容居中;计算“学生均值”行,(学生均值=年贷款金额/学生人数,保留小数点后两位),将工作表命名为“学校助学贷款发放情况表”。

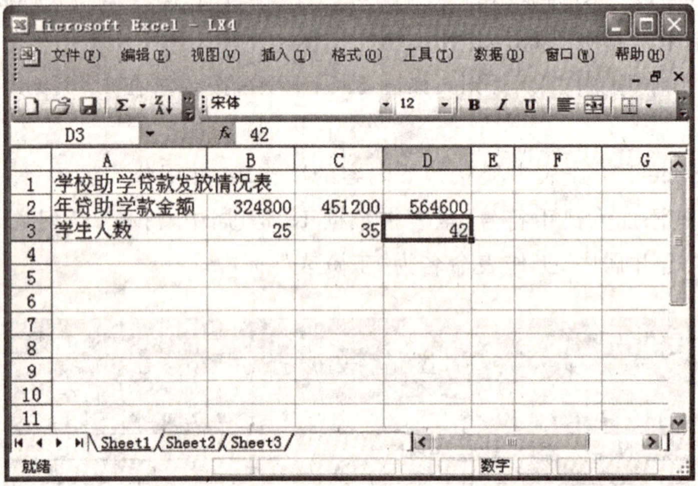

图 5.55 上机练习 4

(2)选取“学校助学贷款发放情况表”的“学生人数”和“学生均值”两行的内容建立“簇状柱形图”，X 轴上的项为“学生人数”(系列产生在“行”)，标题为“学校助学贷款发放情况图”，插入到表的“A7:D17”单元格区域内。

5. 创建工作簿文件 LX5. xls，如图 5. 56 所示，将下列某厂家生产的 3 种机械零件生产情况数据建成一个数据表(存放在 A1:D4 区域内)，按要求完成以下操作。

(1)计算出每种零件的合格率，其计算公式是：合格率＝合格件数/产品数量，其数据表保存在 Sheet1 工作表中。

(2)对建立的数据表选择“产品名称”、“产品数量”和“合格率”3 列数据，建立“三维气泡图”，图表标题为“零件生产情况图”，并将其嵌入到工作表的 A6:F18 区域中。

(3)将工作表 Sheet1 更名为“零件生产情况表”。

6. 创建工作簿文件 LX6. xls，如图 5. 57 所示，按要求在 LX6. xls 中完成以下操作。

(1) 在 Sheet1 工作表中建立如下内容工作表，并用公式求出每人的总评成绩，总评＝平时×10%＋期中×20%＋期末×70%。表中字体设为隶书，18 磅，数

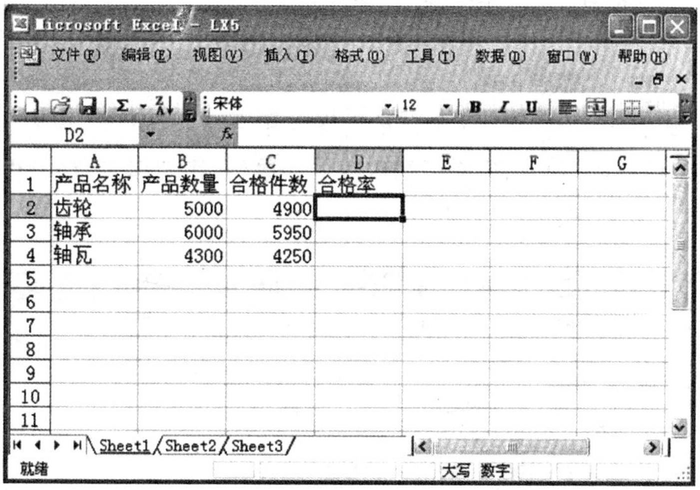

	A	B	C	D
1	产品名称	产品数量	合格件数	合格率
2	齿轮	5000	4900	
3	轴承	6000	5950	
4	轴瓦	4300	4250	

图 5.56　上机练习 5

值数据水平右对齐，文字数据水平居中，所有数据垂直靠下，表格行高 20，列宽 10，表标题合并居中、20 磅、蓝色字，并将工作表命名为“学生成绩表”。

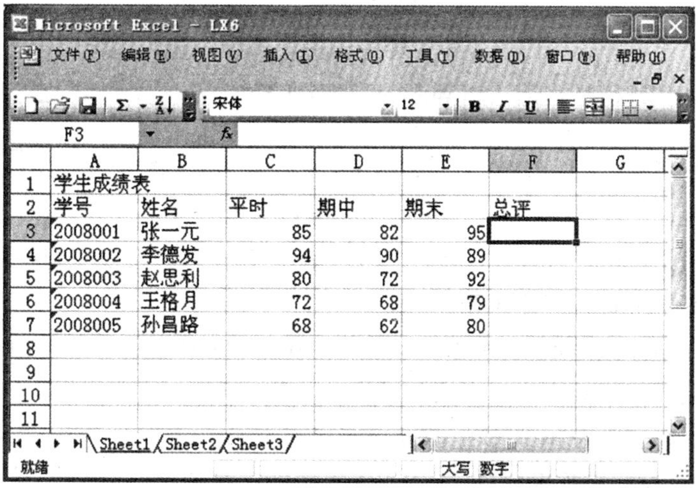

	A	B	C	D	E	F
1	学生成绩表					
2	学号	姓名	平时	期中	期末	总评
3	2008001	张一元	85	82	95	
4	2008002	李德发	94	90	89	
5	2008003	赵思利	80	72	92	
6	2008004	王格月	72	68	79	
7	2008005	孙昌路	68	62	80	

图 5.57　上机练习 6

(2)将“学生成绩表”复制为一张新工作表，将期末成绩在 80 分到 89 分的人筛选出来，并将工作表命名为“成绩筛选”保存在 LX6. xls 中。

7. 创建工作簿文件 LX7. xls，如图 5. 58 所示，按要求在 LX7. xls 中完成以下操作。

(1)将工作表 Sheet1 的“A1:D1”单元格合并为一个单元格，内容居中。

(2)计算“销售额”列，销售额＝销售数量×单价，将工作表命名为“药品销售情况表”，在 D6 单元格中计算总销售额。

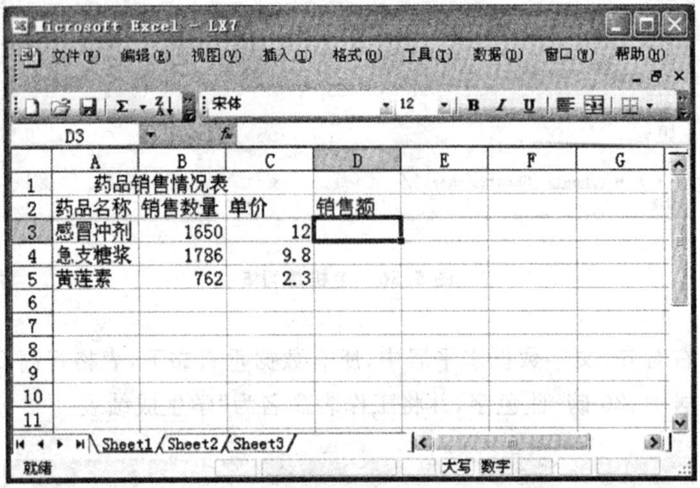

	A	B	C	D	E	F	G
1	药品销售情况表						
2	药品名称	销售数量	单价	销售额			
3	感冒冲剂	1650	12				
4	急支糖浆	1786	9.8				
5	黄莲素	762	2.3				
6							
7							
8							
9							
10							
11							

图 5.58 上机练习 7

8. 创建工作簿文件 LX8. xls，如图 5. 59 所示，在工作簿 LX8 中创建“职工工资表”工作表，按要求完成相应操作：

(1)利用相对引用计算每个职工的实发工资并存入到实发工资栏中。

(2)按实发工资以降序排列工资表。

(3)用自动筛选显示“基本工资”大于 1 200 或“基本工资”小于 1 000 的职工。

(4)用最大值函数求出最高实发工资。

(5)建立职工工资折线图并将折线图保存在另一个工作表中；工作表命名为“工资图表”。保存工作簿文件。

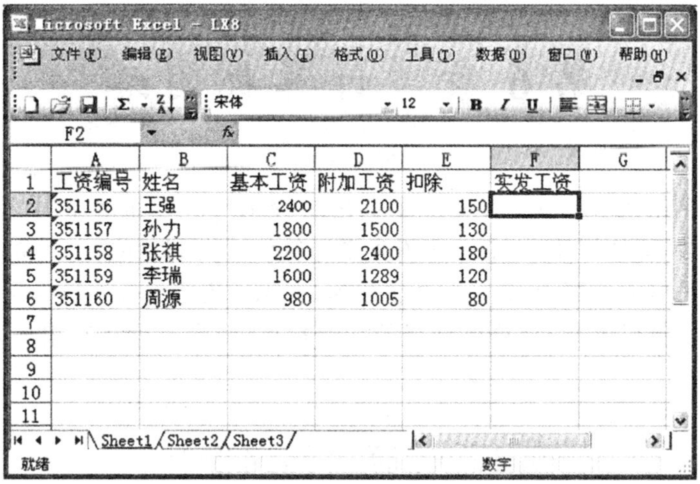

	A	B	C	D	E	F	G
1	工资编号	姓名	基本工资	附加工资	扣除	实发工资	
2	351156	王强	2400	2100	150		
3	351157	孙力	1800	1500	130		
4	351158	张祺	2200	2400	180		
5	351159	李瑞	1600	1289	120		
6	351160	周源	980	1005	80		

图 5.59 上机练习 8

第 6 章　计算机网络

计算机网络(Computer Network)的出现,不仅使计算机的作用范围超越了地理位置的限制,方便了用户,而且也增强了计算机本身的功能,更加充分地发挥了计算机软硬件资源的能力,是一门发展迅速、知识密集的综合性学科。本章将主要讲解什么是计算机网络,计算机网络的功能特点,网络的分类和组成及局域网技术等。

6.1　计算机网络概述

我们生活在一个信息社会里,无时无刻不需要获取和交换信息。银行总行需要收集各业务点每天的资金情况,铁道部门需要及时地了解每一辆火车的运行状况,各地公安部门需要知道每个公民的基本状况等等。而这些部门早已大量地采用计算机进行信息处理,那么,这些数量极为庞大的信息怎样才能方便、快捷而且廉价地传输呢?正是计算机网络实现了这一切。

6.1.1　计算机网络的必备条件

计算机即能"互联",又能"独立"工作,才能称为网络,这里的"互联"意味着互相连接的计算机能够互相交换信息,达到资源共享的目的。而"独立"则是指每台计算机都能够独立运行。对于计算机网络来说,计算机组成网络的必要条件是:

(1)两台或两台以上的计算机才能构成网络。在网络中通常会有一方请求服务,而另一方提供服务。

(2)两台或两台以上的计算机要互相通信和交换信息,就必须要具备一条信息传输通道和相应的信息传输设备,这就像我们打电话一定要有电话线和电话机一样。这种通道要由硬件来实现,这就是信息传输介质,在计算机网络中常见的介质有双绞线、同轴电缆、光纤和卫星信道等。

(3)计算机之间要互相交换信息,就必须要理解对方传递过来的信息。也就是说,两台计算机之间需要按某种约定才能互相通信,这就是协议。这就像我们说话时必须要用双方都能理解的语言一样。计算机是否能够使用某种协议主要取决于其操作系统与网络软件是否支持该协议。

因此，可以这样来描述计算机网络："凡是将分布在不同地理位置上的具有独立功能的多台计算机系统，用通信设备和通信线路连接起来，再配有相应的支撑软件，以实现计算机之间的相互通信、资源共享的系统，称为计算机网络。"图 6.1 就是一个典型的网络模型。

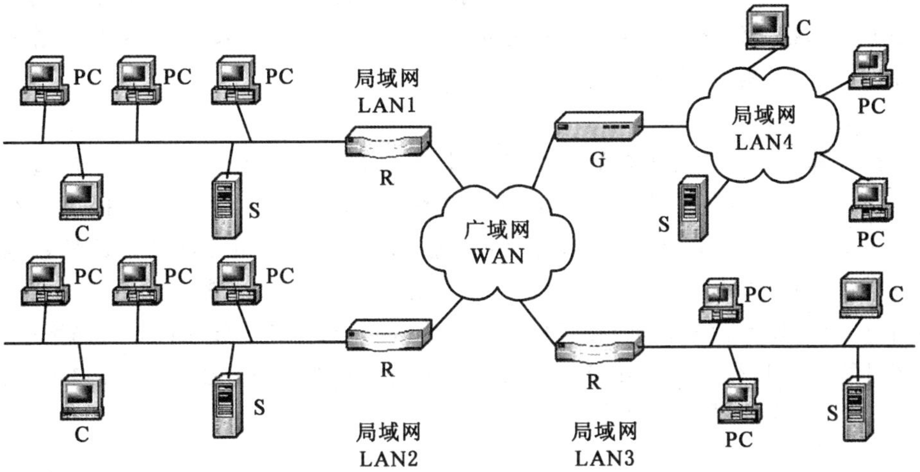

图 6.1　典型的计算机网络模型

6.1.2　计算机网络的基本功能

计算机网络有许多功能，如可以进行数据通信、资源共享、负载均衡、提高可靠性、分布式处理等。下面简单介绍它的主要功能。计算机网络提供的主要功能有：

1. 数据通信

通信或数据传输是计算机网络主要功能之一，用以在计算机系统之间传送各种信息。利用该功能，地理位置分散的生产单位和业务部门可通过计算机网络连接在一起进行集中控制和管理。也可以通过计算机网络传送电子邮件，发布新闻消息和进行电子数据交换，极大地方便了用户，提高了工作效率。

2. 资源共享

资源共享是计算机网络最有吸引力的功能。通过资源共享，可使网络中分散在异地的各种资源互通有无，分工协作，从而大大提高系统资源的利用率。资源共享包括硬件资源共享和软件资源共享。

①硬件资源共享：可以在全网范围内提供对处理机、存储器、输入输出设备等

资源的共享，特别是对一些较高级和昂贵设备的共享，如巨型计算机、高分辨率打印机、大型绘图仪等，从而使用户节省投资，也便于资源和任务的集中管理以及分担负荷。

②软件资源共享：在局域网上允许用户共享文件服务器上的程序和数据；在互联网上允许用户远程访问各种类型的数据库，可以得到网络文件传送服务、远程管理服务和远程文件访问。从而可以避免软件开发上的重复劳动以及数据资源的重复存储，且便于集中管理。

3.负载均衡

在计算机网络中可进行数据的集中处理或分布式处理，一方面可以通过计算机网络将不同地点的主机或外设采集到的数据信息送往一台指定的计算机，在此计算机上对数据进行集中和综合处理，通过网络在各计算机之间传送原始数据和计算结果；另一方面当网络中某台计算机任务过重时，可将任务分派给其他空闲的多台计算机，使多台计算机相互协作，均衡负载，共同完成任务。计算机网络的"协同式计算"，就是利用网络环境的多台计算机来共同处理一个任务。"客户机/服务器"模式也是实现这一功能的一种应用。

4.提高可靠性

提高可靠性是指在计算机网络中的各台计算机可以通过网络彼此互为后备机。一旦某台计算机出现故障，故障机的任务就可由其他计算机代为处理。

借助于计算机网络，在各种功能软件的支持下，可以进行高速的异地电子信息交换，并获得了多种服务，例如：

①新闻浏览和信息检索；

②传送电子邮件；

③多媒体电信服务，如可视电话和电视会议；

④远程教育；

⑤网上营销；

⑥网上娱乐；

⑦远程医疗诊断。

随着计算机网络覆盖地域的扩大，信息交流已越来越不受地理位置、时间和空间的限制，人类对计算机资源能够互通有无，共同分享，从而大大提高了资源利用率，提高了信息处理能力，节省了数据处理的平均费用，更使人类的生活质量和工作效率得到极大的改善。

6.1.3 计算机网络的主要应用

计算机网络是信息产业的基础，在各行各业都获得了广泛的应用，主要表现在如下几个方面。

1. 办公自动化系统(OAS)

办公自动化是以先进的科学技术(信息技术、系统科学和行为科学)完成各种办公业务。办公自动化系统的核心是通信和信息。通过将办公室的计算机和其他办公设备连接成网络，可充分有效地利用信息资源，以提高生产效率、工作效率和工作质量，更好地辅助决策，如图 6.2 所示。

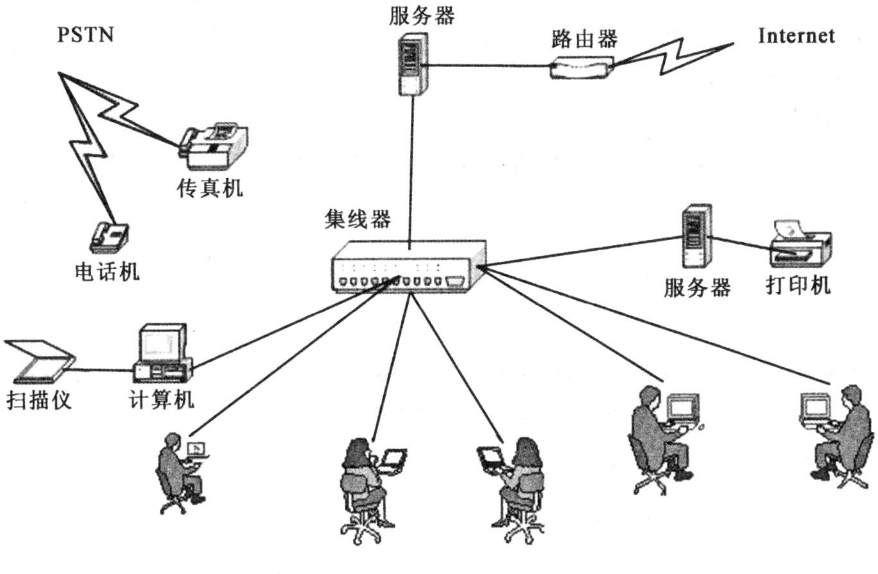

图 6.2 现代办公网络

2. 管理信息系统(MIS)

MIS 是基于数据库的应用系统。在计算机网络的基础上建立管理信息系统，是企业管理的基本前提和特征。例如，使用 MIS 系统，企业可以实现各部门动态信息的管理、查询和部门间信息的传递，可以大幅提高企业的管理水平和工作效率。

3. 电子数据交换(EDI)

电子数据交换，是将贸易、运输、保险、银行、海关等行业信息用一种国际公认的标准格式，通过计算机网络，实现各企业之间的数据交换，并完成以贸易为中心的业务全过程。电子商务系统(EB 或 EC)是 EDI 的进一步发展。我国的“金关”工程就是以 EDI 作为通信平台。

4. 现代远程教育(Distance Education)

远程教育是一种利用在线服务系统,开展学历或非学历教育的全新的教学模式。远程教育的基础设施是网络,其主要作用是向学员提供课程软件及主机系统的使用,支持学员完成在线课程,并负责行政管理、协同合作等。远程教育节约了时间、空间和物质财富,是目前教育领域中的重要组成部分。

5. 电子银行

电子银行也是一种在线服务,是一种由银行提供的基于计算机和计算机网络的新型金融服务系统,其主要功能有:金融交易卡服务、自动存取款服务、销售点自动转账服务、电子汇款与清算等。目前各大银行都开通了网上银行业务,如工行、建行、交行、中行等。

6. 企业信息化

分布式控制系统(DCS)和计算机集成与制造系统(CIMS)是两种典型的企业网络系统。

*6.2 计算机网络的分类与组成

随着科技的发展,计算机网络也得到了迅猛的发展,根据不同分类标准和要求,为了便于区别计算机网络,对其进行了划分。学习计算机网络的组成能够更好的了解和认识网络的工作方式。

6.2.1 计算机网络的分类

从不同的分类方式,可以对计算机网络进行不同的分类,通常可以按网络交换技术方式、网络拓扑结构和网络覆盖的地理范围分类。

1. 按网络交换技术方式分类

根据通信网络使用的交换技术方式的不同,可分为电路交换、报文交换及分组交换。这里所提的交换,实际上是一种转接,是在交换通信网中实现数据传输的必不可少的技术。

(1)电路交换。电路交换是一种直接的交换方式,它为一对需要进行通信的装置(站)之间提供一条临时的专用传输通道,这个通道既可是物理的也可是逻辑的。

电路交换网络在源和目的两点之间形成专用的连接线路,它的好处是能保证容量。因为一旦建立一条线路,没有其他网络活动会减少线路的容量。其缺点是耗费较大，因为线路的耗费是固定的，与通信量的大小无关。

(2)报文交换。报文交换又称存储转发。在报文交换网中，网络结点通常为一台专用计算机，带有足够的外存，以便在报文进入时，进行缓冲存储。结点接收一个报文之后，报文暂存放在结点的存储设备之中，等输出线路空闲时，再根据报文中所附的日的地址转发到下一个合适的结点。

如此反复，直到报文到达目标数据终端。报文交换不要求交换网为通信双方预先建立一条专用的数据通路。由报文交换的工作方式可以看出，报文交换不适用于交互式通信。

(3)分组交换。分组交换是针对报文交换的缺点而提出的一种改进交换形式。

在一个分组交换的网络中，网络上传输的数据被分成一个个小的信息片，叫做分组，分组被多路复用在一个大容量的机器间连接上。其主要优点是计算机之间的多路通信可以并行，机器间连接被正在通信的每一对机器共享。它的缺点是随着活动的增加，一对通信的计算机所收到的通信量远小于网络容量。也就是说，一旦某个分组交换网络超载，那么，使用这个网络的计算机在继续发送分组之前，必须等待。

2. 按网络的拓扑结构分类

网络拓扑，可以从物理和逻辑两个方面来划分。网络物理拓扑是指计算机、电缆和网络上的其他组件的安排方式或物理布局。因而根据物理拓扑结构的不同，计算机网络可分为：总线型、星型、环型三种传统拓扑型。

(1)总线型。总线型拓扑是将所有设备连接到公用的共享电缆上，如图 6.3 所示。总线型拓扑结构采用单根传输线作为传输介质，所有的站点都通过相应的硬件接口直接连接到总线上。任何一个站的发送信号都可以沿着介质传播，而且能被所有的站接收。

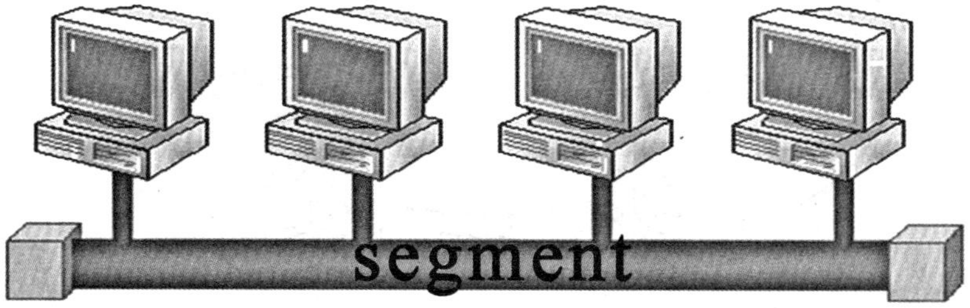

图 6.3 总线型网络

(2)星型。星型拓扑结构有一个中央结点，网络的其他结点，如工作站和其他的设备都与中央结点直接相联，如图 6.4 所示。

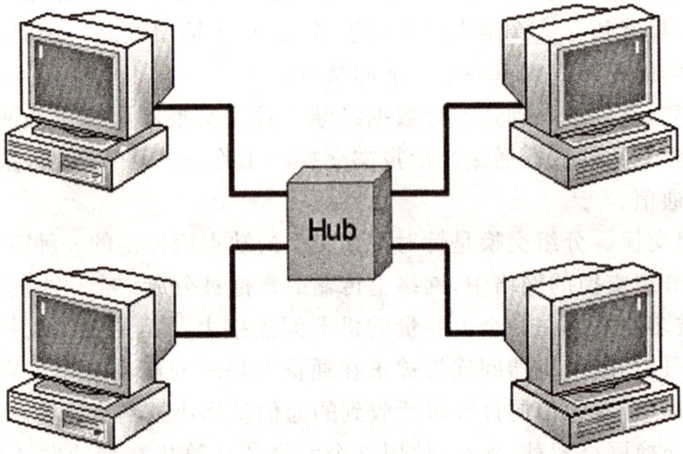

图 6.4 星型网络

(3)环型。环型拓扑是用一根单独的电缆将网络中的设备连成一个环，如图 6.5 所示。

图 6.5 环型网络

在实际的网络拓扑结构中，计算机网络的结构往往是多种结构并存，混合连接，上面三种结构混合起来可以形成更复杂的网络拓扑结构。

3. 按网络覆盖的地理范围分类

按网络覆盖的地理范围的大小，可将计算机网络分为局域网、广域网和城域网三种。

(1)局域网。局域网(LAN，Local Area Network)是一个覆盖地理范围相对较小(10 km 以内)的高速网络，现在带宽一般在 10Mb/s 以上，经常应用于一个学校或公司内部，在地理范围上常常是一座大楼或一组紧邻的建筑群之间，也可小到一间办公室或一个家庭。

局域网是计算机网络的最基本形式，根据计算机在局域网中所扮演角色的不同，又可分为对等网络和基于服务器的网络。

在对等网络中，没有专用的服务器，计算机之间也没有层次的差别，所有计算机地位相同，因而称之为对等网络。例如两台计算机通过网卡的连接，实现数据共享；或多台计算机通过集线器或交换机相连接的网络，都称为对等网络，如图 6.6 所示。

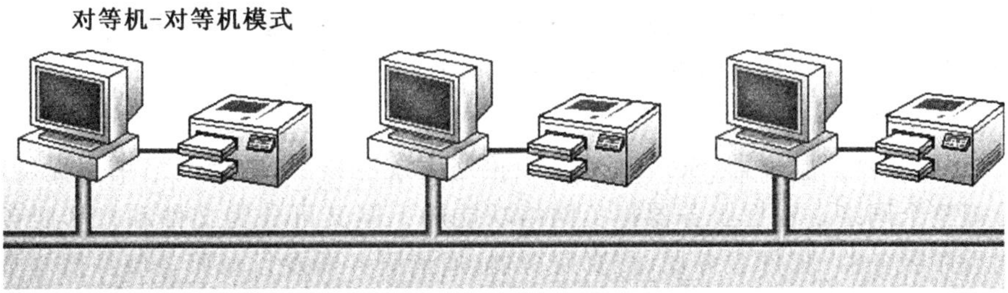

图 6.6 对等网络模式

拥有专用的服务器的计算机网络，称为基于服务器的网络。专用服务器只能作为服务器而不作为客户机或工作站。专用服务器已经被优化，从而能快速服务于来自网络客户机的请求，并且能保证文件和目录的安全性。如图 6.7 所示。

(2)广域网。广域网(WAN，Wide Area Network)是覆盖地理范围广阔的数据通信网络，它常利用公共数据网络提供的便利条件进行传输，是一种可跨越国家及地区的遍布全球的计算机网络。一般以高速电缆、光缆及微波天线等远程通信形式连接。

(3)城域网。城域网(MAN，Metropolitan Area Network)是覆盖地理范围介于局域网和广域网范围之间(10～100 km，或更远)的通信网络，基本上是一种大

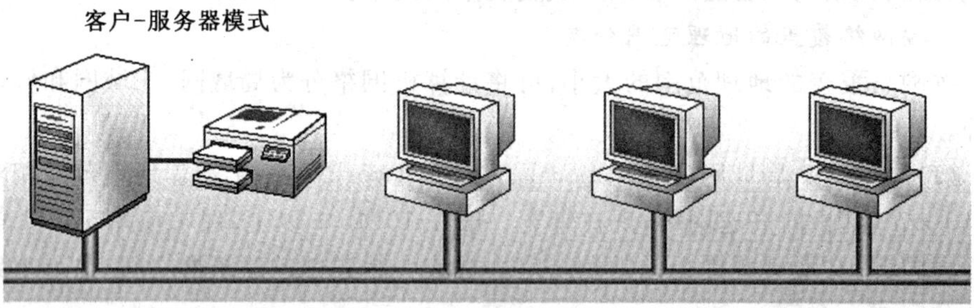

图 6.7 基于服务器的网络模式

型的局域网，通常使用与局域网相似的技术。城域网是一个比局域网覆盖范围更大，支持高速传输和综合业务（支持声音和影像）的适合大的城市地区使用的计算机网络。目前国内城域网的发展很迅速。

6.2.2 计算机网络的组成

计算机网络由硬件和软件两大部分组成，网络硬件主要由服务器、工作站和外围设备等组成，网络软件则包括通信协议和网络操作系统。

1. 网络硬件

(1)服务器。服务器(Server)是整个网络系统的核心，它为网络用户提供服务并管理整个网络。根据服务器担负网络功能的不同又可分为文件和打印服务器、应用程序服务器、邮件服务器、传真服务器、通信服务器及目录服务服务器等类型。当然，在许多小型网络中，服务器的功能没有分得那么细，有许多服务是在一个实际的物理服务器中完成的。

①文件和打印服务器。文件和打印服务器用来管理对文件和打印机资源的使用，用做网络上文件和数据的公共存储空间。例如，当用户要运行一个字处理程序时，该程序是存放在文件服务器上的。但可以通过网络加载到用户计算机的内存中，从而使用户可以在本地计算机上使用。

②应用程序服务器。应用程序服务器使客户机/服务器应用程序的服务器端能够以数据的方式让客户机访问。例如，服务器存储大量的数据，这些数据经组织可以很容易地进行检索。与使用文件和打印服务器不同的是，数据库存储于服务器上，只有请求的结果从服务器下载到发出请求的计算机。而使用文件和打印服务器，数据和文件被直接下载到发出请求的计算机中。

③邮件服务器。邮件服务器是一种专用应用程序服务器，它有独立的服务器

和客户机应用程序，数据(邮件)是有选择地从服务器下载到客户机，或者由客户机上传到邮件服务器，再由邮件服务器送达目的地。

④传真服务器。传真服务器通过共享一个或多个传真调制解调器卡，管理出入网络的传真业务。

⑤通信服务器。通信服务器处理服务器本身所在的网络与其他网络、大型机或通过调制解调器和电话线拨入该服务器的远程用户之间的数据流和电子邮件。

⑥目录服务服务器。目录服务服务器使用户能够查找、存储和保护网络上的信息。例如，某些服务器软件将计算机合并到逻辑组(称为域)，从而使网络上的任何用户都能访问网上的任意资源(当然这需要有相应的授权)。

(2)工作站。工作站(Workstation)是指连接到网络上的计算机，它只是一个接入网络的设备，它的接入和离开对网络系统不会产生影响。在不同的网络中，工作站又被称为“结点”或“客户机”。

(3)外围设备。外围设备是连接服务器与工作站的一些连线或连接设备，如调制解调器、集线器、交换机及路由器等。

2. 网络软件

(1)通信协议。通信协议是指网络中各方事先约定所达成的一致的、必须共同遵守和执行的通信规则，可以简单地理解为各计算机之间进行相互会话所使用的共同语言。两台计算机在进行通信时，必须使用相同的通信协议。

在相互通信的不同计算机进程之间，存在着一定次序的相互理解、相互作用的过程，协议就规定了这一过程的进展过程，或是定性地规定这些过程应能实现哪些功能，应满足哪些要求。为了实现这些要求，存在着各种各样的协议。例如，为了传输文件，就有一个文件传输协议，它明确规定文件如何存取，如何发送，如何接收，出错应如何处理等规则。

(2)网络操作系统。在计算机网络环境下，通过通信线路将分布在各地的计算机连接起来，必须配置操作系统，用来管理网络中的共享资源，实现网络用户之间的通信以及方便用户对网络的使用。因而，网络操作系统(NOS)的作用相当于网络用户与网络系统之间的接口。在各种网上都配置了 NOS，而且 NOS 的性能对整个网络的性能有很大的影响。常见网络操作系统有 Windows 2000、Windows 2003、Unix、Linux 等。

通常把网络操作系统定义为：网络操作系统是使网络上各种计算机能方便有效地共享网络资源，为网络用户提供所需的各种服务的软件和通信协议的集合。

习　题

1. 什么是计算机网络？
2. 计算机网络的必备条件是什么？
3. 计算机网络的功能有哪些？
4. 在现实生活中常见的计算机网络有哪些？举例说明。
5. 计算机网络的分类有哪些？
6. 计算机由哪两部分组成？

第 7 章　Internet 网络的使用

Internet 已经广泛地应用在各行各业，本章从几个方面对 Internet 网络的初步使用进行介绍，介绍 Internet 的起源、发展及应用，简要说明 Internet 通信过程中使用的协议，介绍 IP 地址与域名地址的关系及域名系统，讲解如何接入 Internet 及如何使用浏览器访问网络上的资源。

7.1　Internet 概述

Internet 即因特网，也称为国际互联网，是当前全球最大的、开放的、由多种网络互联而成的特定计算机网络，它是具有最丰富资源的计算机信息网络。Internet 使用 TCP/IP 协议，将全世界不同国家、不同部门和不同类型的计算机，主干网、广域网、局域网通过网络互联设备高速互联的计算机互联网络。

7.1.1　Internet 的发展史

Internet 的发展起源如同计算机的发展类似，都是从军事上应用开始的，而后在社会上各个领域广泛应用。因特网发展经历如下过程：

1. ARPA 网

Internet 是美苏冷战的产物。1969 年，美国国防部国防高级研究计划局(DoD/DARPA)资助建立了一个名为 ARPANET(即“阿帕网”)的网络，这个网络把位于洛杉矶的加利福尼亚大学，位于圣芭芭拉的加利福尼亚大学、斯坦福大学，以及位于盐湖城的犹它州州立大学的计算机主机连接起来，位于各个结点的大型计算机采用分组交换技术，通过专门的通信交换机(IMP)和专门的通信线路相互连接。这个阿帕网就是 Internet 最早的雏形。ARPANET 的设计指导思想是，当网络的某个部分遭受敌方攻击而不能工作时，仍能保障网络其他部分运行并维持正常通信而不瘫痪。ARPA 网是最早的一个网络，它的主要贡献是对计算机网络进行了系统性的研究，提出了分层次的体系结构，采用了 TCP/IP 协议。

2. NSF 网

Internet 的第一次快速发展源于美国国家科学基金会(National Science Foundation 简称 NSF)的介入，即建立 NSFNET。

20 世纪 80 年代初，美国一大批科学家呼吁实现全美的计算机和网络资源共享，以改进教育和科研领域的基础设施建设，抵御欧洲和日本先进教育和科技进步的挑战和竞争。

20 世纪 80 年代中期，美国国家科学基金会（NSF）为鼓励大学和研究机构共享他们非常昂贵的四台计算机主机，希望各大学、研究所的计算机与这四台巨型计算机连接起来。最初 NSF 曾试图使用 ARPA 网作 NSFNET 的通信干线，但由于 ARPA 网的军用性质，并且受控于政府机构，这个决策没有成功。于是他们决定自己出资，利用 ARPANET 发展出来的 TCP/IP 通讯协议，建立名为 NSFNET 的广域网，以此作为 Internet 的基础，实现同其他网络的连接。

3. Internet

20 世纪 90 年代，采用 Internet 的名称是从 MILNET 的实现与 NSFNET 连接后开始的，此后，其他联邦部门计算机网相继并入 Internet。

4. Internet 在中国的发展

Internet 在中国的发展可以分为两个阶段：第一个阶段是 1986 年到 1993 年，一些科研机构通过 X. 25 实现了与 Internet 的 E-mail 连通；第二阶段是从 1994 年开始，实现了与 Internet 的 TCP/IP 连接，我国开始正式接入 Internet 网。

到 1996 年底，中国已有四个主干网络体系，它们是中国科学技术计算机网（CSTNET）、中国教育与科研计算机网（CERNET）、中国公用计算机互联网（CHINANET）、金桥信息网（CHINAGBN），分别归中科院、原国家教委、原邮电部和原电子部单位管理。中科院的中国科学技术计算机网 CSTNET 和原国家教委的中国教育科研网 CERNET 主要以科研和教育为研究目的，从事非经营性活动；原邮电部的中国公用计算机互联网 CHINANET 和原电子部吉通公司金桥信息网 CHINAGBN 属于商业性的 Internet，以经营手段接纳用户入网，提供 Internet 服务。原来的吉通公司后来合并到中国网通，现在中国网通和中国联通重组称为中国联合网络通信集团公司（简称中国联通）。

7.1.2 Internet 的应用

Internet 是一个涵盖极广的信息库，它存储的信息无所不包，以商业、科技和娱乐信息为主。Internet 创造的信息空间正在以爆炸性的势头迅速发展，已成为一条贯穿全球的“信息高速公路主干道”，计算机网络的应用几乎深入到社会的各个领域，应用到我们生活方方面面，主要表现有以下几个方面：

1. 在科研和教育中的应用

通过 Internet 科研人员可以检索众多国家的图书馆和数据库，可以在网上进行项目合作，交流经验和实验资料，节约了科研成本；在教育方面，开通了网上课程，实现了远程教学，人们也可以通过 Internet 开阔眼界，学习到更多的有益知识。

2. 在企事业单位中的应用

计算机网络可以使企事业单位和公司内部实现办公自动化，做到各种软硬件资源共享，局域网接入 Internet 可以实现异地办公。数字电子化、办公无纸化正越来越被人们接受。外地办公的员工通过 Internet 与公司保持通信，保证了工作任务的顺利完成。另外，企事业单位也可以利用 Internet 搜寻行业发展的动态，对今后工作方向作出预期，使企事业取得较好的经济效益，拓宽企事业单位的发展空间。

3. 在商业的应用

电子商务使分布在全球各地贸易伙伴在网上签订巨大项目合同，成为贸易交易所，也可以结算国际贷款等，网上银行、网上购物、网上订票等也越来越广泛被采用。网上了解最新的股票行情、期货动态等。总之，Internet 能使我们现有的生活、学习、工作以及思维模式式发生根本性的变化。无论来自何方，Internet 都能把我们和世界连在一起。Internet 使我们可以坐在家中就能够和世界交流，有了 Internet，世界真的小了，Internet 改变了我们的生活。

4. 娱乐生活

网上游戏、网络视频、即时通信、旅游信息等使我们的生活丰富多彩。

7.1.3　Internet 对社会的影响

Internet 的飞速发展和广泛应用，已经对人类社会的各个方面造成了深远影响，对经济、文化、教育、科学的发展起了重要促进作用，我们在享受其快捷的信息服务同时，也带来了许多政治、法律、伦理道德等诸多社会问题。

1. Internet 的发展对社会各方面的积极影响

(1)对政治生活的影响。政府通过网站发布消息，网民可以在第一时间了解相关方针、政策，并及时反馈现实中的问题和不同意见，加强了政策执行过程的透明度和群众对政府及领导的监督，使政府群众间沟通更快捷，有利于政府部门改进工作。

(2)对经济生活的影响。Internet 的发展对经济生活的影响是深远的，它对企业在生产方式、组织管理等方面都发生了改变，网络可以跨地域的、虚拟的方式组织、安排生产和管理企业，降低了生产、管理成本。

(3)对文化生活的影响。人们在网上可以找到任何需要的信息，歌曲、视频、各种知识讲座，大大丰富了文化生活，了解世界各民族文化，为消除隔阂提供了平台。

2. Internet 的发展对社会文化生活的负面影响

(1)网络文化的信息垄断。发达国家在全球化时代利用网络进行文化渗透和政治渗透的可能性与破坏性日益增大,并形成一种信息网络文化的侵略与控制现象。西方国家尤其是美国兼备经济、军事和网络大国的地位,借助于网络上强大的语言文化优势、信息资源优势、网络传播优势,通过创造一种所谓全球文化概念,将西方的文化价值观强加于别国,以文化上的一致性压制文化上的差异性,削弱了单个民族国家的文化凝聚力,造成了与全球化相联系的文化趋同现象,这种文化趋同带有浓厚的泯灭文化多样性的文化殖民主义色彩。“世界文化”在很长一段时间内只能是西方文化,尤其是以美国为中心的文化。

(2)信息污染与信息欺诈。所有的国家和地区正在经受着网络、媒体文化和流行文化的影响。信息环境的污染主要表现为信息过载、重复、失实和误导。信息的生产量不正常地增长,速度远远超过人类和社会能够进行处理和利用的限度,不仅不能帮助人们消除不确定性,反而增加了人们的不安全感而成为负担,更带来难以估量的浪费。低质信息和大量误导、失实信息通过现代通信技术极容易不断繁衍,不断加速、无节制地、广泛地向社会传播,使人们处于低劣的、无关甚至有害的信息包围之中。西方的价值观念,社会落后意识和文化垃圾,正在成为主宰文化取向的重要因素,社会文化环境受到严重污染。

*7.2 Internet 的协议

计算机网络最基本的功能是资源共享和信息交换,为了实现这些功能,网络中各计算机之间要进行各种通信和对话,这些计算机类型千差万别,使用的是不同的操作系统,如何让这些电脑进行通信呢?它们是利用网络协议进行通信,网络协议是为网络数据交换而制定的约定与标准。

不同的计算机之间必须使用相同的网络协议才能进行通信。网络协议也有很多种,具体选择哪一种协议则要看情况而定。Internet 的计算机使用的是 TCP/IP 协议,TCP/IP 协议是 Internet 上唯一公认的通信标准。

协议是分层的,并规定每一层次所必须完成的功能。同一体系结构中相邻层间的关系:下层为上层提供服务,上层利用下层提供的服务完成自己的,同时再向更上一层提供服务。上层可看成是下层的用户,下层是上层的服务提供者。

TCP/IP 包括两个协议:传输控制协议和网际协议。IP 给各种不同的通信子网或局域网提供一个统一互连平台。TCP 为应用程序提供端到端的通信和控制功能。

TCP/IP 参考模型有四层：主机-网络层、网络互连层、传输层、应用层。作用在各层协议如图 7.1 所示。

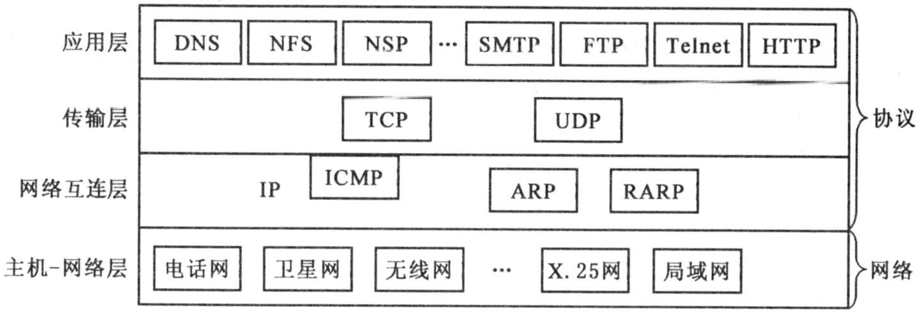

图 7.1　TCP/IP 模型中的协议与网络

①主机—网络层：发送 IP 分组和接收数据报。

②网络互连层：在互联网上提供无连接的分组交换。使用 IP 协议，它是无连接的互联网分组交换协议，主要用寻址和路由。

③传输层：定义了两类协议，即 TCP(传输控制协议)和 UDP(用户数据报协议)。其中，TCP 是面向连接的可靠的传输层协议；UDP 是不可靠的、无连接的传输层协议。

④应用层：定义了一些网络应用协议。如网络终端协议 Telnet；简单邮件传输协议 SMTP；文件传输协议 FTP；超文本传输协议 HTTP；域名系统 DNS；简单网络管理协议 SNMP 等。

7.3　域名系统(DNS)

接入 Internet 的每一台计算机都分配了一个唯一的 IP 地址，以区别于因特网上其他用户主机，IP 地址是由 32 个二进制位组成，分为 4 个十进制数字字段。计算机之间采用 IP 地址进行通信；由于 IP 地址全是数字，不易记忆，为此，Internet 引进了域名服务系统 DNS(Domain Name System)。

7.3.1　Internet 域名

用户在使用 Internet 时，并不需要记住或输入 IP 地址，连入 Internet 的计算机同时也指定了一个符号名(即域名)。与网络上的数字型 IP 地址相对应的字符型地址，就被称为域名。域名是企业、政府、非政府组织等机构或者个人在互联网上注册的名称，是互联网上企业或机构间相互联络的网络地址，计算机 IP 地址和域名是表示一个事物的两种表示方法。

域名是分层的，最上边的是顶级域名，所有的顶级域名都由 Internet 网络信息中心（Inter NIC）控制。顶级域名由两种基本类型组成：以机构性质命名的域和以国家地区代码命名的域。常见的以机构性质命名的域名，是由代表机构性质的英文单词的三个缩写字母组成，如表示商业机构的“com”，表示教育机构的“edu”等。以机构性质命名的域名见表 7-1。

表 7-1 机构顶级域名

域名	含义
com	商业机构
edu	教育机构
gov	政府部门
int	国际组织
mil	军事机构
net	网络组织
org	其他非营利组织

以国家或地区代码命名的顶级域名，一般用两个字符表示，如中国的“cn”，中国香港的“hk”，法国的“fr”。常见以国家地区命名的顶级域名见表 7-2。

表 7-2 国家或地区顶级域名

域名	含义	域名	含义
au	澳大利亚	hk	中国香港
at	奥地利	it	意大利
ca	加拿大	in	印度
cn	中国	jp	日本
de	德国	kr	韩国
dk	丹麦	tw	中国台湾
fr	法国	ru	俄罗斯

顶级域名的下边是二级域名，二级域名通常是由 NIC 授权给其他单位或组织自己管理的。二级域名的单位可以根据自己情况再将二级域名分为更低级的域名，授权给下面的部门管理。DNS 域名系统的最下面的叶节点为单个计算机。域名的级数通常不超过 5 个。任何一台计算机都可以用从叶节点到根节点标识，中间用点“.”。

常见的域名一般由四组内容组成，www. 名称. 机构类别. 国家或地区（叶节点. 二级域名. 顶级域名），名称自己取（在同一级别中不能跟别人相重），机构类别即机构，如果是由美国地区域名，其地区域名可以省略。因为互联网发源于美国，我们通常称由美国管理的域名为国际域名，其他为国内域名，北京农业职业学院的域名（bvca. edu. cn）是国内域名。域名命名规则：由若干个从 a 到 z 的 26 个拉丁字母及 0 到 9 的 10 个阿拉伯数字及“-”、“.”符号构成并按一定的层次和逻辑排列，整个域名长度不超过 255 个字符。

域名的注册服务由多家机构承担，CNNIC 为注册机构之一。Internet IP 地址由 Inter NIC(Internet 网络信息中心)统一负责全球地址的规划、管理；同时由 Inter NIC、APNIC、RIPE 三大网络信息中心具体负责美国及其他地区的 IP 地址分配。通常每个国家需成立一个组织，统一向有关国际组织申请 IP 地址，然后再分配给用户，CNNIC 中国互联网管理中心，即为我们国家负责 IP 管理的组织。

输入某个域名的时候，由此域名解析服务器将此域名解析为相应网站的 IP 地址，完成域名解析。域名地址的信息存放在一个叫域名服务器(DNS，Domain Name Server)的主机内，使用者只需了解易记的域名地址，其对应转换工作就留给了域名服务器 DNS。DNS 就是提供 IP 地址和域名之间的转换服务的服务器。

7.3.2 中文域名

用英文字母表示域名对于不懂英语的用户来说极为不方便，所以 2000 年 11 月 CNNIC 中文域名系统开始正式注册。现在中文域名的使用分两种情况：一种是中文前缀域名，另一种是前缀和后缀均中文的域名。

1. 前缀和后缀均为中文的域名

中国——适用于在我国境内的单位，对应于英文域名中的“.cn”；

公司——适用于工商企业等营利性单位，对应于英文域名中的“.com.cn”；

网络——适用于拥有或利用网络设施提供服务的单位，对应于英文域名中的“.net.cn”；

公益——适用于非营利性单位，对应于英文域名中的“.org.cn”。

只有中国写入全球域名根服务器，其他后缀还在协调中。

2. 中文前缀域名

前缀是中文，后缀是英文的那种域名，如：中文.com。ICANN 允许使用其他语言包括中文等作为互联网顶级域字符，中文前缀域名只是其中一种，还有日语、韩语、印度语等全世界各种文字都可以用做前缀。也就是说，有多少后缀就会有多少种中文前缀域名。

目前的“中文.cn”其实也是一种中文前缀域名。

*7.4 接入 Internet

若想使用 Internet 上丰富的网络资源，必须首先将计算机以某种方式与 Internet 相连接。如何将一台计算机或一个网络接入 Internet，这涉及到 Internet 的接入方式，所谓 Internet 的接入方式是指用户采用什么设备，通过什么方式接入网络而接入 Internet。一般是通过公共数据通信网络、计算机网络或有线网络。

7.4.1 Internet 用户类型

从用户数据来说，Internet 用户分为单机用户和局域网用户两种类型。单机用户是个人或家庭用户的计算机，其接入 Internet 的方式，一般用电话拨号、ISDN 拨号、ADSL，其中 ADSL 是目前接入 Internet 最常用的方式之一；局域网用户是企事业单位，接入 Internet 的方式，一般是用 DDN 专线或以太网接入。

7.4.2 拨号接入与专线接入方式

目前接入 Internet 普遍方式是借助公共数据通信网络，人们将其分为拨号接入和专线接入两类。拨号接入分为普通电话拨号和 ISDN 拨号，目前已较少使用；专线接入一般指通过 DDN、帧中继、X. 25、ADSL，通过传输介质将计算机接入 Internet，通过光缆直接将局域网接入 Internet 也称作专线入网。

无论是专线接入还是拨号接入，都要选择 Internet 服务提供者(Internet Services Provider，ISP)。ISP 提供用户接入 Internet 所需信息，如拨入电话号码需要用户名及密码。

1. 拨号接入

(1)硬件连接：将电话入户线连接到 56 kbps 的外置 modem 的 Line 端口上，将电话座机上的线插入 modem 的 phone 端口上，将 modem 与电脑上的串口相连接。打开电脑，系统认出新硬件，并完成其驱动，至此，我们就可以进行拨号连接的设置了。

(2)创建拨号连接。

实例 1 创建拨号连接。

操作步骤：

(1)单击菜单“开始”→“程序”→“附件”→“通讯”→“新建连接向导”选项，这时屏幕上出现“新建连接向导”对话框，如图 7.2 所示。

(2)单击“下一步”按钮，选择“连接到 Internet”，如图 7.3 所示。

(3)单击“下一步”按钮，选择“手动设置我的连接”，如图 7.4 所示。

(4)单击“下一步”按钮，选择“用拨号调制解调器连接”，如图 7.5 所示。

(5)单击“下一步”按钮，在“ISP 名称”框中输入一个连接名称，如“电话拨号”，如图 7.6 所示。

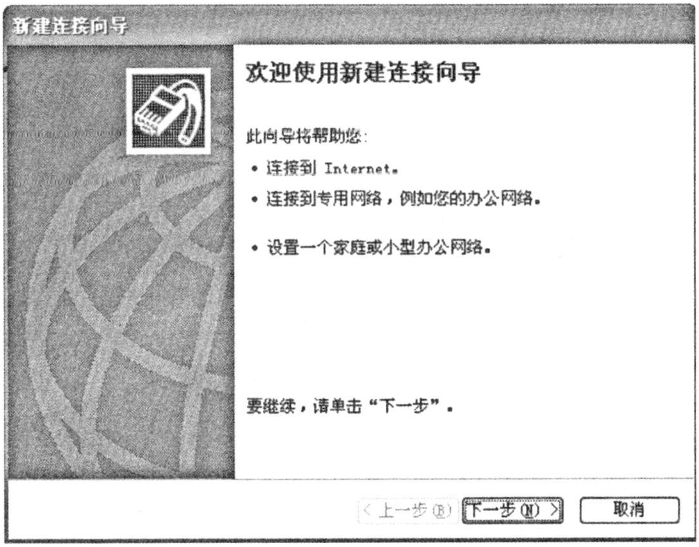

图 7.2 新建连接向导欢迎界面

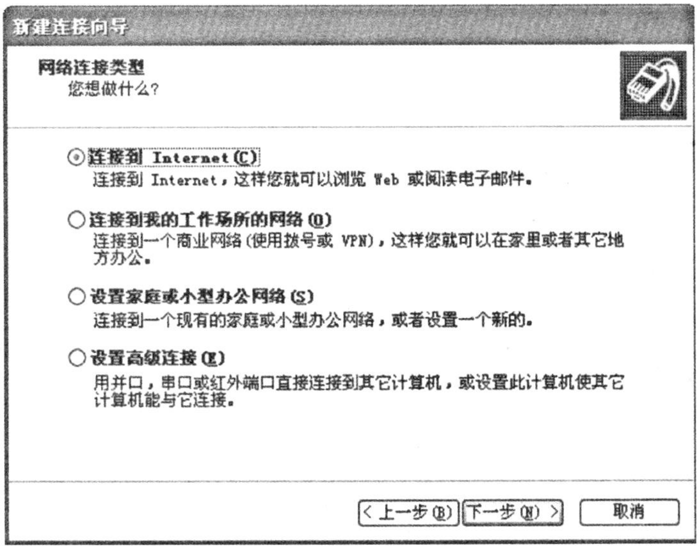

图 7.3 网络连接类型

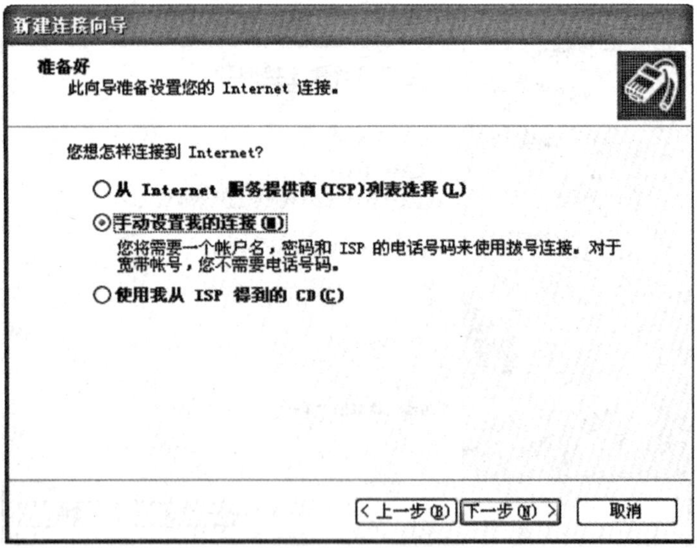

图 7.4 准备设置 Internet 连接

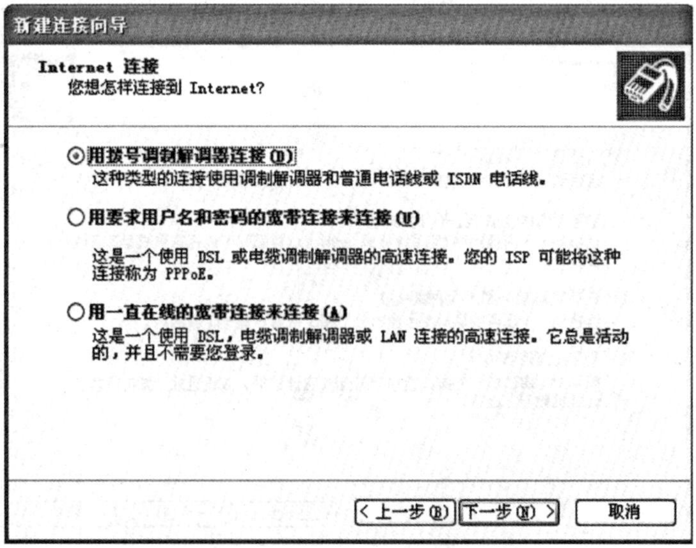

图 7.5 设置 Internet 连接的方式

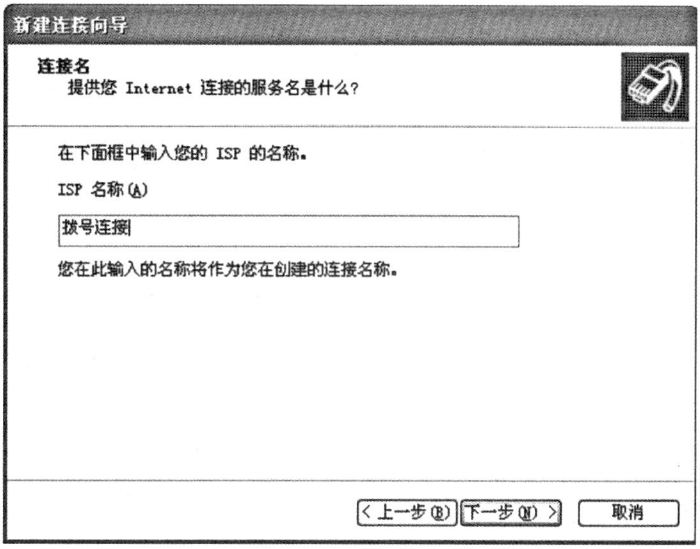

图 7.6　设置连接名称

(6)单击“下一步”按钮,在“电话号码”框中输入 ISP 的电话“16900”,如图 7.7 所示。

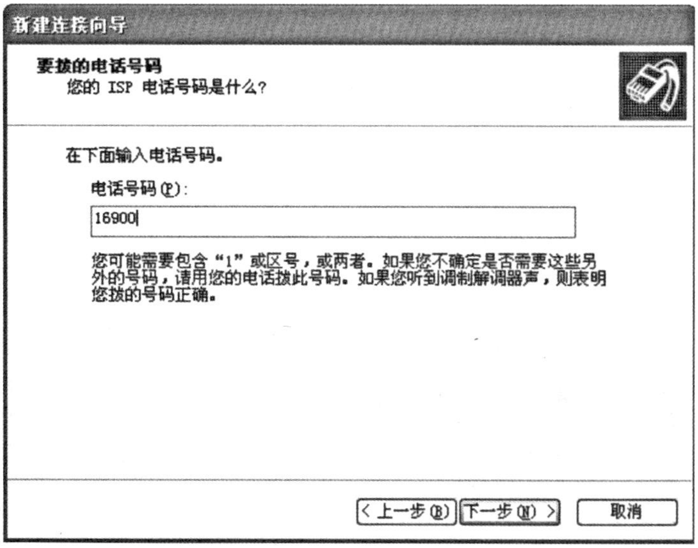

图 7.7　输入 ISP 电话号码

(7)单击"下一步"按钮,在"用户名"框和"密码"框中都输入"169",选中复选框"把它作为默认的 Internet 连接",如图 7.8 所示。

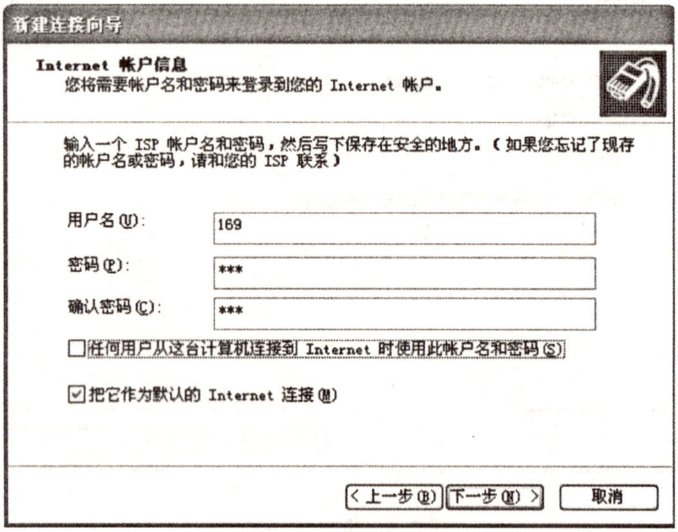

图 7.8 设置账户名和密码

(8)单击"下一步"按钮,拨号连接设置完成。选中复选框"在我的桌面上添加一个到此连接的快捷方式",如图 7.9 所示。

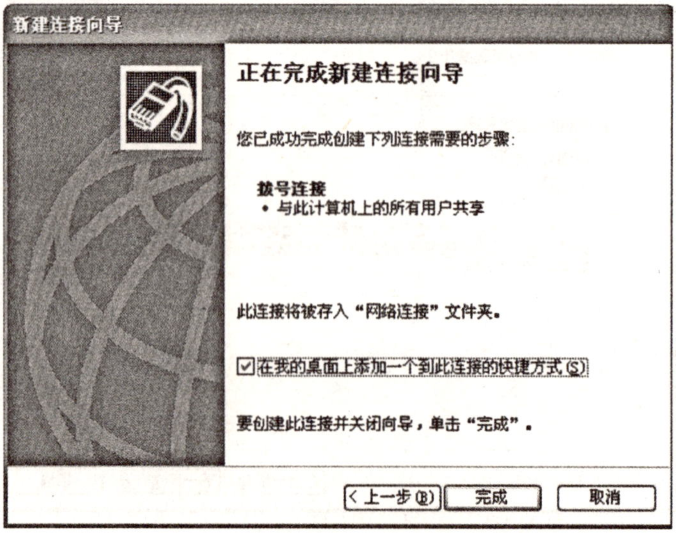

图 7.9 完成拨号上网设置

(9)单击“完成”按钮，出现一个电话拨号的登录窗口，如图 7.10 所示。

图 7.10 电话拨号上网登录界面

(10)单击“拨号”按钮，出现“正在连接 拨号上网”对话框，显示正在拨出的电话号码，并伴随有拨号音，如图 7.11 所示，连接成功后，此连接缩成图标放在任务栏上。

图 7.11 正在拨号

2. 专线接入

局域网计算机接入 Internet 的过程如下：

(1)安装网卡。在机箱内的主板上安装网络适配器，简称网卡，最好是“即插即用”的网卡，在 Windows XP 操作系统的计算机会自动安装网卡的驱动程序。“非即插即用”的网卡，安装后系统会检测到新硬件并启动一个向导，来完成网卡驱动程序的安装。

(2)加入局域网。用双绞线连接网卡接口与办公室墙上的信息插座(或交换机端口)。配制计算机名称和工作组名。用鼠标右键单击“我的电脑”,单击“计算机名”选项卡,单击“更改”按钮,输入计算机名和工作组名。

(3)配制 TCP/IP 协议。

实例 2 配制 TCP/IP 协议。

操作步骤:

(1)用鼠标右键单击“网上邻居”选择“属性”选项(或单击“开始”→“程序”→“控制面板”→“网络连接”→“本地连接”),出现“本地连接属性”对话框,如图 7.12 所示,选上对话框里面的 4 个复选框:“Microsoft 网络客户端”、“Internet 协议(TCP/IP)”、“连接后在通知区域显示图标”和“此连接被限制或无连接时通知我”。后两个复选框选上后,在右下角桌面任务栏上显示网络连接状态。

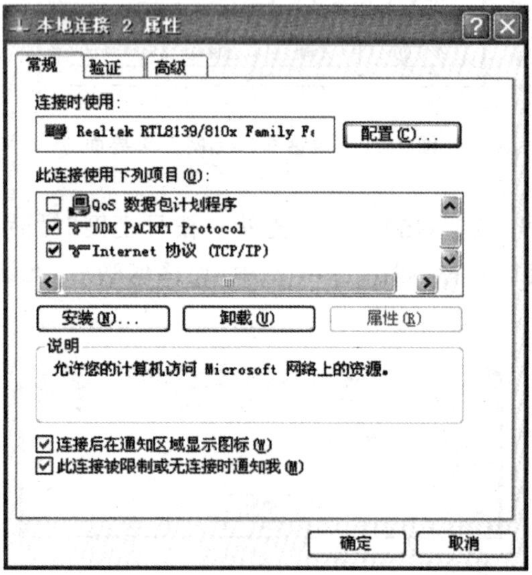

图 7.12 本地连接属性

(2)双击 Internet 协议(TCP/IP)选项,出现“Internet 协议(TCP/IP)属性”对话框,如图 7.13 所示,根据网络管理员的要求选择“自动获得 IP 地址”或“使用下面的 IP 地址”。让网络管理员提供你电脑的 IP 地址、子网掩码、默认网关、首选 DNS 服务器的地址和备选 DNS 服务器的地址,然后单击“确定”按钮。这时在桌面任务栏上可见网络连通图标。

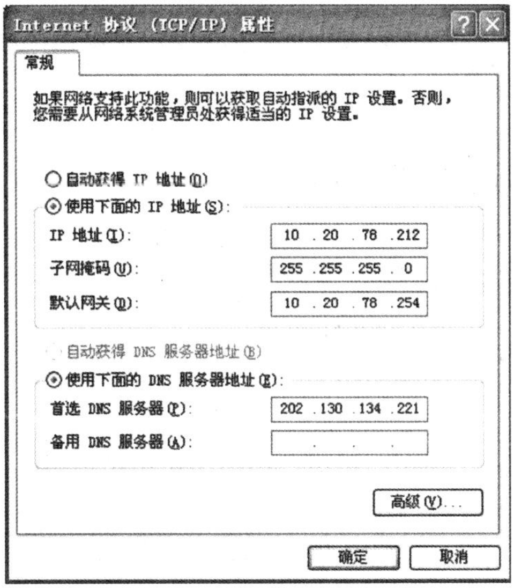

图 7.13　从网管处获取 IP 地址

3. ADSL 方式接入

ADSL 是非对称数字用户线，是运行在普通电话线上的一种新的高速、宽带技术，也被认为是专线的一种接入方式。

使用 Windows XP 操作系统的用户，用 Windows XP 的连接向导建立 ADSL 的虚拟拨号连接。

实例 3　建立 ADSL 的虚拟拨号连接。

操作步骤：

前 3 步与拨号连接步骤相同，可参照前面的拨号连接。

(1)单击“开始”→“程序”→“附件”→“通讯”→“新建连接向导”选项，这时屏幕上出现“新建连接向导”对话框，如图 7.2 所示。

(2)单击“下一步”按钮，选择“连接到 Internet”，如图 7.3 所示。

(3)单击“下一步”按钮，选择“手动设置我的连接”，如图 7.4 所示。

(4)单击“下一步”按钮，选择“用要求用户名和密码的宽带连接来连接”，如图 7.14 所示。

(5)在“ISP 名称”框中输入一个连接名称，如“宽带连接”，如图 7.15 所示。

(6)单击“下一步”按钮，输入 ISP 提供的 ADSL 用户名和密码，根据需要设置其他安全方面设置，如图 7.16 所示。

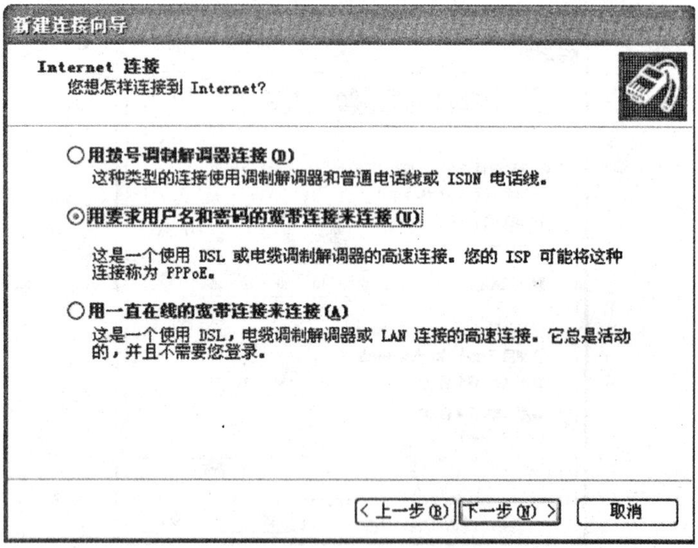

图 7.14　选择接入 Internet 的连接方式

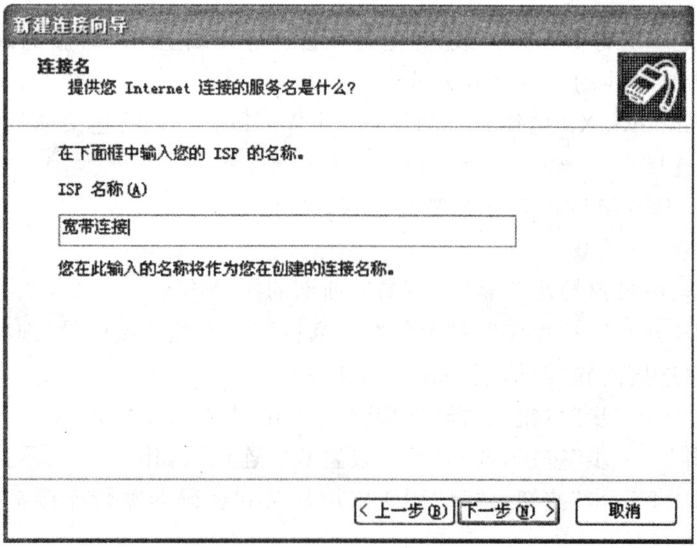

图 7.15　设置 ISP 名称

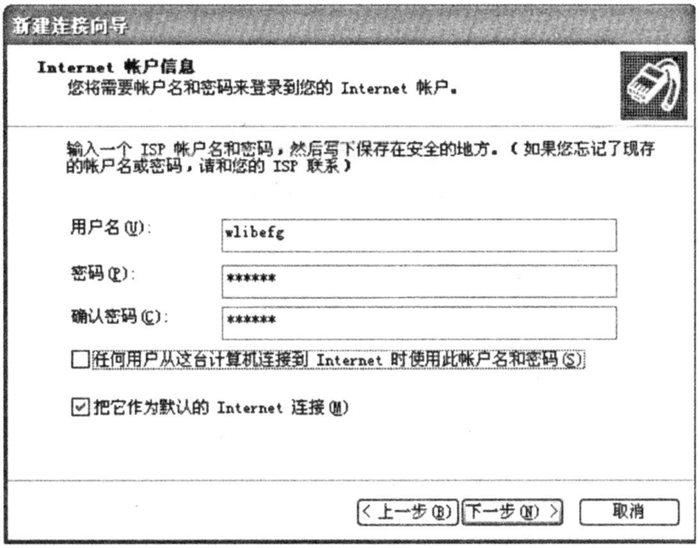

图 7.16　设置用户名和密码

(7)单击“下一步”按钮，ADSL 虚拟拨号的设置完成，如图 7.17 所示。

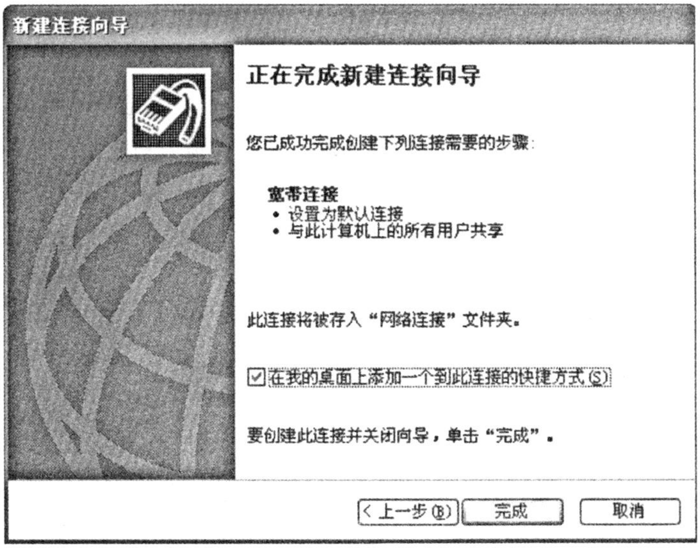

图 7.17　ADSL 虚拟拨号设置完成

(8)单击“完成”按钮，桌面出现名为 ADSL 的连接窗口如图 7.18 所示，单击连接即可接入 Internet。

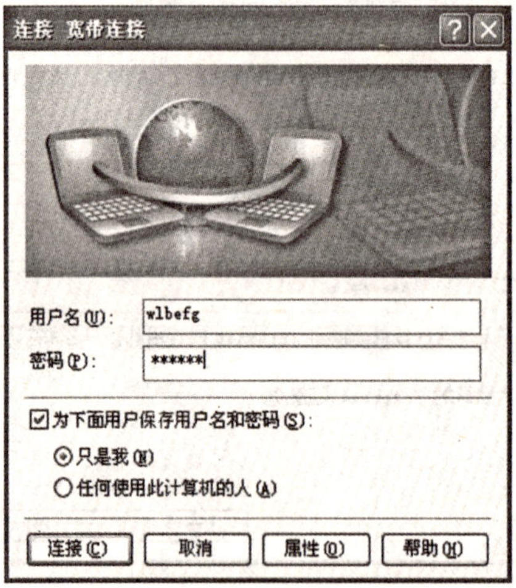

图 7.18 宽带连接登录

7.5 浏览器的使用

计算机与 Internet 建立连接后，就可以通过浏览器浏览 Internet 上的成千上万台计算机中的信息资源了，这些信息资源大多数是指万维网(WWW)信息。

环球信息网简称 WWW(World Wide Web)，也称万维网，简称 Web。互联网上有很多信息资源，WWW 是当前 Internet 上最受欢迎、最为流行、最新的信息检索服务系统。

WWW 由许多 Web 站点构成，每个站点由许多 Web 页面构成。每一个网站都有一个“主页”(Home Page)，即首页；其他的页面叫做 Web 页面，简称“网页”。

几个概念比较说明：

主页：WWW 站点所显示的第一个网页，一般要用 index.jsp、index.asp、index.html 来命名主页文件。

网页：组成网站的所有超文本文件。

起始页：浏览器自动访问的第一页，用户可在浏览器中设置起始页。

访问流程：本机启动浏览器→键入 Web 页面地址→DNS 解析→寻址→浏览

器与该Web地址的WWW服务器连通→告诉Web服务器需要浏览的页面→Web服务器将该页面发送给浏览器→浏览器显示该页面。

统一资源定位器URL用来表示Web页面的地址。表示Internet上信息资源地址的统一格式。一般由三部分组成:传输协议://主机IP地址或域名地址/资源所在路径和文件名。

如本页面的外网URL为:“http://www.bvca.edu.cn/200709/article/2008-11/4247.htm”,即是在IE地址栏所见的网址,这里http指超文本传输协议,“www.bvca.edu.cn”是Web服务器域名地址,“/200709/article/2008－11/”是网页所在路径,“4247.htm”才是网页文件。

下面是常见的URL中定位和标识的服务或文件:

http:文件在Web服务器上。

file:文件在您自己的局部系统或匿名服务器上。

ftp:文件在FTP服务器上。

telnet:连接到一个支持Telnet远程登录的服务器上。

浏览器是Web客户端程序,是一种利用获取Internet(实际上是WWW)上信息资源的应用程序。Internet Explorer(简称IE)是Microsoft公司开发的基于超文本技术的Web浏览器。

浏览器和WWW服务器使用HTTP超文本传输协议通信。

7.5.1 IE的使用

在使用IE浏览器之前,我们先了解一下它的启动及窗口界面。

1. 启动IE

几种启动IE的方法:

(1)任务栏上的“启动Internet Explorer浏览器”;

(2)单击菜单“开始”→“所有程序”→“Internet Explorer”;

(3)双击桌面上的“Internet Explorer”图标;

在地址栏中输入“www.baidu.com”按Enter键,就打开了“百度”的Web页。

2. IE窗口介绍

IE窗口和一般的Windows程序窗口一样都包含“标题栏”、“菜单栏”、“工具栏”、“地址栏”、“工作区”和“状态栏”几部分。“标准按钮”、“地址栏”和“链接栏”都是IE的常用工具。

(1)标题栏:进行窗口操作和显示正在访问的Web页标题或文件名。

(2)菜单栏:包括了IE所有命令。

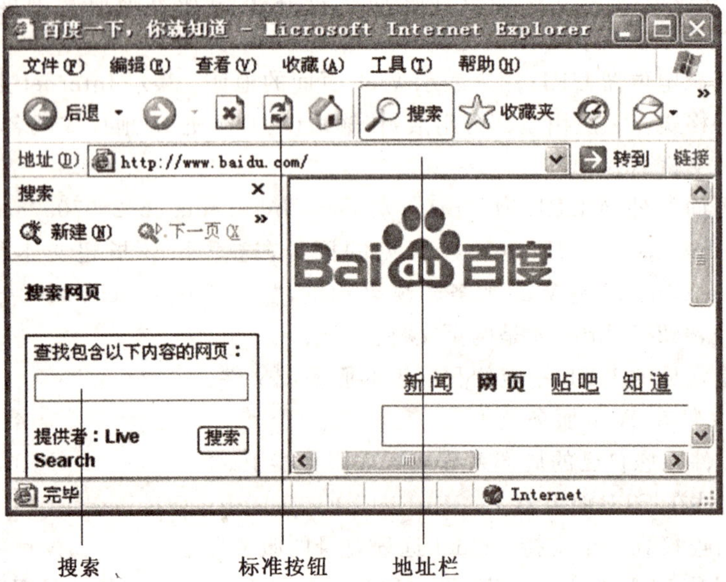

图 7.19 IE 浏览器窗口

(3)标准按钮:包括 IE 最常用的浏览、搜索、显示命令,如表 7-3 所示。

表 7-3 IE 标准按钮及其功能

标准按钮	功　能
向后	移到上次查看过的 Web 页
向前	移到下一个 Web 页
停止	停止 Web 页下载
刷新	重新下载当前显示的 Web 页
主页	跳转到主页
搜索	打开有效搜索引擎的 Web 页
收藏	显示常用的 Web 页列表
历史	显示最近访问过的站点列表
邮件	阅读邮件、新建邮件、发送链接、发送网页

(4)地址栏:显示正在浏览的网页地址。

(5)浏览器栏:位于工作区的左边部分,显示搜索信息、收藏夹中的站点信息、最近访问的站点和文件夹。通过“查看”→“浏览器栏”进行设置,根据设置不同,浏览器栏显示不同的内容,图 7.19 选的是“搜索”选项。

(6)工作区：显示当前访问的文档信息。

(7)状态栏：在窗口的最底下一栏，显示 IE 工作状态。

7.5.2　使用 IE 浏览网页

通常情况下，WWW 网站中第一个看到的文件称之为 Home page(主页)，而该网站中所有供人阅读的文件称之为“网页”。网页是网上的基本文档。网页中包含文字、图片、声音、动画、影像以及链接等元素，通过对这些元素的有机组合，就构成了包含各种信息的网页。其中，文字是网页中最常用的元素；图片可以给人以生动直观的视觉印象。浏览信息时，要从主页转至其他网页，可以使用如下几种方法。

单击主页(即启动 Internet Explorer 时显示的 Web 页)中的任何链接即可开始浏览 Web。将鼠标指针移过 Web 页上的项目，如果指针变成手形，即表明该项目是一个链接，单击链接，可以转至其他 Web 页。在网页中，图片、动画、文本(通常带下划线)都可被作为链接。

在地址栏中键入经常使用的 Web 地址时，Internet Explorer 会自动补齐地址。而且，如果 Web 页地址有错误，Internet Explorer 可以自动进行近似搜索，找出匹配的地址。

单击工具栏上“历史”按钮可浏览最近访问过的 Web 页列表。单击相应的网址，即可重新浏览网页。要隐藏最近访问过的 Web 页列表，可再次单击“历史”按钮。

在 IE 浏览器的地址栏中直接输入 Web 地址，输入时可以省略其协议名 http，直接输入网页本身的地址，即以 www 开头的地址。

可使用“后退”、“前进”、“主页”等按钮实现返回前页、转入后页、返回主页。

一般网站的网页都有网页的导航条，相当于一个城市的路标，通过导航条，很快找到所想要浏览的内容。如图 7.20 所示，是北京大学的首页，其导航条上的内容为“新闻资讯”、“北大概况”、“教育教学”、“科学研究”、“招生就业”、“合作交流”、“图书档案”。

实例 4　使用 IE 浏览“搜狐”网页中的新闻、旅游、体育等网页。

操作步骤：

(1)单击“开始”按钮→“程序”→“Internet Explorer”选项，或者双击桌面上的“Internet Explorer”图标，启动 IE 浏览器，IE 自动连接到默认主页。

(2)在地址栏中输入“http://www.sohu.com”并按 Enter 键，浏览器窗口将打开“搜狐”网的首页如图 7.21 所示。

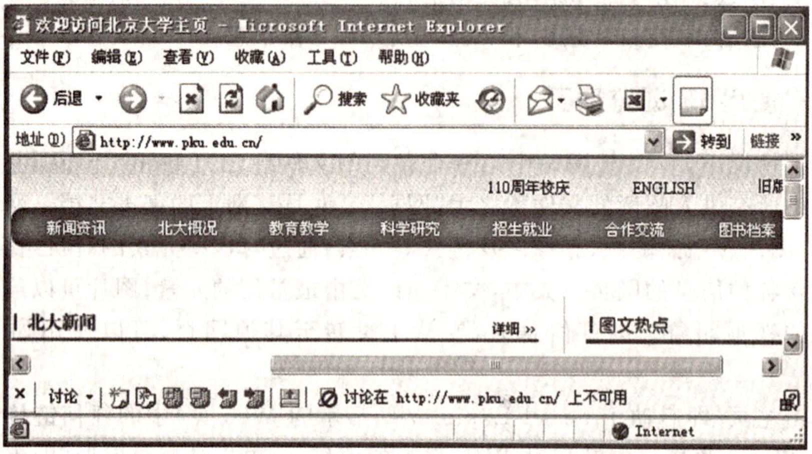

图 7.20 网站的导航条

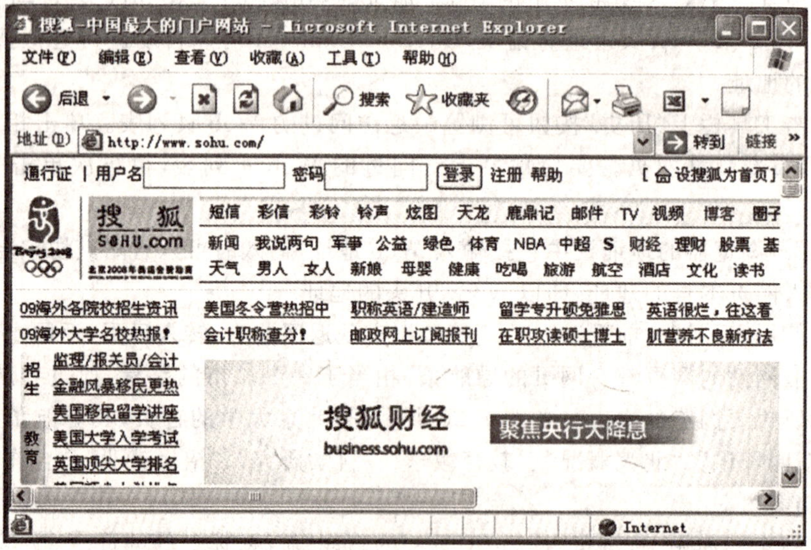

图 7.21 搜狐主页

(3)单击“搜狐”网首页上的“新闻”超级链接，如图 7.22 所示，观察地址的变化，点击网页中导航条或其他的超级链接，可以浏览相关内容。

(4)单击工具栏上的“后退”按钮返回主页，单击“旅游”超级链接，如图 7.23 所示。

图 7.22　搜狐网站的新闻网页

图 7.23　搜狐网站的旅游网页

(5)单击地址下面的"搜狐首页"超级链接,再在其首页上单击"体育"超级连接,如图 7.24 所示。

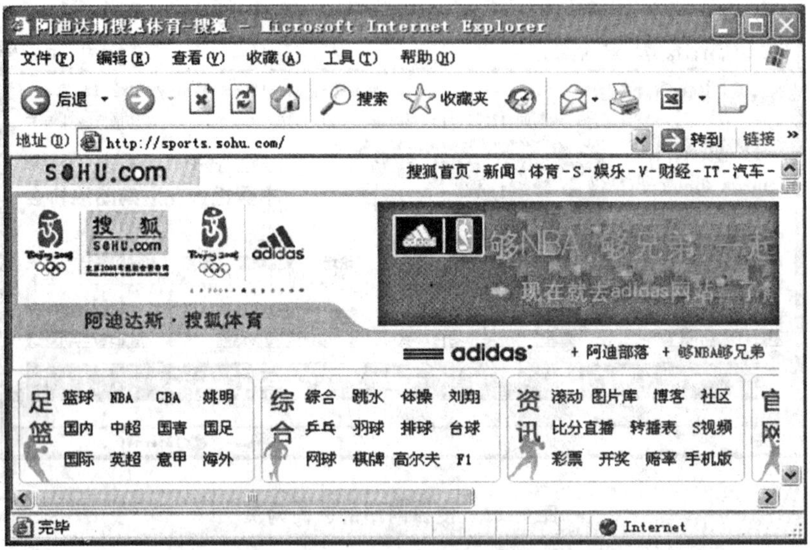

图 7.24 搜狐网站的体育网页

7.5.3 保存网页内容

我们在浏览网页的过程中,常常会发现一些有用的信息或遇到一些喜欢的页面内容或图片、动画等,我们用以下的方法进行保存需要的内容。

1. 保存网页内容的方法

单击菜单"文件"→"另存为"选项,输入要保存文件的文件名。

有四种保存类型可供选择:

(1)"Web 页,全部",保存页面 HTML 文件和所有超文本信息。

(2)"Web 页,仅 HTML",只保存页面的文字内容,保存为一个扩展名为 html 的文件。

(3)"文本文件",将页面的文字内容保存为一个文本文件。

(4)"Web 电子邮件档案",把当前页的全部信息保存在一个 MIME 编码文件中。

2. 保存 Web 页面的图片

将鼠标移到一幅图片上,单击鼠标右键,选择"图片另存为"命令, 选择本地文件夹，并输入保存的文件名。

3. 保存超链接指向的内容

选中超链接文件，单击鼠标右键，选择“目标另存为”命令，选择本地文件夹，并输入保存的文件名。

4. 用 Word 保存网页中的文本

选中要保存的文本，选择“编辑”菜单中的“复制”命令，或单击鼠标右键，在弹出的快捷菜单中选择“复制”命令；启动 Word 程序，在文档中，选择“粘贴”命令，若不想保存网页的格式设置，选择“选择性粘贴”，在“选择性粘贴”对话框中，选择“无格式文本”，单击“确定”按钮。

实例 5　保存“北京农业职业学院”的网页及图片；保存网页顶端的 banner 条图片；保存公告栏中的一个通知。

操作步骤：

(1)启动 IE 浏览器，在地址栏中输入“北京农业职业学院”的网址：http://www.bvca.edu.cn，按 Enter 键后进入北京农业职业学院网站，如图 7.25 所示。

图 7.25　北京农业职业学院网站

(2)单击“文件”→“另存为”选项，出现“保存网页”对话框，在该对话框中选择保存位置，这里保存在 E 盘网站保存文件夹中，文件名为“欢迎访问北京农业职业学院网站”,保存类型为“网页,全部”,单击“保存”按钮,该网页的内容就被保存到本地磁盘中了,如图 7.26 所示。

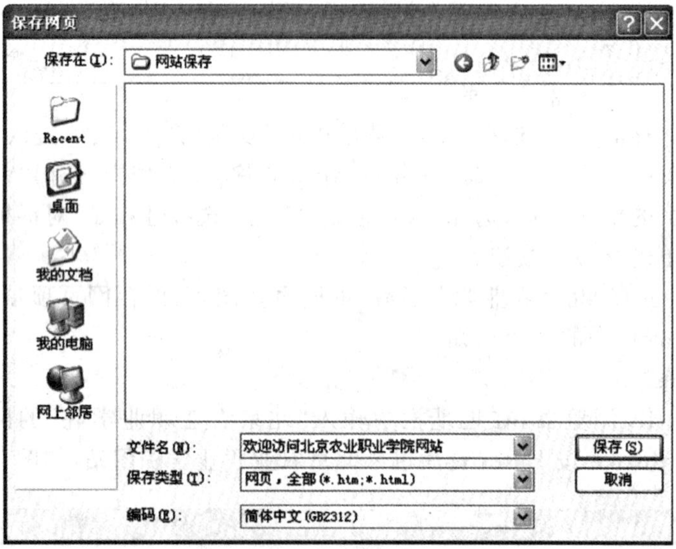

图 7.26 保存网页对话框

打开刚才保存的文件夹,里面保存了有一个网页文件和一个同样名字命名的文件夹,如图 7.27 所示。在脱机的情况下,单击网页文件,仍可以查看其内容。在“欢迎访问北京农业职业学院网站”文件夹中存储了主页中显示的图片文件。

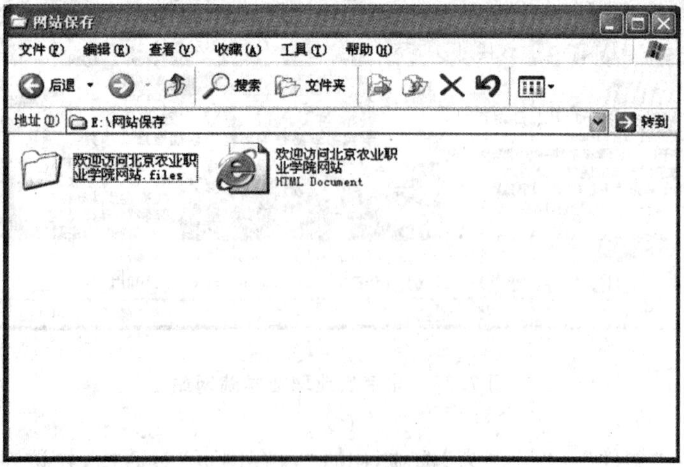

图 7.27 保存全部网页

(3)在“北京农业职业学院”的主页顶部图片上单击鼠标右键，在弹出的快捷菜单中选择“图片另存为”命令，弹出“保存图片”对话框，在该对话框中可以设置保存路径，文件名等。保存效果如图 7.28 所示。

图 7.28 保存网页图片

(4)保存“关于举办‘多彩校园、精彩瞬间’校园文件专题摄影比赛”网页的内容，将鼠标移到该链接时，光标变成手形，链接文字呈红色，如图 7.29 所示。

图 7.29 选择公告栏中的网页链接

单击鼠标右键,选择“目标另存为”命令,出现“另存为”对话框,选择保存网页文件的位置,在“文件名”文本框中输入“摄影比赛通知”,单击“保存”按钮,如图7.30所示。

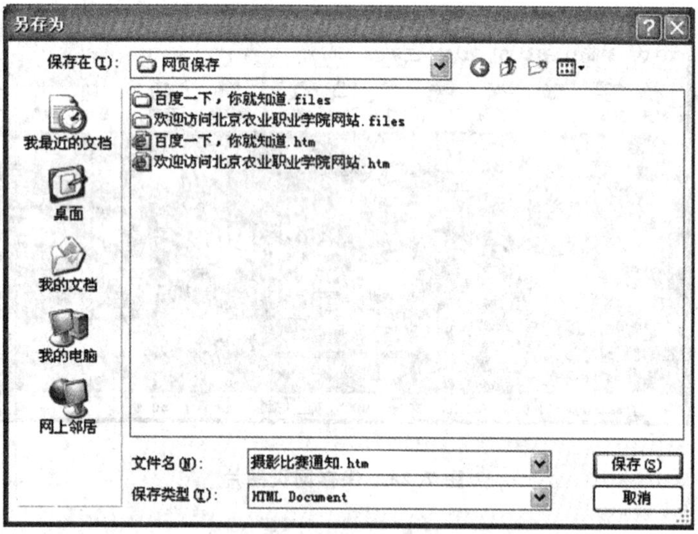

图 7.30 保存公告栏网页文件

在没联网情况下打开保存的网页文件,如图7.31所示。

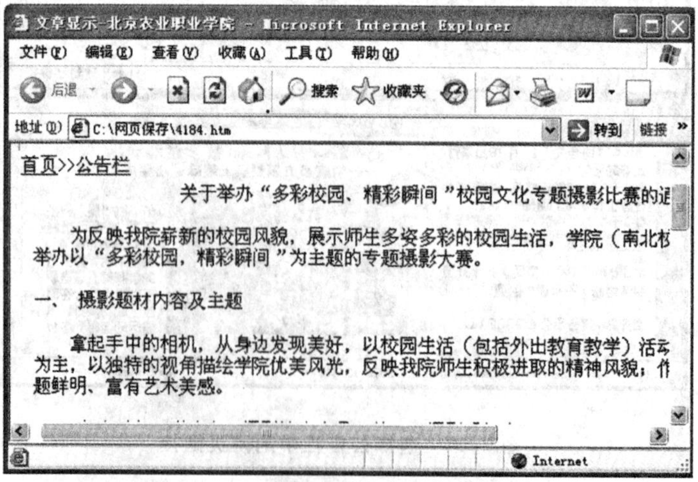

图 7.31 打开保存的通告栏中网页文件

实例 6 在网上搜索歌曲“隐形的翅膀”，保存在 E 盘的 MP3 文件夹中。

操作步骤：

(1)在百度网页 www. baidu. com 中单击“MP3”项，在文本框中输入歌曲名称“隐形的翅膀”，如图 7.32 所示，按 Enter 键。

图 7.32 搜索歌曲“隐形的翅膀”

(2)单击“试听”链接，试听歌曲，如图 7.33 所示。

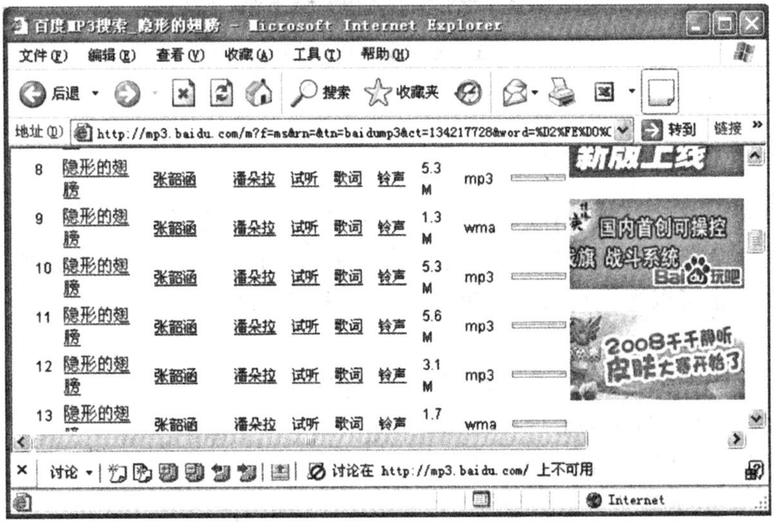

图 7.33 选择歌曲“隐形的翅膀”

若下载试听正常，在歌曲文件的链接上单击鼠标右键，选择"目标另存为"命令，选择保存路径及文件名即可，如图 7.34 所示。

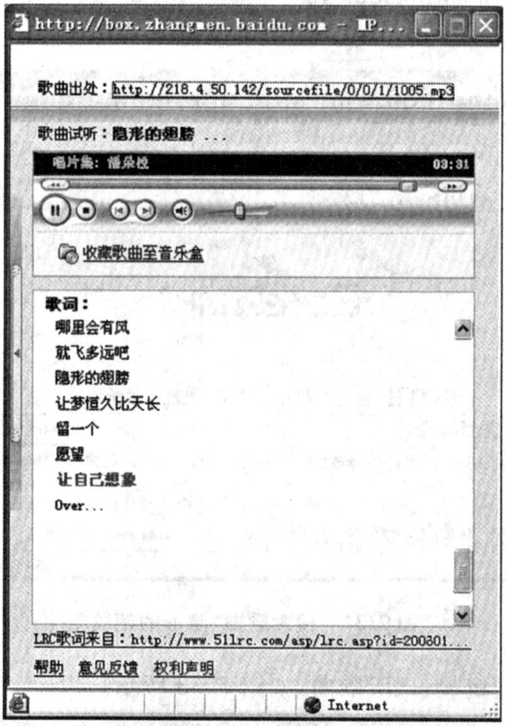

图 7.34 保存歌曲"隐形的翅膀"

7.5.4 保存常用的网址

在浏览网页的过程中，我们会用到许多网址，太多的网址不容易记忆，怎么办呢？我们将每天都看的网址设为首页，将浏览较多的网址添加到链接栏或添加到收藏夹中。也可以通过网址导航网站访问想浏览网站。

1. 浏览器的链接栏

将网页添加到链接栏，其方法有以下几种：

(1)将网页的图标从地址栏拖到链接栏。

(2)将链接从网页拖到链接栏。

2. 将 Web 页添加到收藏夹中

把网址添加到收藏夹，用户常用的站点，只要在访问该页的时候，单击"收藏"

菜单选择“添加到收藏夹”选项，待下次连接 Internet 以后，点击“收藏”按钮打开收藏夹，在收藏夹中查找自己要访问的站点名字，单击站点名字即可。

3. 用“历史”标准按钮，快速找到访问过的网页

单击工具栏中的“历史”，在网页的左边的浏览器栏中，出现最近访问过的网页。

操作技巧：上述保存的网址方法可以实现网页间的快速浏览，对一个网页来说，要实现网页的快速浏览，可以滑动鼠标的滚轮，也可以按空格键，立即显示下一屏的内容。

说明：通过网址导航网站可以进入大多数常见的网站，网址导航网站有：hao123 网址之家 http://www.hao123.com、9991 网址大全 http://www.9991.com/indexz.htm、265 上网导航 http://www.265.com 等可以通过网址导航网站快速进入其他网站。

实例 7 利用收藏夹保存网页。

操作步骤：

(1)启动 IE 浏览器，在地址栏中输入“http://www.pku.edu.cn”并按 Enter 键，浏览器窗口将打开“北京大学”的首页。

(2)单击“收藏”→“添加到收藏夹”选项，出现“添加到收藏夹”对话框，如图 7.35 所示，在“名称”文本框输入名称或使用默认名称，单击“确定”按钮，该网页即被保存到收藏夹中。

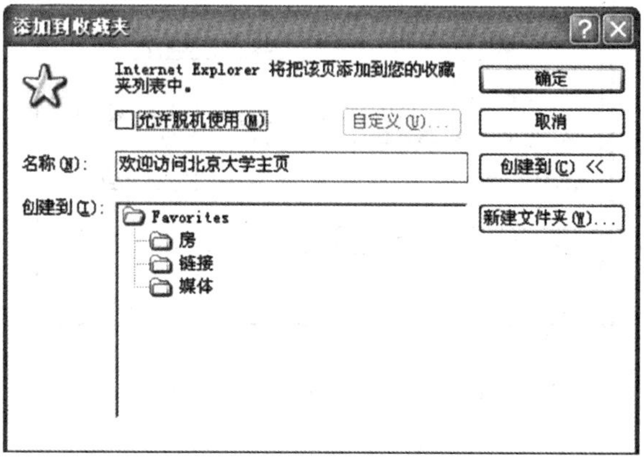

图 7.35 使用收藏夹保存网址

(3)如果下次要访问“北京大学”的首页，就可以单击“收藏”菜单，在弹出的下拉菜单中选择“欢迎访问北京大学主页”，就可以进入该网站。

7.5.5 配置 IE 的 Internet 选项

IE 为适应用户的不同需求，提供了较强的设置功能，通过 Internet 选项进行设置，在 IE 浏览器窗口中，单击“工具”→“Internet 选项”选项，出现“Internet 选项”对话框，如图 7.36 所示，在“Internet 选项”对话框中有 7 个选项卡，分别是常规、安全、隐私、内容、连接、程序、高级。

1.“常规”选项卡

(1)更改主页或起始页。在“常规”选项卡中，“主页”选项中的“地址”文本框内设置主页地址，如“http://ww.baidu.com”，如图 7.36 所示，若不修改其他项，单击“确定”按钮即可完成主页的设置；可以将当前打开的网页作为起始页，单击“使用当前页”按钮；单击“使用默认页”按钮则还原的默认设置；单击“使用空白页”，则使用空白页作为网页的起始页。

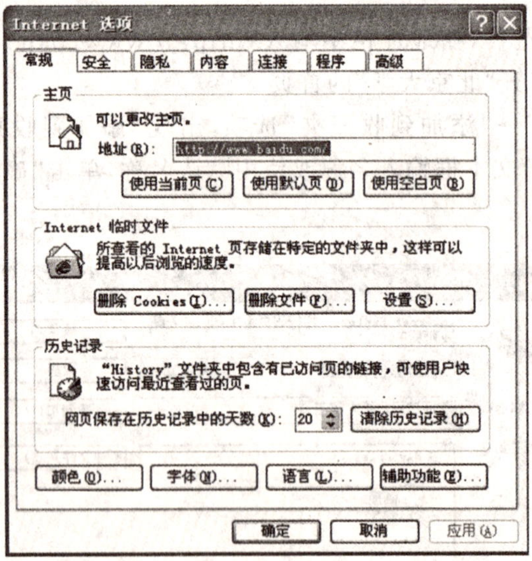

图 7.36 Internet 选项对话框

(2)Internet 临时文件。在“Internet 选项”对话框中，单击“删除文件”按钮可以删除临时文件。

单击“设置”按钮，可以通过拖动滑片，调整存储 Cookies 的磁盘容量，容量大一些可以存储更多的 Cookies，下次再访问该网站时，用的时间少，所以当你的磁盘容量较大时，用此可加快显示网页速度。

单击“删除 Cookies”，可以释放磁盘空间。

(3)设置历史记录。在“历史记录”选项中还可以设置保存历史记录的天数；单击“清除历史记录”删除历史记录。

2.“安全”选项卡

在“安全”选项卡中，可以为“Internet”、“本地 Intranet”、“受信任的站点”、“受限制的站点”设置安全级别，如图 7.37 所示。当某站点被设置为“受限制站点”后，下次再次访问该站点时，该站点不能被打开。

图 7.37 “安全”选项卡

例如，将 www.gogo.com 设为受限制站点。单击“受限制的站点”，单击“站点”，在“将该站点添加到区域中”下边的文本框中，输入站点的网址：www.gogo.com，如图 7.38 所示。单击“添加”按钮，该网站的网址添加到“网站”下面的列表框中。

要想删除受限制的站点，选中受限制站点的网址，单击“删除”按钮，如图 7.39 所示。

3.“隐私”选项卡

在网页上经常有弹出的窗口，选中“隐私”选项卡中的“阻止弹出窗口”复选框，可以阻止显示大多数弹出窗口，如图 7.40 所示。

想要恢复某网站弹出窗口的显示，单击“设置”按钮，可以将被阻止的网站地址

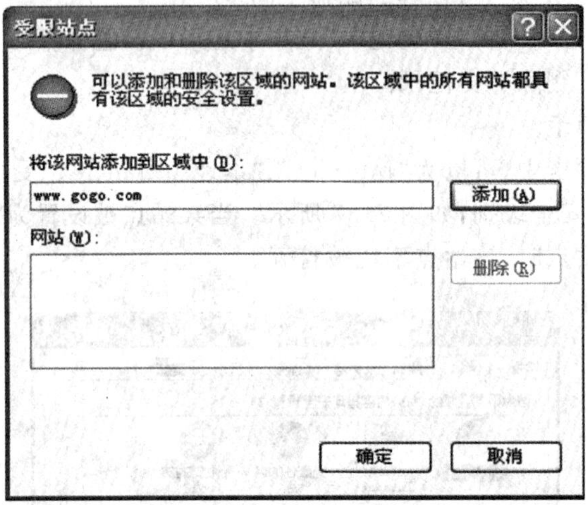

图 7.38 添加受限制的站点

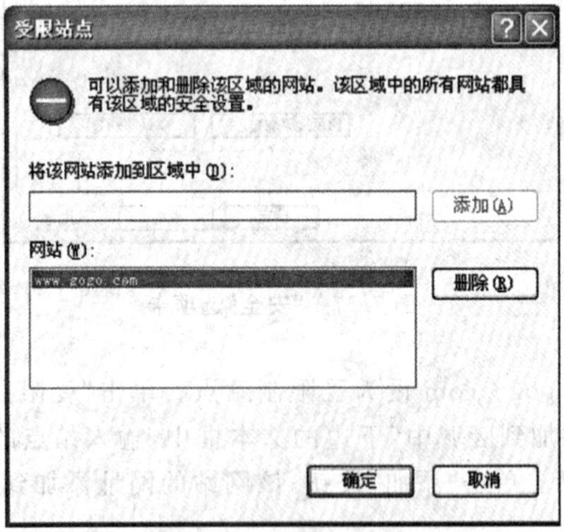

图 7.39 删除受限制的站点

添加到“要允许的网站地址”下面的文本框中，单击“添加”按钮，其弹出窗口可以显示出来。

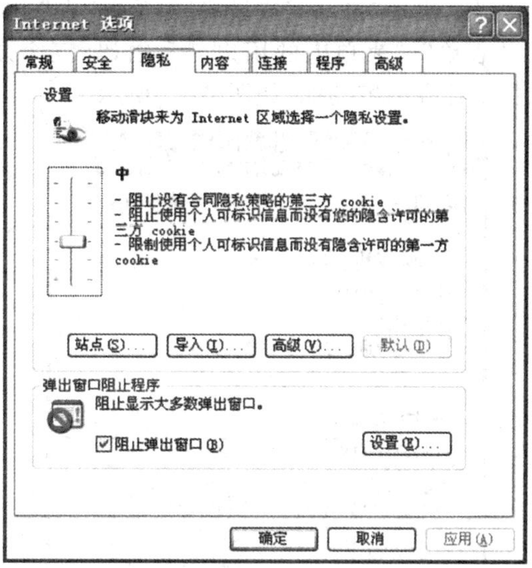

图 7.40　"隐私"选项卡

4."内容"选项卡

在网页上填表单或在地址栏输入地址时,只需输入部分内容,余下的会自动完成。单击"内容"选项卡,如图 7.41 所示。

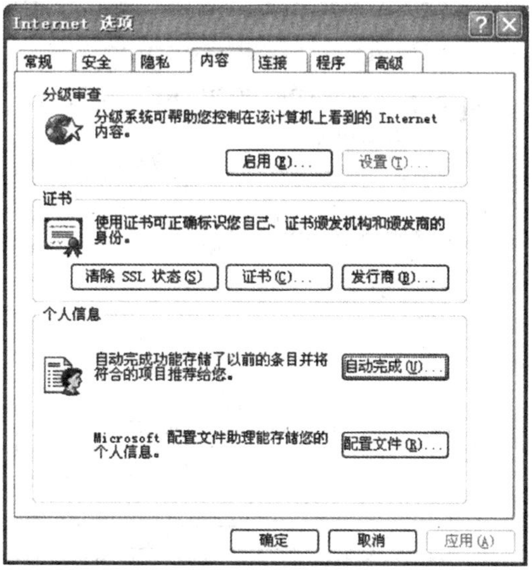

图 7.41　"内容"选项卡

单击“自动完成”按钮，出现“自动完成设置”对话框，在“自动完成功能应用于”区域，有“Web 地址”、“表单”、“表单上的用户名和密码”三个复选框，选中某项的复选框中，可以完成自动补齐内容功能，如图 7.42 所示。

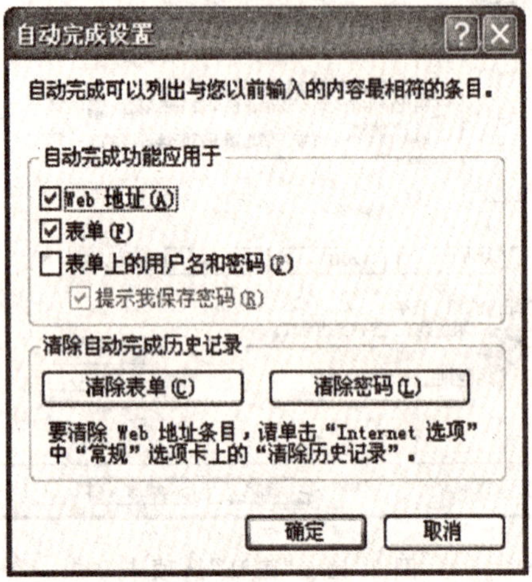

图 7.42 自动完成设置

5.“连接”选项卡

单击“连接”选项卡，如图 7.43 所示。

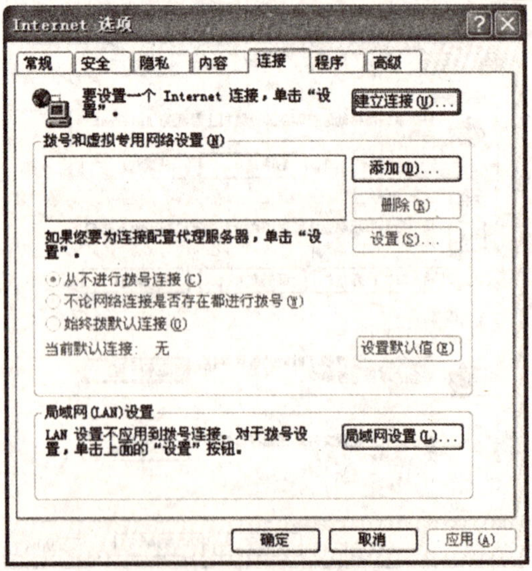

图 7.43 “连接”选项卡

如果几个电脑组成一个小局域网，其中一台电脑作为代理服务器，其他电脑通过代理服务器上网，这时其他电脑的地址设置如下：单击连接选项卡中“局域网设置”按钮，出现“局域网设置”对话框，如图 7.44 所示，选中“为 LAN 使用代理服务器”前的复选框，输入代理服务器的 IP 地址，端口号，单击“确定”按钮，本机器即可通过指定的代理服务器上网。

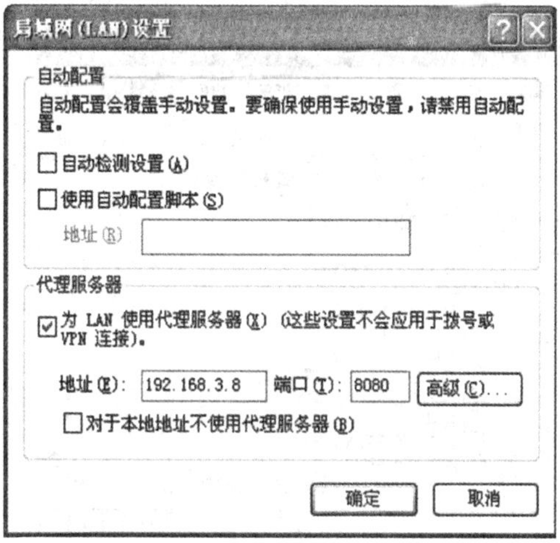

图 7.44　用代理服务器上网的电脑设置

6.“程序”选项卡

“程序”选项卡如图 7.45 所示，恢复 IE 的默认设置，单击“重置 Web 设置”。

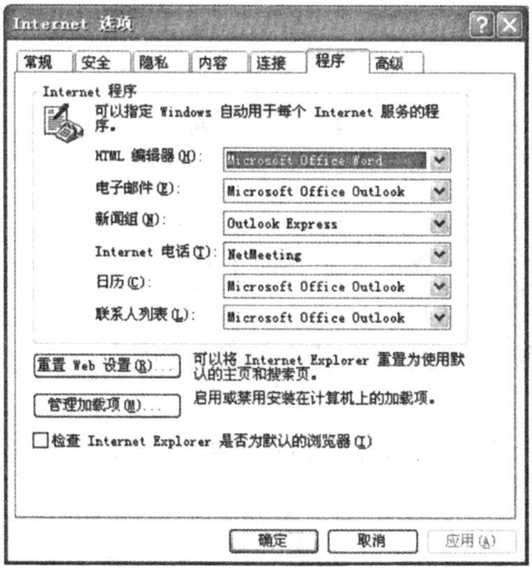

图 7.45　“程序”选项卡

7."高级"选项卡

"高级"选项卡如图 7.46 所示,对"HTTP1.1 设置"、"安全"、"从地址栏搜索"、"打印"、"多媒体"、"辅助功能"、"浏览"进行设置。例如,在"多媒体"区域中,选上"播放网页中的动画"、"播放网页中的声音"、"播放网页中的视频"等,这些功能才起作用。否则网页中的多媒体就不能正常工作。

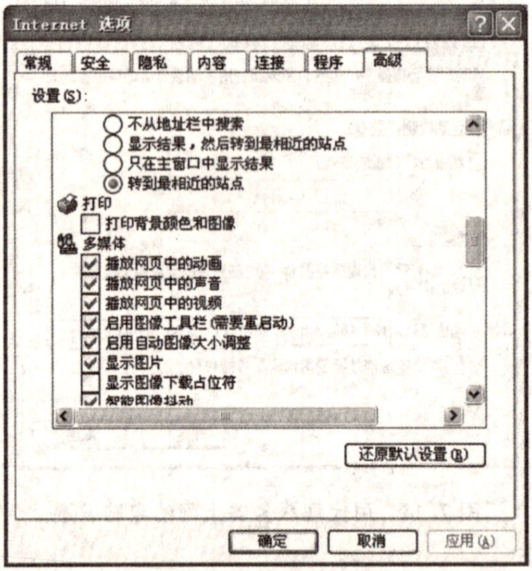

图 7.46 "高级"选项卡

习 题

1. 简述 Internet 的起源。
2. Internet 在中国的发展经历了哪两个阶段?
3. Internet 采用哪种网络协议?
4. 与 Internet 连接的基本方式主要有哪几种?
5. 什么是域名?
6. 如何保存 Web 页? 如何保存图片? 如何保存链接文件?

第 8 章 Internet 实用操作

8.1 信息搜索

庞大的互联网给用户提供了大量有用信息，但在浩如烟海的网站中如何才能找到真正需要的信息呢？这就需要用到搜索引擎进行信息搜索。

搜索引擎(Search Engines)是一个对互联网上的信息资源进行搜集整理，然后供用户查询的系统，它包括信息采集、信息整理和用户查询三部分。

早期的搜索引擎是把互联网中资源服务器的地址收集起来，根据其提供资源的类型不同而分成不同的目录，再一层一层地进行分类。人们要找自己想要的信息可按它们的分类一层层地进入，就能最后到达目的地，找到自己想要的信息。这种方式，只适用于在信息量不大的时候使用。

随着互联网的信息按几何级数增长，搜索引擎开始快速发展。1994 年初，世界上出现了真正意义上的搜索引擎——Lycos。随着“Yahoo!”的出现，搜索引擎的发展也进入了黄金时代。搜索引擎家族不断发展壮大，逐渐遍布信息世界的各个角落，它们的种类、技术也在不断的发生变化。目前应用最广的搜索引擎有谷歌搜索(Google)、百度搜索(Baidu)和雅虎搜索(Yahoo)等。

8.1.1 谷歌搜索

谷歌搜索是专业的搜索引擎，它提供了简单易用的免费服务，用户可以在瞬间得到相关的搜索结果。下面介绍利用谷歌进行信息搜索的方法。

1. 谷歌首页简介

启动 IE 浏览器，在地址栏输入：www. google. cn(中文谷歌，若输入 www. google. com 则会进入英文谷歌)并按 Enter 键，即可进入谷歌首页，如图 8.1 所示。

在图 8.1 中可以看到页面左上角有几个选项分别为“网页”、“图片”、“地图”、“资讯”、“视频”、“博客”以及“更多”。这表明利用谷歌分别可以进行网页搜索、图片搜索、地图搜索、资讯搜索、视频及博客搜索等。同时单击“更多”选项旁的下三角按钮▼，可以弹出一个下拉列表，可以进行更多的其他搜索方式。

在谷歌首页的中上部位置是供用户输入搜索关键词的输入框，用户可以在此

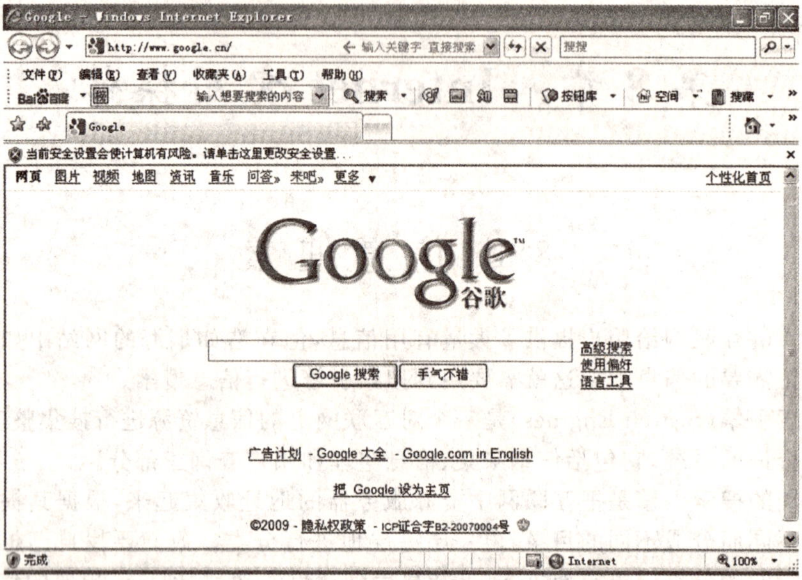

图 8.1 谷歌首页

输入搜索关键词。

输入框右侧有三个选项:“高级搜索”、“使用偏好”和“语言工具”。“高级搜索”可以对搜索条件进行限定,使搜索结果更符合用户要求;“使用偏好”是指使用者可以按自己的习惯进行一些设置,以使搜索符合用户习惯;“语言工具”支持用户以自己习惯的语言输入一个搜索词组,而查找其他语言的网页。

输入框下方的两个按钮分别为“google 搜索”按钮和“手气不错”按钮。当用户点击“google 搜索”按钮时,谷歌将列出所有符合条件的网页;若用户点击“手气不错”按钮则将自动进入查询到的第一个网页。

按钮下方列出几个单选项,供用户选择查询范围如:“所有网页”、“中文网页”、“简体中文网页”和“中国的网页”等。

在单选项的下方谷歌也列出了“网页”、“图片”等选项与页面左上角的几个选项的若能类似。

页面中的“广告计划”是指导用户如何与谷歌进行广告合作;“google 大全”相当于一个帮助中心,用户对谷歌任何不明白的地方都可以通过此途径进行了解;“Google. com in English”是进入英文谷歌的途径;“将 Google 设为主页”可以将谷歌设为 IE 浏览器首页。

2. 搜索的基本操作方法

利用谷歌搜索的基本操作方法非常简单,例如进入谷歌首页后,直接在输入框输入要搜索内容的关键词如:"农业网",点击"google 搜索"按钮即可列出符合条件的所有网页信息,如图 8.2 所示。

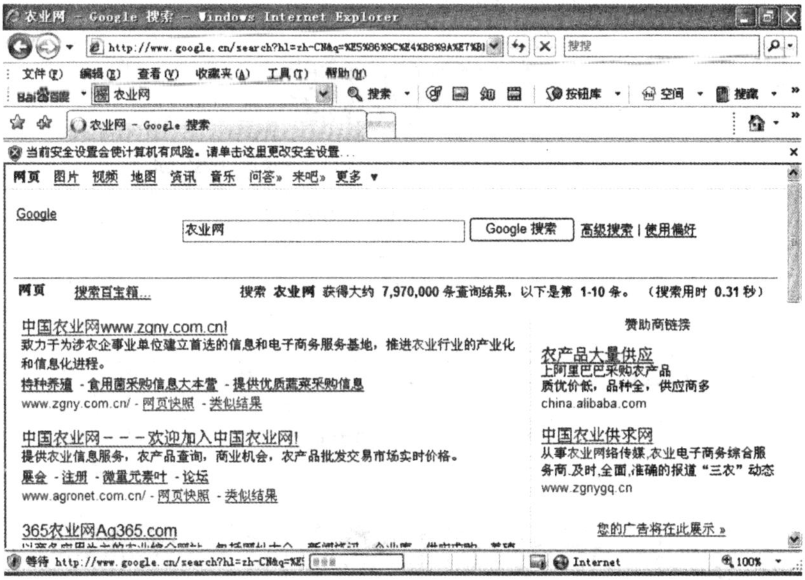

图 8.2 搜索的基本操作

点击这些信息的标题即可进入所需网站。

3. 谷歌搜索技巧

(1)网页搜索:是大多数情况下使用到的搜索方式,也是谷歌默认的搜索方式。用户搜索文字信息时可直接利用本选项进行搜索。

(2)图片搜索:点击首页上的"图片"选项,进入图片搜索页面,如图 8.3 所示。

在输入框中输入关键词,如"果园",点击"搜索图片"按钮,即可搜索图片名称中带有"果园"一词的网页,如图 8.4 所示。

在该页面中包含一个"图片显示"选项,在其下拉列表中可以选择搜索的图片的大小,如所有尺寸图片(默认)、超大图片、较大尺寸图片、中等尺寸图片、较小尺寸图片等。用户可以通过对此选项的设置来查找大小合适的图片。

(3)地图搜索:可以搜索以关键词为地名的地图或其在地图中的位置。例如在输入框中输入"北京",点击"地图"选项,即可显示北京市地图,如图 8.5 所示。

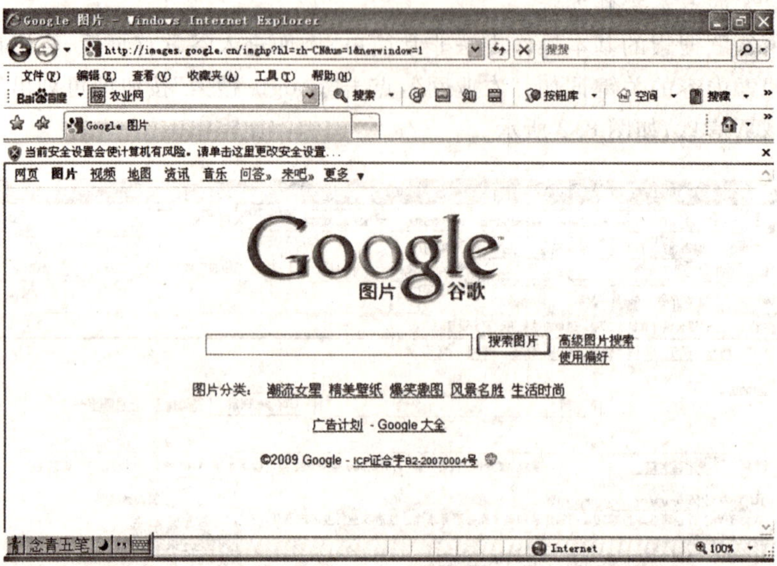

图 8.3 图片搜索页面

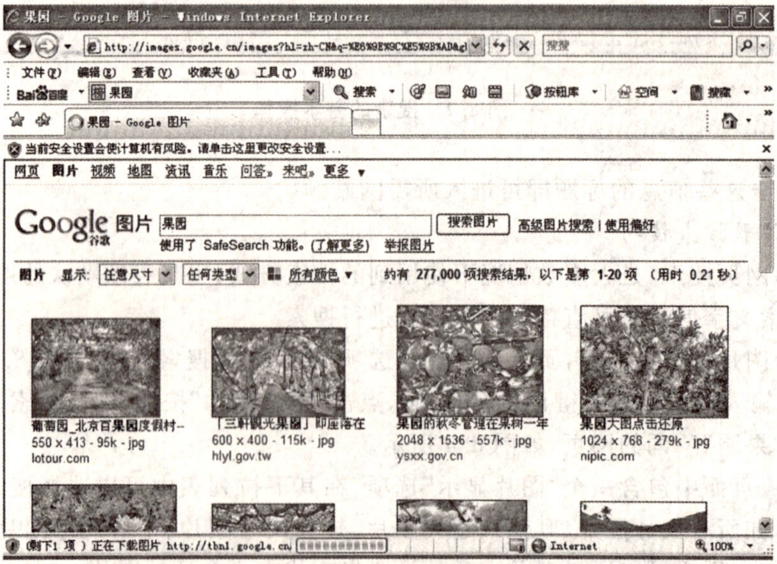

图 8.4 图片搜索结果

图 8.5　地图搜索

(4)资讯搜索:资讯搜索是指搜索包含用户指定的某关键词的新闻资讯内容。在输入框中输入关键词如:“08 奥运”,点击“资讯”选项,即可显示相关资讯内容,如图 8.6 所示。

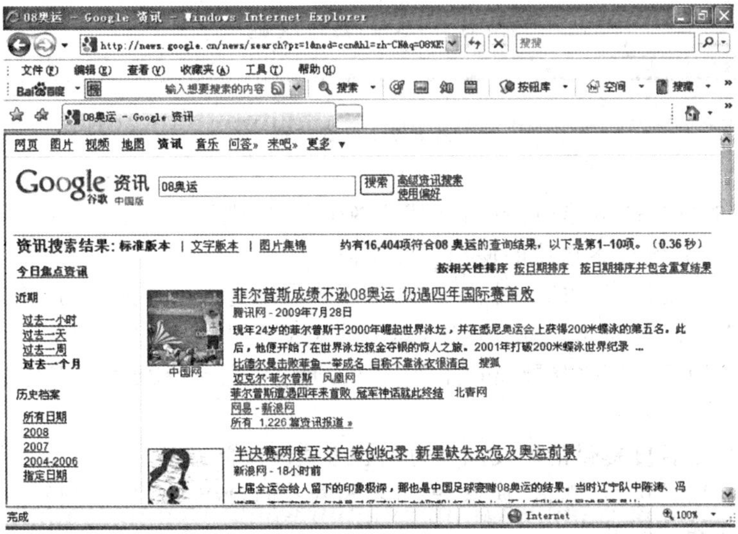

图 8.6　资讯搜索

(5)其他诸如视频搜索、博客搜索等搜索方式类似,在此不再赘述。

8.1.2 百度搜索

百度,2000年1月创立于北京中关村,是专业的中文搜索引擎。下面介绍利用百度进行信息搜索的方法。

启动IE浏览器,在地址栏输入:www.baidu.com并按Enter键,即可进入百度首页,如图8.7所示。

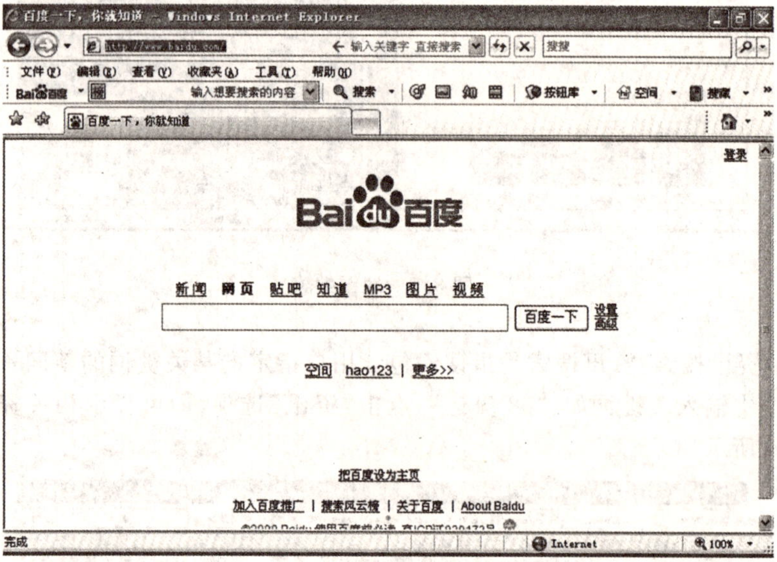

图8.7 百度首页

百度的各个搜索选项如:“新闻”、“网页”、“贴吧”、“知道”、“MP3”、“图片”及“视频”等,与谷歌搜索选项的使用方法类似。

“贴吧”是百度专有的一种论坛方式,用户可以进入已经建立的贴吧,例如在输入框输入“农业”并点击“贴吧”选项,即可进入农业吧,如图8.8所示。

在贴吧的下方有“登录”和“注册”选项,通过注册和登录用户即可跟其他网友进行交流。

“知道”是百度提供的网友间通过问答方式解决问题的一种途径。对某关键词如“葡萄的种植”进行“知道”搜索,即可看到网友们对相关问题的问答内容,从而帮助用户解决相应问题。

“MP3”专用于音频文件的搜索。

图 8.8　百度贴吧——农业吧

8.1.3　雅虎搜索

雅虎(www.yahoo.com)是一个门户搜索网站，cn.yahoo.com 的中文名称为中国雅虎。在 IE 地址栏中输入 cn.yahoo.com 并按 Enter 键确认，即可进入中国雅虎首页，如图 8.9 所示。

图 8.9　中国雅虎

点击网页上方的“雅虎搜索”选项，即可进入雅虎搜索页面，如图 8.10 所示。

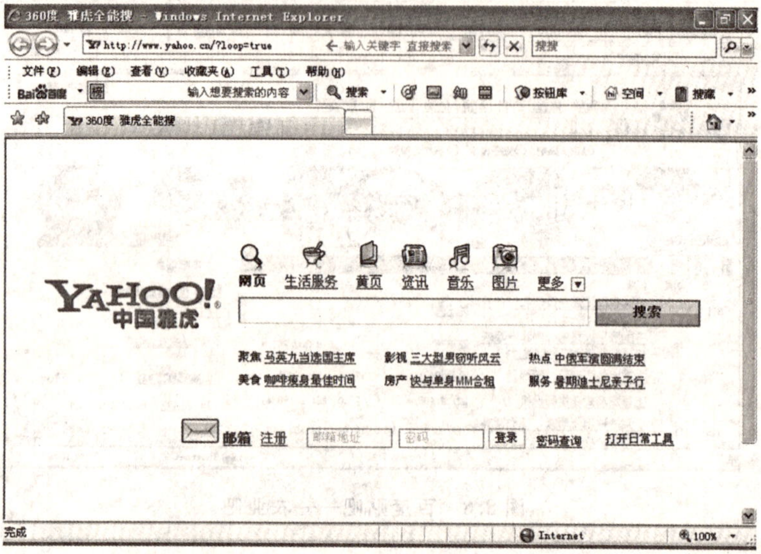

图 8.10 雅虎搜索

使用雅虎搜索的搜索方法与谷歌及百度类似，在此不再赘述。

8.2 信息发布

很多网站提供广告发布功能，而对于提供免费发布广告功能的网站来说，用户只需注册即可发布广告，非常方便。另外，在各个论坛及 baidu 贴吧上发布信息也都是免费的。下面以中国农业网为例，介绍信息发布的方法。

8.2.1 用户注册

用户想在任何网站上发布信息都应该先进行注册，且记住自己的用户名和密码以备以后使用。以中国农业网为例，用户注册的方法如下：

(1)启动 IE 浏览器，在地址栏输入 www.agronet.com.cn(如不记得网址，也可以选利用前文所述的搜索引擎，以“中国农业网”为关键词进行搜索，或在 IE 地址栏直接输入“中国农业网”并按 Enter 键确认，也会进入搜索页面，用户在搜索页面点击找到的中国农业网即可进入)，并按 Enter 键确认，进入中国农业网首页，如图 8.11 所示。

图 8.11 中国农业网

(2)点击页面中的“免费注册”按钮,进入注册页面,如图 8.12 所示。

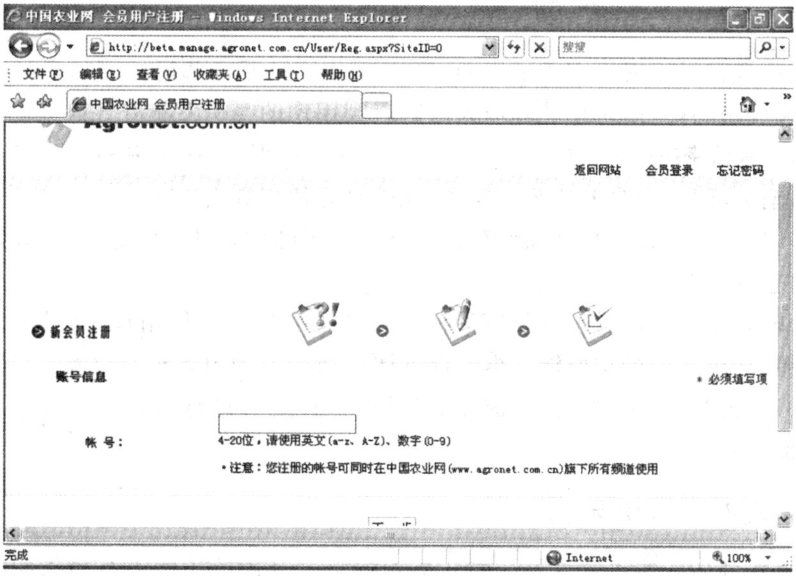

图 8.12 注册页面

(3)输入账号内容(用户自己定义,如姓名的拼音等,但要注意有可能重名。若出现重名情况,用户需重新定义其他名字),点击“下一步”按钮进入“会员基本信息”页面,如图8.13所示。

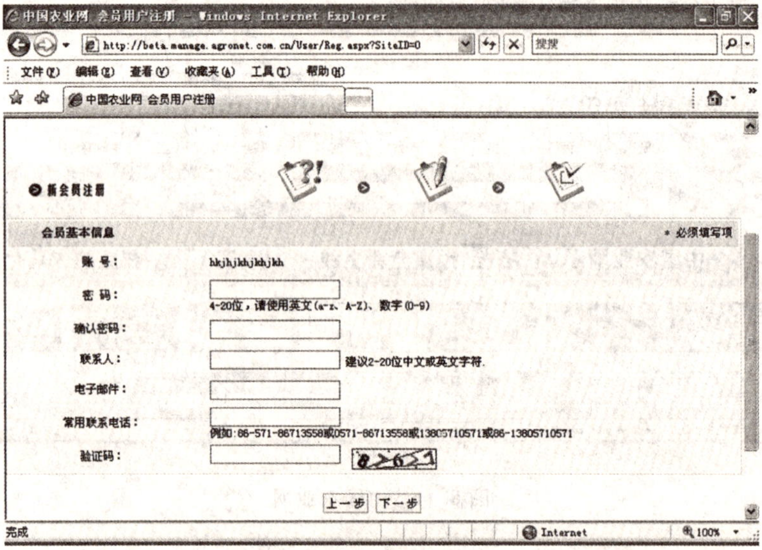

图8.13 “会员基本信息”页面

(4)输入密码。密码应尽量复杂一些,但必须保证自己记住,如利用字母与数字组合形成密码等,以防止被其他人破解后利用您的身份发布有害信息。

(5)在确认密码的输入框内再输入一次密码,必须保证与前面所输入的密码相同。

(6)输入联系人,为方便客户联系,此处最好使用姓名。

(7)输入电子邮件地址(如何获得自己的电子邮件地址,在8.3节中介绍)。

(8)输入联系电话。

(9)输入验证码,为节约网络资源,防止某些用户恶意使用自动注册软件多次注册邮箱,要求在此处按照输入框右侧的图片所显示的内容进行输入。

(10)点击“下一步”按钮,完成注册(其他操作是否进行,用户可以按照网站指导选择操作)。

8.2.2 发布供求信息

用户在网站注册后可登录此网站发布信息。下面以中国农业网为例,介绍发布信息的方法。

(1)启动 IE 浏览器，进入中国农业网。

(2)点击“会员登录”按钮，进入登录页面，如图 8.14 所示。

图 8.14　登录页面

(3)输入账号、密码和验证码，点击“登录”按钮，进入“中国农业网商务室”，如图 8.15 所示。

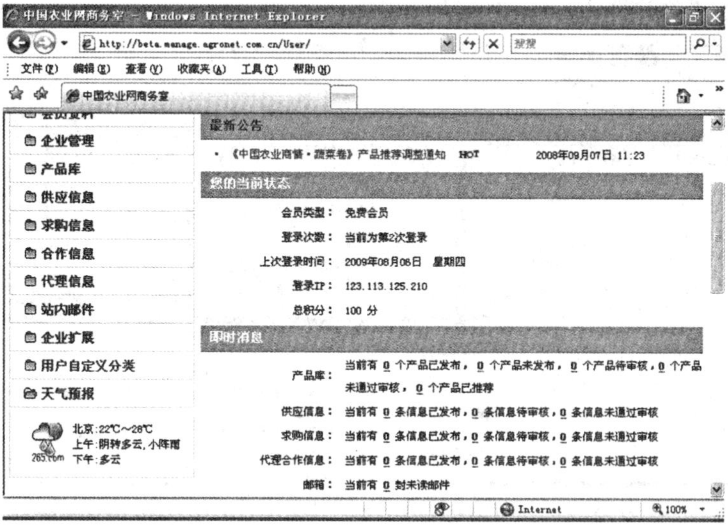

图 8.15　中国农业网商务室

(4)点击“供应信息”文件夹，则该文件夹展开，点击其中的“新增供应信息”进入供应信息页面。选择或输入必要内容后，点击“立即添加”按钮，即发布了供应信息。

8.3 电子邮件的使用

电子邮件是一种通过网络进行的通信方式，通过电子邮件用户与用户之间不仅可以传递文字方式的信息，还可以传递其他不超过一定容量的文件如图片、简短的录像、录音等等。用户想应用电子邮件，首先自己要拥有一个邮件账号（也称邮箱地址），其次还要知道对方的邮件账号。

8.3.1 建立邮件账号

大多数网站都可提供免费的邮件账号，下面以建立 sohu 邮件账号为例介绍建立邮件账号的步骤：

(1)启动 IE 浏览器，在地址栏输入 www. sohu. com 进入 sohu 网站首页。

(2)在首页上方找到“邮件”选项，并点击，进入搜狐邮箱页面，如图 8.16 所示。

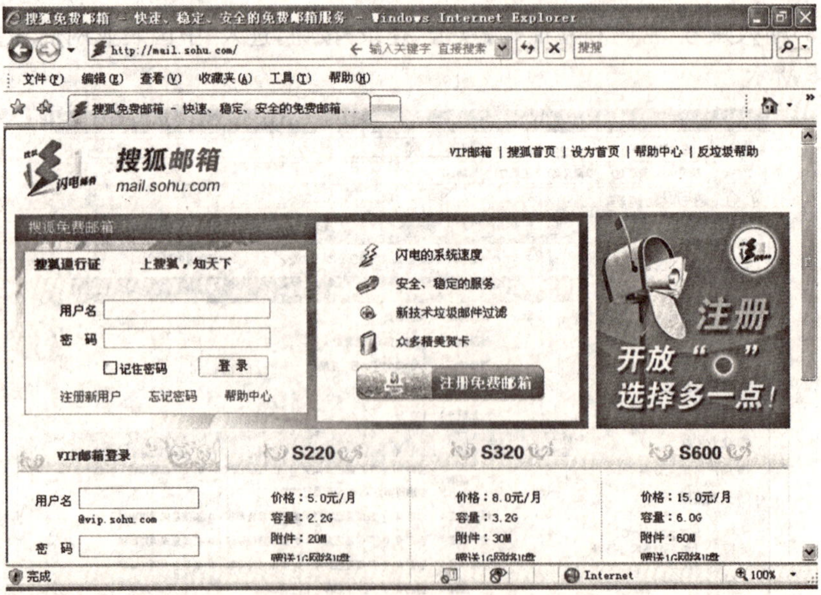

图 8.16 搜狐邮箱页面

(3)点击“注册新用户”选项,进入注册页面,如图 8.17 所示。

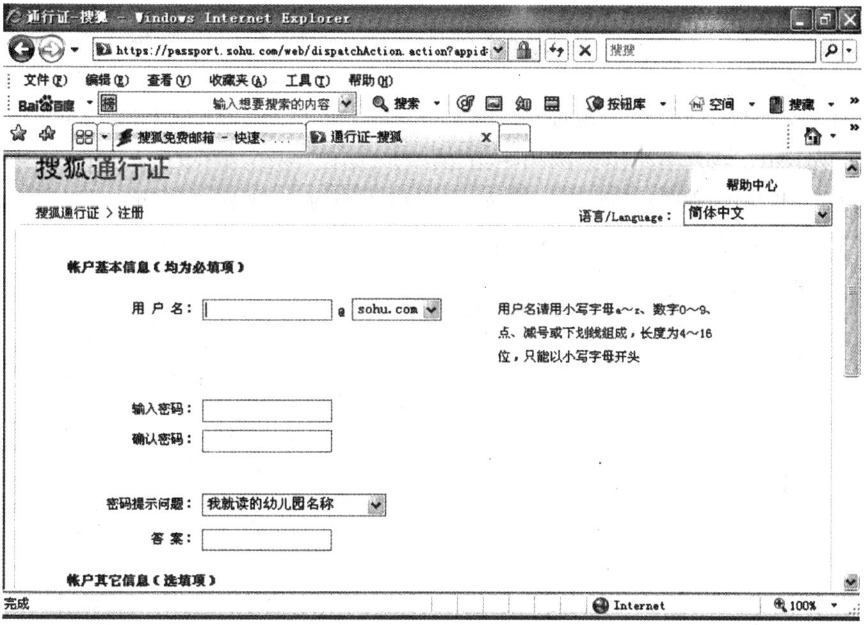

图 8.17　搜狐邮箱注册页面

①用户名。用户名是用户自定义的名称,应方便好记,注册成功后用户要记住自己的用户名。

②输入密码。用户进入邮箱时须输入密码,是防止其他人进入邮箱的必要手段,用户应尽量使用复杂一些的密码(如利用字母与数字组合形成密码)以防止被其他人破解。

③确认密码。为防止用户在输入时误操作使实际输入的密码与自己想要的密码不一致的情况发生,要求用户再次输入一遍密码,只有在两次输入的密码一致的情况下,系统才会确认密码有效。

④密码提示问题及答案。用户可以选择一个密码提示问题,并输入正确的答案,用于当用户自己忘记密码时找回密码。

⑤验证码。输入验证码。

⑥其他选填项可以不填。

(4)点击“提交注册信息”按钮,进入“注册完成”页面,等待一会儿自动进入“注册成功”页面。点击“登录 2G 免费邮箱”按钮,即可进入邮箱。

8.3.2 收发邮件

用户拥有邮件账号后就可以收发邮件了。下面仍以 sohu 邮箱为例，介绍收发邮件的步骤：

(1)启动 IE 浏览器，在地址栏输入用户注册邮箱的网站地址(如 www.sohu.com)进入网站首页。

(2)点击“邮件”选项，进入如前面图 8.16 所示的搜狐邮箱页面。

(3)输入用户名和密码，进入邮箱，如图 8.18 所示。

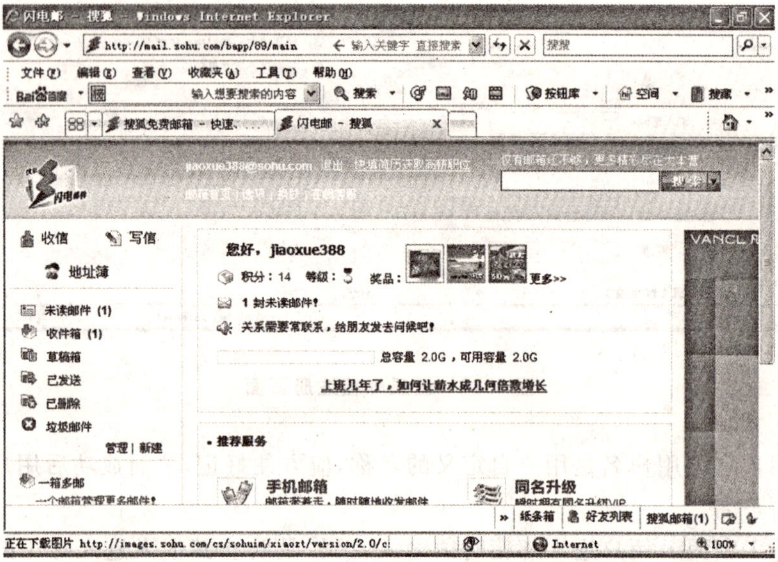

图 8.18 进入搜狐邮箱

(4)收邮件。点击左侧的“收信”按钮，即可收取新邮件；点击“未读邮件”可以看到新发来尚未读取的邮件；点击“收件箱”就可以看到收件箱中所有邮件，包括已经浏览过的旧邮件。点击邮件的主题，即可浏览邮件内容。

(5)写邮件。点击“写信”按钮，进入写邮件页面，如图 8.19 所示。

在“收件人”输入框中输入收件人的邮箱地址如：wangxiaojia@sina.com。

在“主题”输入框中可以给邮件取一个主题，方便收件人了解邮件内容。

在下面的输入框中输入信的内容。

(6)给收件人发文件：发件人还可以以附件形式给收件人发送文件。

点击“添加附件”，弹出“选择文件”对话框，如图 8.20 所示。

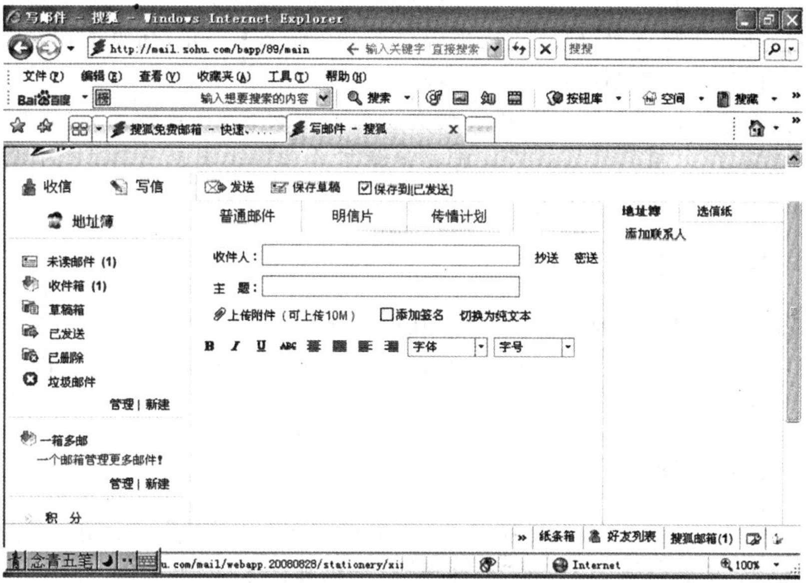

图 8.19　写邮件

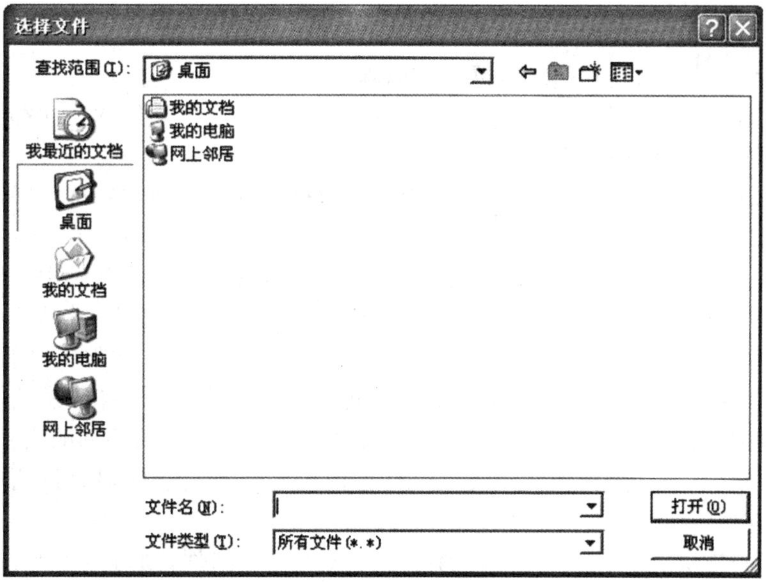

图 8.20　“选择文件”对话框

选择要发送的文件,并单击"打开"按钮,返回写邮件页面。

(7)发邮件。邮件写好后,点击发邮件按钮,等待一会儿,当页面出现"邮件已发送成功"的提示时表明邮件已发送成功。

注意:不同的网站对于邮件附件的大小有不同规定,如目前 sohu 规定附件不能超过 10 M,所以用户在发送附件时要注意不要传送过大的文件,超过规定大小的文件是无法发送的。

8.3.3 邮件回复

当用户收到邮件需要回复时,可以在打开邮件的情况下,点击"回复"按钮,进入写邮件页面,此时收件人的地址会自动出现在收件人输入框,用户可以省去填写地址的过程。

8.3.4 邮件管理

邮箱中包含"未读邮件"、"收件箱"、"草稿箱"、"已发送"、"已删除"、"垃圾邮件"、"存档箱"等文件夹;还包括"地址簿"、"手机邮件"、"闪电阅读"等选项。

1. 邮件管理

(1)"未读邮件"。未读邮件文件夹内存储所有尚未阅读的邮件,点击此文件夹,用户可以在此收看新邮件。

(2)"收件箱"。收件箱文件夹中存储所有收到的邮件,用户不仅可以在此收看新邮件,还可以在此查看已经阅读过的旧邮件。

此文件夹页面打开时,可以看到其中的邮件列表,每个邮件的前面都有一个复选框,点击此复选框即可选中此邮件。

在页面上方有永久删除、删除、移至及举报并清除等按钮,当有邮件被选中时,即可点击这些按钮进行相应操作。

①永久删除:点击永久删除按钮,会将选中的邮件永久性删除。由于此操作不能恢复,因此要慎重使用,应在完全确认邮件无用的情况下,才进行删除。

②删除:点击删除按钮,会将选中的邮件删除到"已删除"文件夹中暂存,各网站的邮件系统都会每隔几天对该文件夹清理一次,如果在系统自动清理之前用户发现误删邮件,则可在此文件夹中找到此邮件。并可将其移动到别的文件夹。

③移至:点击移至按钮,会弹出选项"存档箱",选择此选项则会将选中的邮件移动到"存档箱"中保存。

④举报清除:如果用户发现收到的邮件属于垃圾邮件,则可点击此按钮,将此邮件删除并同时报告给 sohu 网站,以便进行防垃圾邮件处理。

(3)"草稿箱"。草稿箱文件夹用以存储未完成的邮件草稿。用户在写邮件时若因故未写完，可点击写邮件页面上的“保存草稿”按钮，将邮件保存到草稿箱中，以便下次续写。

(4)“已发送”。已发送文件夹用以存储发送出去的邮件。用户在写完邮件并准备发送时，可点击写邮件页面上的“保存到(已发送)”选项前面的方框(方框内出现“√”符号时，表明此项选中)，然后再点击发送，则邮件在发送的同时被保存到已发送文件夹中。

(5)“已删除”。保存删除的邮件。

(6)“垃圾邮件”。邮件系统自动识别的垃圾邮件会保存到此文件夹中。但不排除系统误判情况，用户可以对其进行检查，若发现系统误判有用邮件为垃圾邮件时，可以在此对其浏览，也可将邮件移到别的文件夹中保存。

(7)“存档箱”。存储重要邮件。用户可以将其他文件夹中的邮件移到此文件夹中保存。

2. 地址管理

用户如果每次都自己输入邮件地址就会显得很繁琐，因此对于经常联系的人，用户就可以将其邮件地址加入地址簿，这样，当用户要写信给地址簿中的人时，只需点击地址簿中该联系人的名字，就可以自动在收件人的输入框中出现该联系人地址。地址簿的使用方法如下：

(1)点击“地址簿”选项，进入地址簿页面，如图 8.21 所示。

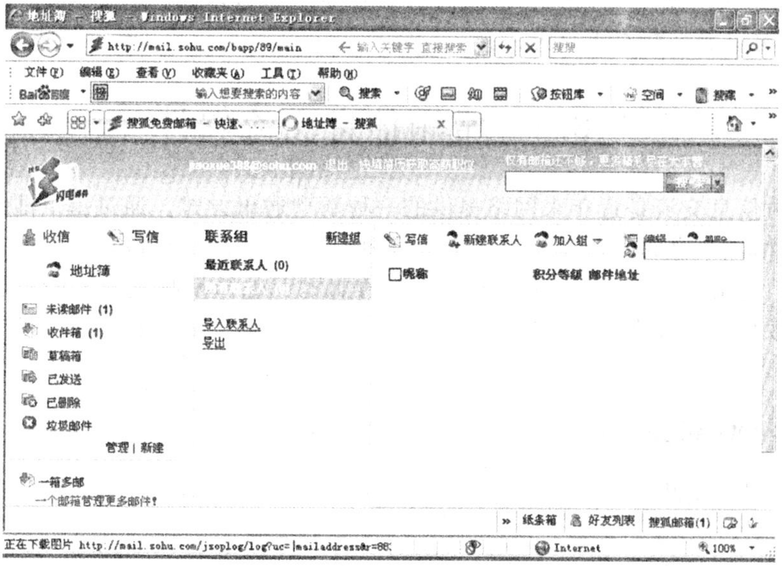

图 8.21　搜狐邮箱地址簿

(2)点击该页面中的新建按钮,进入新建联系人页面,如图 8.22 所示。

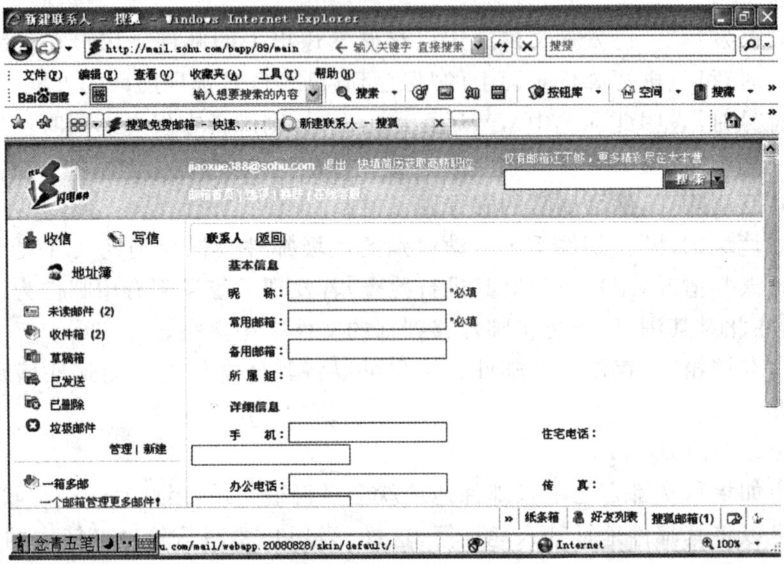

图 8.22 新建联系人页面

(3)输入必填内容,其他内容选填,填写完成后点击“确定”按钮,返回地址簿页面,就可以看到联系人列表出现了此联系人。

*8.4 常用信息交流软件

即时信息交流是近年来网络提供的一种新型通讯方式。通过提供即时交流功能的软件,用户之间既可以通过文字进行即时交流,同时也可以像打电话一样进行语音即时交流,甚至还可以在配置摄像头的前提下进行视频交流。同时还可以利用这些软件实时地在用户之间进行文件的传递。下面介绍几种常用的即时交流软件。

8.4.1 QQ 聊天工具

QQ 是中国腾讯公司开发的一款即时交流(聊天)工具。下面介绍使用 QQ 的方法。

1. 下载并安装 QQ 软件

用户要想使用 QQ,必须先下载并安装 QQ 软件,具体步骤如下:

(1)启动 IE 浏览器,在地址栏输入 www. qq. com 并按 Enter 键确认,进入腾讯网站首页。

(2)点击该页面中的“QQ 软件”选项,进入腾讯软件中心页面,如图 8.23 所示。

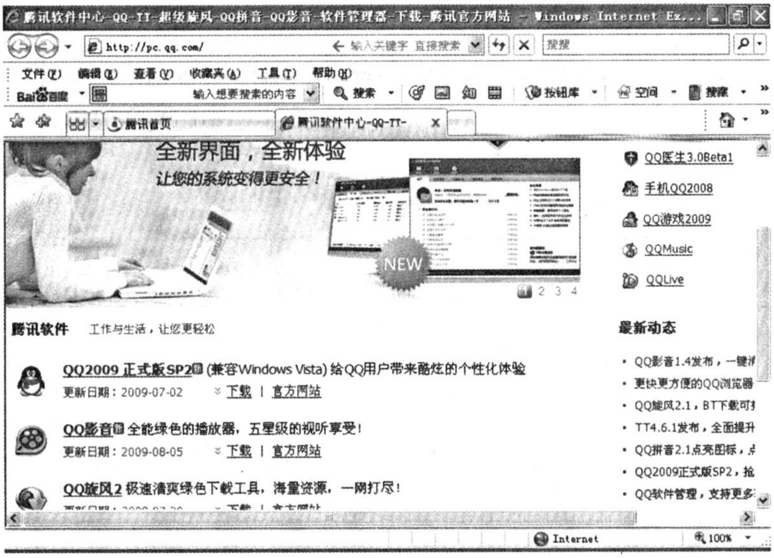

图 8.23　腾讯软件中心页面

(3)点击该页面中腾讯 QQ(如 QQ2009 正式版 SP2)的“下载”按钮。

(4)在弹出的对话框中单击“运行”或“保存”按钮(若单击“保存”按钮则用户需指定保存位置,下载完成后在保存位置找到下载的软件,双击即可运行安装程序)。

(5)此处假设用户单击了“运行”按钮,则进行下载界面,如图 8.24 所示。

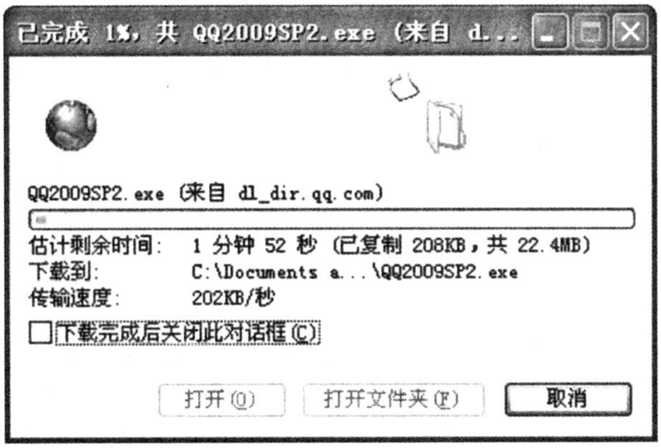

图 8.24　下载界面

(6)下载完成后,弹出 IE 安全警告,如图 8.25 所示。

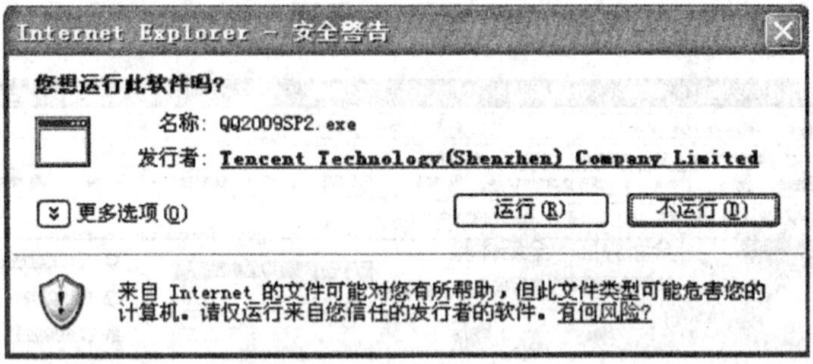

图 8.25 IE 安全警告

(7)单击"运行"按钮,进入 QQ 安装界面,如图 8.26 所示。

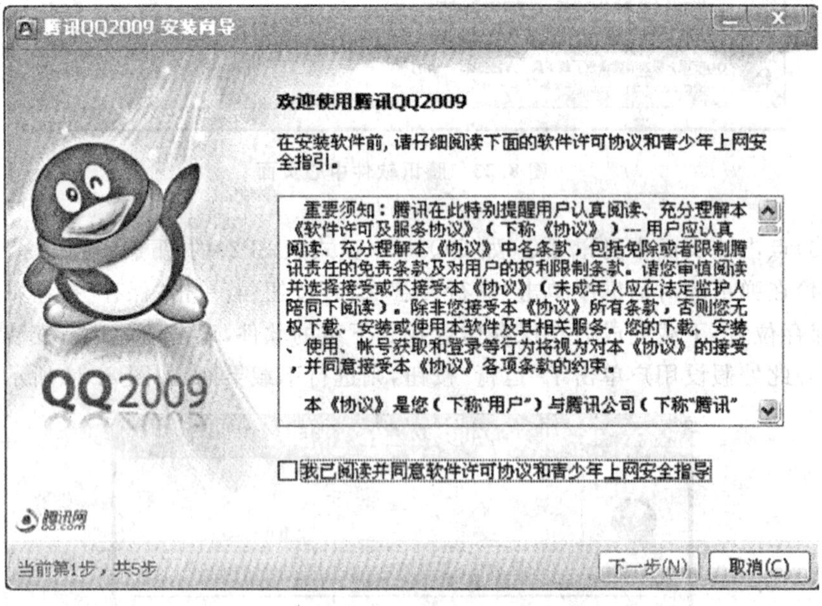

图 8.26 QQ 安装界面

(8)认真阅读重要须知内容,若接受则单击"我已阅读并同意软件许可协议和青少年上网安全指导"选项前的方框,再单击"下一步"按钮,进入"自定义安装选项与快速方式选项"界面,如图 8.27 所示;若不能接受则单击"取消"按钮退出安装。

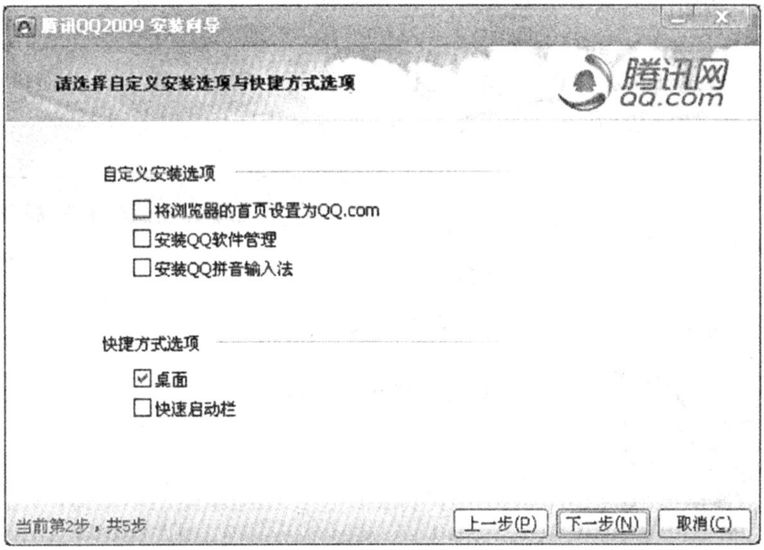

图 8.27　自定义界面

(9)选择您需要的选项并单击“下一步”按钮，进入“选择安装路径”界面，如图 8.28 所示。

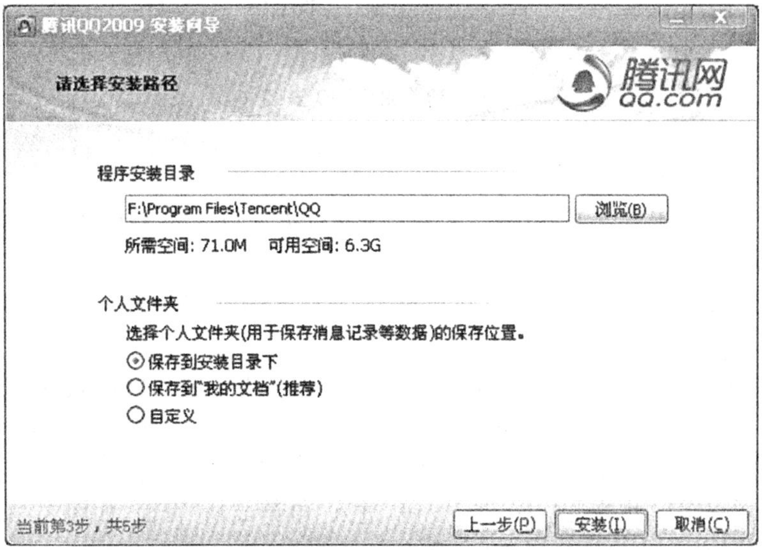

图 8.28　“选定安装位置和组件”界面

(10)设置程序安装的位置及个人文件夹保存的位置,单击“下一步”按钮,开始安装。

(11)当出现如图 8.29 所示的界面时,将界面上列出的几个选择项进行您需要的选择,并单击“完成”按钮,即完成了 QQ 的安装。

图 8.29 完成 QQ 安装

2. 申请 QQ 号码

用户要想使用 QQ 还需要有一个自己的 QQ 号码,QQ 号码需向腾讯网站申请,申请步骤如下:

(1)在如图 8.23 所示的腾讯网首页上,点击“号码”选项进入“QQ 号码商城”页面。

(2)点击该页面中的“立即申请”下的“点此申请”,进入申请页面,如图 8.30 所示。

(3)点击“QQ 号码”,申请信息填写页面,如图 8.31 所示。

(4)填写信息,并单击“下一步”按钮,进入“申请成功”页面,如图 8.32 所示。

(5)记住自己的 QQ 号码,申请完成。

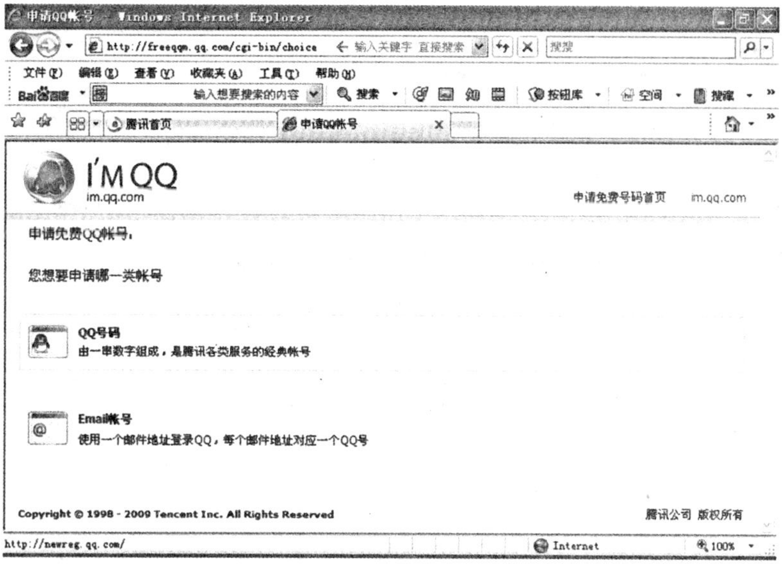

图 8.30　QQ 号码申请页面

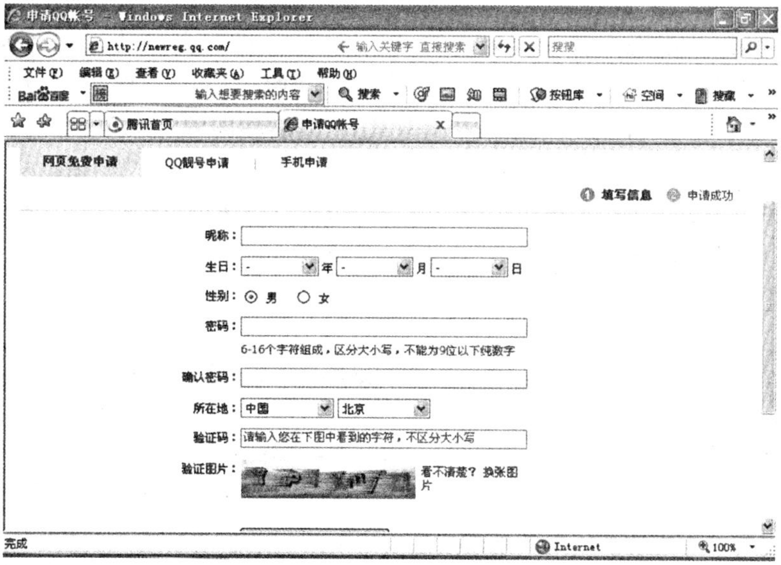

图 8.31　QQ 号码申请信息填写页面

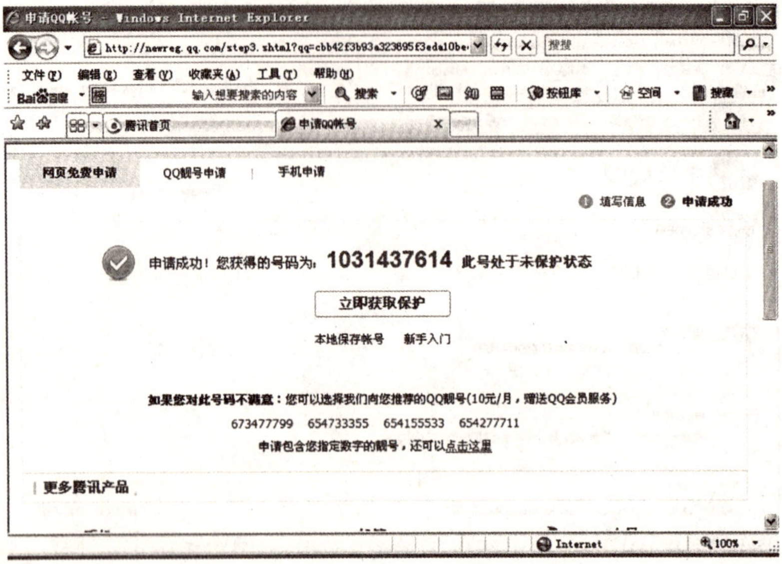

图 8.32 “验证密码保护信息”页面

3. 运行 QQ

QQ 是默认跟随系统一起启动的，即启动计算机后会自动运行 QQ，若用户不需要其自动启动，则可在“开始”菜单中“程序”选项下“启动”项里找到 QQ 的快捷方式，将其删除即可。

图 8.33 QQ 快捷方式

手动运行 QQ 的方法为：

(1)双击桌面上的 QQ 快捷方式，其快捷方式如图 8.33 所示(也可以执行“开始”菜单中“程序”选项下“腾讯软件项”中的快捷方式，如图 8.34 所示)。

图 8.34 从开始菜单运行

(2)执行上述操作后，弹出登录界面，如图 8.35 所示。

(3)输入上述步骤申请到的 QQ 账号及密码，单击“登录”按钮登录 QQ，登录后的 QQ 界面如图 8.36 所示。

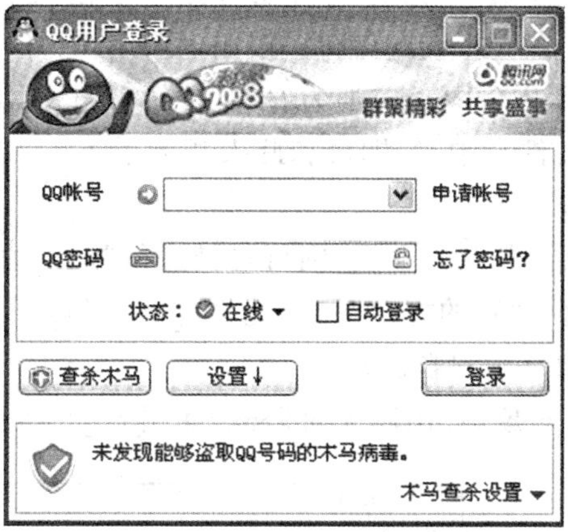

图 8.35　QQ 登录界面

4. 添加 QQ 好友

要利用 QQ 与人聊天，聊天的对象必须也具有一个 QQ 号码，并且用户需将此人添加为自己的 QQ 好友。具体步骤如下：

(1) 单击 QQ 界面上的“查找”按钮，弹出“查找”对话框，如图 8.37 所示。

图 8.36　QQ 界面

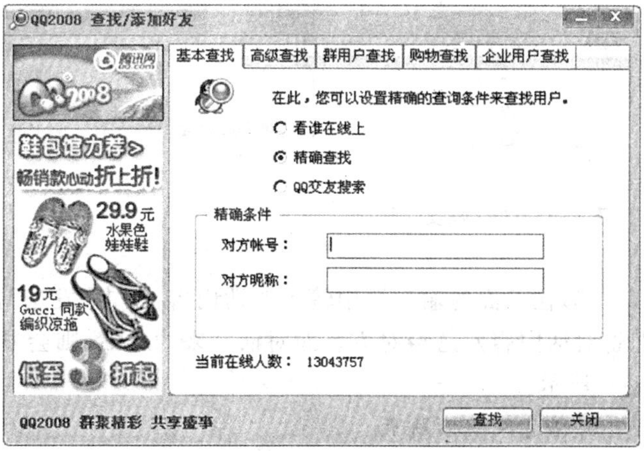

图 8.37　“查找/添加好友”对话框

(2)如你已知道对方 QQ 号码，则可在对方账号输入框内输入对方 QQ 号码(这是最精确的查找方法)，并单击“查找”按钮，QQ 系统将为你查找此用户。

(3)找到后，选中此人，并单击“加为好友”按钮，等待对方通过即对方出现在你 QQ 界面“我的好友”文件夹中时，即可和此人聊天了。

5. 与 QQ 好友聊天

添加了 QQ 好友后，若此人在线，则可与其进行聊天，方法如下：

(1)点击 QQ 界面中“我的好友”展开此文件夹，可以看到所有 QQ 好友，如图 8.38 所示(第一个头像是用户自己)。

(2)双击要聊天的对象，弹出聊天对话框，如图 8.39 所示。

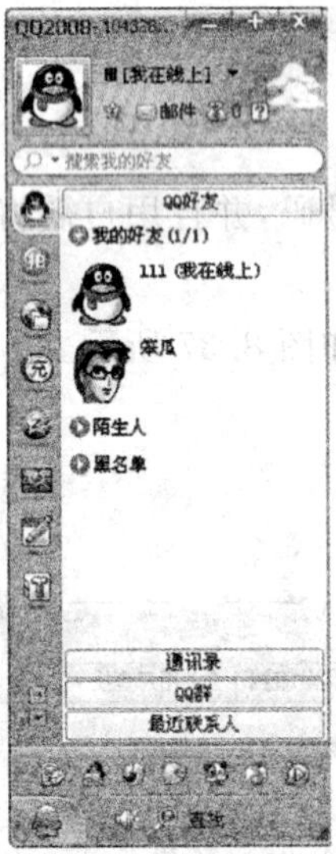

图 8.38 QQ 好友

图 8.39 聊天对话框

(3)在下面的输入框中输入对话内容，单击“发送”按钮(或按 Ctrl＋Enter 键)即将对话内容发送给对方。而对话发来的对话，则会显示在上方的显示框内，如图 8.40 所示。

6. 语音及视频聊天

若用户有麦克风则可进行语音聊天，有摄像头则还可进行视频聊天。方法是在聊天对话框中单击语音聊天按钮或视频聊天按钮。

8.4.2　MSN 聊天工具

MSN 全称为 Windows Live Messenger，是美国微软公司出品的一款即时通讯软件。用户可到“cn. msn. com”网站下载并安装 Messenger 软件。其使用方法如下：

（1）安装后运行该软件，弹出 MSN 登录界面，如图 8.41 所示。

图 8.40　对话

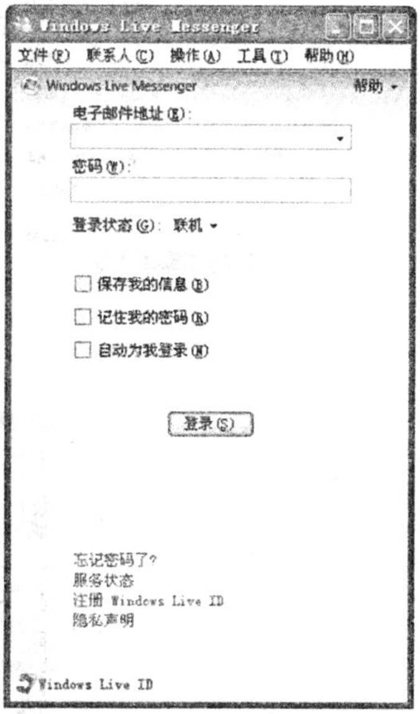

图 8.41　MSN 登录界面

（2）单击“注册 Windows Live ID”选项，IE 浏览器自动启动并进入获取 ID 页面，如图 8.42 所示。

（3）输入注册内容后，单击“我接受”按钮，当出现“恭喜”页面时，表明注册已完成，关闭 IE 浏览器。

（4）在 MSN 登录界面上输入用以注册的 ID 邮件地址，并输入密码，单击“登录”按钮，登录成功，显示 MSN 主界面，如图 8.43 所示。

（5）与 QQ 类似，MSN 也需要先添加联系人（相当于 QQ 好友）才能进行聊天，但添加时必须知道联系人的邮件地址。其他操作与 QQ 类似，在此不再赘述。

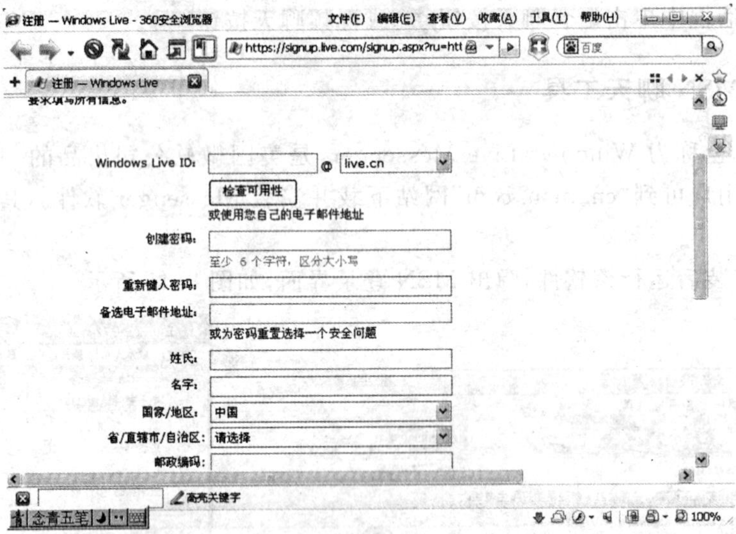

图 8.42　获取 ID 页面

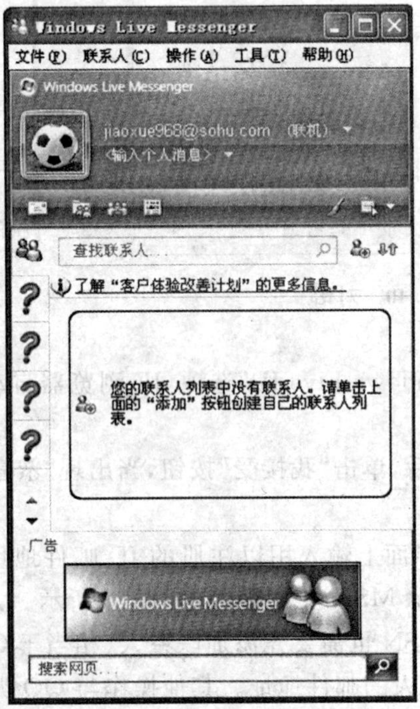

图 8.43　MSN 主界面

8.4.3　Skype 语音聊天工具

Skype 软件也是一款即时通讯软件，并且其不同于 QQ 与 MSN 的地方在于它还可以拨打联系人的电话进行语音聊天。

用户可以到 Skype 网站(skype. tom. com)下载并安装 Skype 软件。其使用方法如下：

(1)运行 Skype 软件，弹出 Skype 登录界面，如图 8.44 所示。

(2)点击“注册新的 Skype 账号”(如果是第一次安装，则此处显示为“还没有 Skype 用户名?”)选项，弹出注册对话框，如图 8.45 所示。

(3)输入注册信息，单击“下一步”按钮，弹出下一个对话框，如图 8.46 所示。

(4)输入信息并单击“登录”按钮，登录完成。

(5)登录成功后，可以按照与 MSN 类似的方法添加联系人进行聊天。

(6)按照软件中的指导进行账号充值后，就可以点击“拨打电话”选项卡拨打电话了。

图 8.44　Skype 登录界面

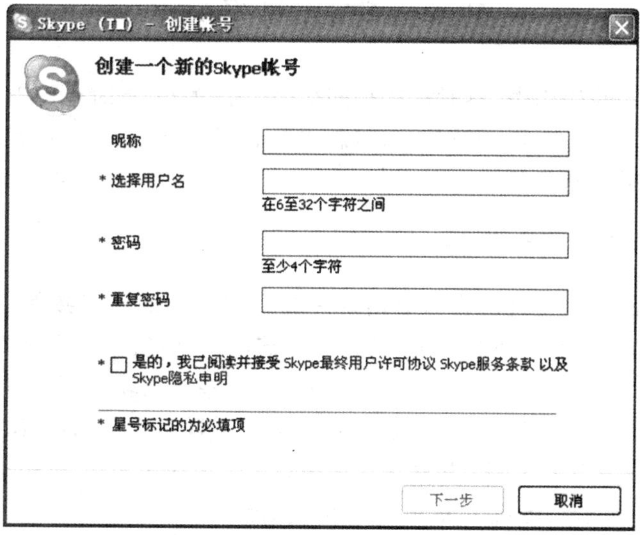

图 8.45　注册对话框

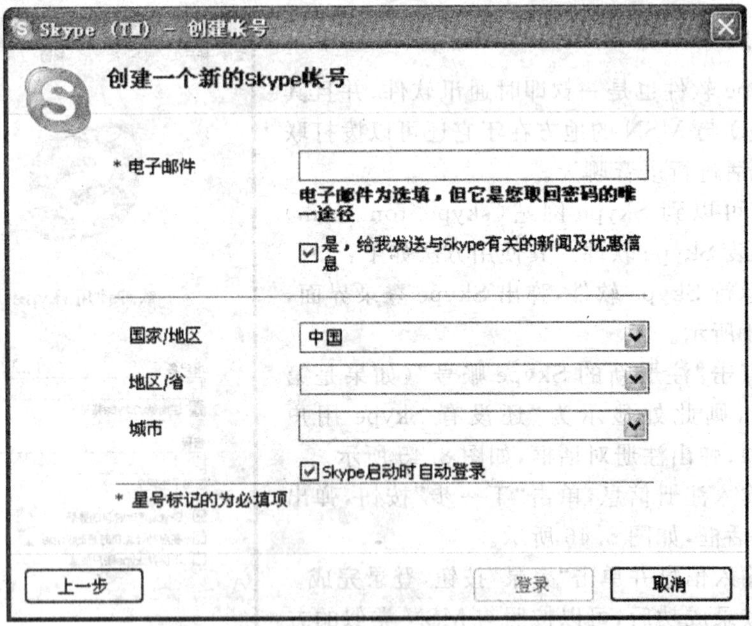

图 8.46 继续填写

*8.5 常用网络软件

在 Internet 的使用中，有时需要从网络中下载文件，有时也可以利用网络作为娱乐平台，观看电视、电影等节目，这时就需要有网络软件的支持，常见的有网络下载软件和在线播放软件等。

8.5.1 常用文件下载软件

用户在下载大型文件时常常会出现一些意想不到的情况致使下载中断，通常遇到这种情况，用户只能重新下载，给用户造成时间和经济上(上网费)的损失。为了避免这种情况发生，用户可以使用下载软件，这些下载软件不仅可以在一定程度上加快下载速度，同时还带有“断点续传”功能即一旦下载中断，下次下载时不是重新下载，而是在保留了已经下载部分的基础上继续下载。常用的下载软件如 FlashGet(网际快车)、迅雷等都具有这样的功能。

用户可以到 www. flashget. com 网站下载 FlashGet 或到 www. xunlei. com 下载迅雷(或 web 迅雷)。下载后进行安装即可使用。使用方法为：右键单击需要下载的文件的下载地址，在弹出的快捷菜单中选择“使用 * * * 下载”(此处的 * * * 指的是 FlashGet 或迅雷等)。

通常如果用户只安装一种下载软件，则用户可以像以往一样直接点击文件的下载地址，这时会弹出下载软件的界面，用户只需设置一下保存位置、文件名等内容，然后单击“开始下载”按钮即可开始下载。

8.5.2　网络视频软件

目前有很多网络视频软件可以提供在线视频观看功能，如 PPstream、PPlive、UUsee 等等。用户可以到“www. ppstream. com”、“www. pplive. com”、“www. uusee. com”等网站上下载并安装这些软件，且安装完成后不需要进行设置，就可以观看由这些网站提供的免费网络视频。

习　　题

1. 通过搜索引擎，找到 5 个关于“农业技术”的网站或网页。
2. 在上题找到的网站上进行注册，并在可以提供信息发布的地方发布自己的信息。
3. 在网站查找自己有兴趣的网友的邮件地址或在同学之间进行邮件收发。
4. 利用 QQ 查找农业类相关网友，将其加为好友，并进行即时通讯。
5. 通过搜索引擎，查找农业类教学视频，并利用下载软件下载。
6. 利用网络视频软件观看农业类视频教学。

附录 1

ASCII 码表

八进制	十六进制	十进制	字符	八进制	十六进制	十进制	字符
00	00	0	NUL	100	40	64	@
01	01	1	SOH	101	41	65	A
02	02	2	STX	102	42	66	B
03	03	3	ETX	103	43	67	C
04	04	4	EOT	104	44	68	D
05	05	5	END	105	45	69	E
06	06	6	ACK	106	46	70	F
07	07	7	BEL	107	47	71	G
10	08	8	BS	110	48	72	H
11	09	9	HT	111	49	73	I
12	0a	10	LF	112	4a	74	J
13	0b	11	VT	113	4b	75	K
14	0c	12	FF	114	4c	76	L
15	0d	13	CR	115	4d	77	M
16	0e	14	SO	116	4e	78	N
17	0f	15	SI	117	4f	79	O
20	10	16	DLE	120	50	80	P
21	11	17	DC1	121	51	81	Q
22	12	18	DC2	122	52	82	R
23	13	19	DC3	123	53	83	S
24	14	20	DC4	124	54	84	T
25	15	21	NAK	125	55	85	U
26	16	22	SYN	126	56	86	V
27	17	23	ETB	127	57	87	W
30	18	24	CAN	130	58	88	X
31	19	25	EM	131	59	89	Y
32	1a	26	SUB	132	5a	90	Z
33	1b	27	ESC	133	5b	91	[
34	1c	28	FS	134	5c	92	\
35	1d	29	GS	135	5d	93	]
36	1e	30	RS	136	5e	94	∧
37	1f	31	US	137	5f	95	_

续表

八进制	十六进制	十进制	字符	八进制	十六进制	十进制	字符
40	20	32	SP	140	60	96	'
41	21	33	!	141	61	97	a
42	22	34	"	142	62	98	b
43	23	35	#	143	63	99	c
44	24	36	$	144	64	100	d
45	25	37	%	145	65	101	e
46	26	38	&	146	66	102	f
47	27	39	`	147	67	103	g
50	28	40	(	150	68	104	h
51	29	41	)	151	69	105	i
52	2a	42	*	152	6a	106	j
53	2b	43	+	153	6b	107	k
54	2c	44	,	154	6c	108	l
55	2d	45	—	155	6d	109	m
56	2e	46	.	156	6e	110	n
57	2f	47	/	157	6f	111	o
60	30	48	0	160	70	112	p
61	31	49	1	161	71	113	q
62	32	50	2	162	72	114	r
63	33	51	3	163	73	115	s
64	34	52	4	164	74	116	t
65	35	53	5	165	75	117	u
66	36	54	6	166	76	118	v
67	37	55	7	167	77	119	w
70	38	56	8	170	78	120	x
71	39	57	9	171	79	121	y
72	3a	58	:	172	7a	122	z
73	3b	59	;	173	7b	123	{
74	3c	60	<	174	7c	124	|
75	3d	61	=	175	7d	125	}
76	3e	62	>	176	7e	126	~
77	3f	63	?	177	7f	127	DEL

附录 2

常用农业网站网址

分类	网址	网名
综合	www. agri. gov. cn	中国农业信息网
	www. ag365. com	365 农业网
	www. aweb. com. cn	农博网
	www. jinnong. cn	金农网
	www. csh. gov. cn	中国农产品加工网
	www. agri. com. cn	Agri 金农网
	www. agronet. com. cn	中国农业网
	www. myttc. cn	中华名优土特产网
	www. nocn. com. cn	农村网
	www. db-nw. com	北国农网
	www. xiangcun. com. cn	中国乡村经济网
畜牧养殖	http://Yz. ag365. com	中国养殖技术网
	www. zhue. com. cn	中国猪网(猪 e 网)
	www. chinabreed. com	中国养殖网
	www. hnfeed. com	中原畜牧网
	www. dbxmsy. com	东北畜牧兽医网
	www. cnxmy. com	中华畜牧业信息网
	www. zhuxinxi. com	中国养猪信息网
	www. pigren. com	养猪人
	www. chinaswine. org. cn	中国种猪信息网
	www. chinasheep. com	中国羊网
兽医动保	www. qinbing. cn	中国禽病网
	www. zbzyw. com	猪病专业网
	www. ar114. com. cn	中国兽药 114 网
	www. ivdc. gov. cn	中国兽药信息网
	www. evetcn. com	兽医中国网
	www. zhubing. net	中国猪病网
	www. shouyao123. com	兽药 123 网
	www. shouyaowang. cn	兽药信息网
	www. jbzyw. com	鸡病专业病
	www. qinbingluntan. com	中国禽病论坛网

续表

分类	网址	网名
饲料工业	www.xcslxx.com	畜产饲料信息网
	www.feedonline.cn	中国饲料原料信息网
	www.chinafeedonline.com	中国饲料在线
	www.ffedtrade.com.cn	中国饲料行业信息网
	www.cnslly.com	中国饲料粮油信息网
	www.hbfeed.com	河北饲料网
	www.siliaonet.cn	中国饲料网
	www.feedsos.com	饲料搜索网
果树蔬菜	www.vegnet.com.cn	中国蔬菜网
	www.china-vm.com	中国蔬菜市场网
	www.fruit8.com	水果帮
	www.cngrape.com	中国葡萄网
	www.cnfruit.com	中国水果网
	www.shucai.ag365.com	365 蔬菜网
	www.chinapear.cn	中国梨网
	www.peach.net.cn	中国桃网
作物种植	www.cottonchina.org	中国棉花信息网
	www.ex-starch.com	中国玉米市场网
	www.mushroom.org.cn	中国食用菌网
	www.dadou.cn	中国大豆网
	www.zz.ag365.com	中国种植技术网
	www.cornseed.net	玉米种子论坛
	www.cngrain.com	中华粮网
	www.chinabfc.com	中国麻业信息网
观赏园艺	www.yuanlin.com	中国园林网
	www.lvhua.com	园林在线
	www.guolan.com	中国兰花网
	www.hmlan.com	中国兰花交易网
	www.yllh.com.cn	中国园林绿化网
	www.cnhua.net	花之苑
	www.flower.ag365.com	365 花卉网
	www.hj360.cn	中国水培花卉网

续表

分类	网址	网名
草业信息	www. zhongzi. net	种子中国
	www. zgnmsj. com	中国农贸商机网
	www. nmgcy. com	内蒙古草原信息网
	www. barenbrug. com. cn	百绿中国
	www. lumei. com. cn	河北农大绿美草坪园林公司
	www. grisc. om	四川省草原科学研究院
粮油食品	www. food. ag365. com	365 美食网
	www. tech-food. com	中国食品科技网
	www. tw128. com	中国食品调味品网
	www. gsec. com. cn	中国食糖网
	www. chinafoods. cn	中国食品信息网
	www. cnpeanut. com	中国花生网
农药化工	www. chinapesticide. gov. cn	中国农药信息网
	www. chinafuhefei. com	中国复合肥网
	www. zhongnong. com	中国农资网
	www. data35. com	数字商务网-农化产业
	www. ferinfo. com	中国化肥网
	www. agrichem. cn	中国农药网

参 考 文 献

[1] 黄留锁.计算机应用基础(XP版).北京:电子工业出版社,2004.
[2] 郭伟刚.Internet应用基础教程.北京:电子工业出版社,2002.
[3] 赵健雅.计算机文化基础.北京:人民邮电出版社,2004.
[4] 姜丹.计算机应用基础案例教程.北京:北京大学出版社,2007.

图书在版编目(CIP)数据

计算机应用基础/王向军主编. —北京:中国农业大学出版社,2009.9
建设新农村培养新农民系列丛书
一产农民“技能+基础”专用教材
ISBN 978-7-81117-862-3

Ⅰ. 计… Ⅱ. 王… Ⅲ. 电子计算机-技术培训-教材 Ⅳ. TP3

中国版本图书馆 CIP 数据核字(2009)第 154059 号

书　　名 计算机应用基础
作　　者 王向军　主编

策划编辑 赵　中　　**责任编辑** 陈忠萍　林孝栋
封面设计 郑　川　　**责任校对** 王晓凤　陈　莹
出版发行 中国农业大学出版社
社　　址 北京市海淀区圆明园西路 2 号　　**邮政编码** 100193
电　　话 发行部 010-62731190,2620　　读者服务部 010-62732336
编辑部 010-62732617,2618　　出　版　部 010-62733440
网　　址 http://www.cau.edu.cn/caup　　**e-mail** cbsszs @ cau.edu.cn
经　　销 新华书店
印　　刷 涿州市星河印刷有限公司
版　　次 2009 年 9 月第 1 版　2009 年 9 月第 1 次印刷
规　　格 787×980　16 开本　18.75 印张　343 千字
印　　数 1～11 000
定　　价 26.00 元